海は百面相

京都大学総合博物館企画展「海」実行委員会 編

砂漠のバラ／地球深部探査船
「ちきゅう」／クロガシラウミ
ヘビ／「江豚を打ち廻す図」

京都通信社

自然科学の深淵の世界に熱いまなざしを
〈はじめに〉にかえて

　総合研究型大学である京都大学では、科学の広い分野にわたって研究がされている。本書は、そのなかで海に関係する研究分野の紹介を目的に出版するものである。

　海は、「水惑星」といわれる地球のおおきな特徴の一つである。地球表面の3分の2を占めるこの広大な海についての理解には、多様な観点からのアプローチが必要である。たとえば、なぜ地球に海があるのか、このような問いに答えるには、太陽系や地球のはじまりにまでさかのぼって考える必要がある。

　ここに総合大学である京都大学の強みが生かせる。理学研究科の地球惑星科学専攻では、小惑星探査機「はやぶさ」が持ち帰った小惑星イトカワの試料の分析も含めて、海の誕生に関わる研究がされている。あるいは、「プレートテクトニクス」という用語はいまや多くの人が知る言葉となっているが、海洋底の岩盤が移動して大陸の下に潜り込む仕組みやその歴史は、海洋底の火成岩や水成岩、それにこれらの岩石が時間をかけて変化して形成される変成岩などに記録されている。京都大学では、これらを対象とする研究も活発に行なっている。

　京都大学も開発に貢献している観測機器の最近の急速な発展によって、海についての多くのことが解ってきた。興味深いことに、そういう機器を使った研究は、京都大学では地球物理学や海の生き物を対象にする生態学などの広範な分野にまたがっていて、しかもそれぞれに優れた研究成果をあげている。海洋物理学の分野では、水深2000mから海面までの水温と塩分を約10日ごとに観測するアルゴフロートなどの最新の測器で得られた精密なデータを先進的な方法で解析し、海流などの海の大局的な動態を解明するとともに、未来をより高精細に予測する優れたシミュレーションも行なわれている。

　海の生き物の研究では、化石をもとにその形や生態の進化を調べる古生物学の成果はもとより、さまざまな最新の計器や小型ビデオカメラなどを活用して生物を

研究する分野も登場している。そのような観測機器を使い、場合によっては発信機を生き物に直接装着して生態を明らかにするバイオロギングという新しい研究分野でも、多くの研究者が活躍している。

　私たち人間は、海の多様な恩恵を受けながら、時には災害にも見舞われながら海とともに生きている。そのような海と人とのつながりは、海の幸の利用の方法や交易路としての利用の歴史が、縄文時代にさかのぼって研究されている。関西国際空港の建設など、現代における海の積極的な利活用についても、京都大学では地質学や土木工学の研究者が関わってきた。また、地震や津波など自然の脅威についても、その発生メカニズムなどを中心に、多様な視点からの研究を行なっている。

　本書を通じて、読者のみなさんの海についてのイメージをさらに豊かにしていただければ幸いである。また、海とともに生きる人や生き物がどのように海を捉え、また良い関係をもって生きてゆくのか、海の未来について私どもと一緒にお考えいただくきっかけになれば幸いである。

*

　なお、本書は平成25年度の京都大学総合博物館企画展「海」の制作に参加した京都大学の教員や大学院生が中心となって執筆したものである。本書をもって展示を見ていただければ理解がいっそう深まるものと考えるが、執筆の目的はそれだけではない。

　それぞれの執筆者の熱意の背景には、学問を志す若い人たちが京都大学の自然科学に対する取り組みの姿勢・視点を理解し、自然科学という深淵の世界に熱いまなざしをむけてもらえればという期待がある。ひいては、そのような優秀な若者たちに京都大学をめざしていただきたいという魂胆があることも記しておきたい。

京都大学総合博物館平成25年度企画展「海」実行委員長
京都大学 教育担当理事
淡路 敏之

自然科学の深淵の世界に熱いまなざしを　〈はじめに〉にかえて …………… 淡路敏之 ……… 2

第1部 海のおいたち 9

1-1　岩石や地層に残る海の記憶　11

1-1-01	太陽系の始まりと地球誕生	土山 明 ……12
1-1-02	地球創成期の年代論	平田岳史 ……17
1-1-03	海の誕生　謎を解く旅のはじまり	小木曽 哲 ……20
1-1-04	水が地球を動かす	小木曽 哲 ……22
1-1-05	プレートテクトニクスと固体圏をめぐる水	平島崇男／吉田健太……24
1-1-06	マグマを生み出す水	川本竜彦 ……28
1-1-07	希少鉱物に残された海の痕跡	河上哲生／東野文子……30
1-1-08	同位体で探る「化石海水型温泉水」の起源	大沢信二 ……32
1-1-09	大自然の摂理を決める含水鉱物の世界	下林典正 ……34
	コラム① 電子顕微鏡で鉱物中の水を見る？！	三宅 亮 ……38
1-1-10	海洋の一生　海洋の誕生から消滅まで	酒井治孝 ……39
1-1-11	日本海の誕生と1600万年前の日本沈没	山路 敦 ……42
1-1-12	海底谷と海底扇状地の誕生　堆積物は地下資源	成瀬 元 ……45
1-1-13	成長する日本列島とプレート運動	佐藤活志 ……48
1-1-14	古海洋環境の変化を読み解く　京都の地質と海洋プレート層序復元の意義	一田昌宏 ……50

1-2　海、生命、そして地球システム　53

1-2-01	生物がつくる地球の海と大気	松岡廣繁 ……54
1-2-02	多細胞動物の出現と地球環境の変動	大野照文 ……58
1-2-03	顕生代略史	唐沢與希／松岡廣繁 ……62
1-2-04	脊椎動物の二次的水棲適応　海から陸への進化、そして舞台はふたたび海へ	丸山啓志 ……64
1-2-05	化石が示す古環境	鎮西清高 ……66

もくじ

第2部 海のすがた 69

2-1 海をはかる　71

- 2-1-01　海をはかる技術が海洋学を支えてきた　海洋観測の歴史　……　根田昌典　……72
- 2-1-02　気候を左右する海洋の流速と物理構造を解明する
  海洋観測技術の革新と未来　……………………………………　根田昌典　……75
- 2-1-03　海水の微量成分を調べてわかること　………………………　宗林由樹　……79
- 2-1-04　宇宙からはかれば、ここまでわかる　…………　福田洋一／根田昌典　……81
- 2-1-05　海をはかればなにがわかる？　地上リモートセンシング　………　吉川 裕　……84

2-2 海をしる　87

- 2-2-01　潮の満干と海流　世界有数の海流「黒潮」の不思議　……　秋友和典　……88
- 2-2-02　地球をめぐる海水の旅　グローバルコンベアーベルト　………　秋友和典　……91
- 2-2-03　海に流れができるわけ
  潮汐、風、熱と淡水が引き起こすしくみ　……………………　秋友和典　……93
- 2-2-04　地球自転が海におよぼす影響
  海は大きな水たまりなんかではない　………………………………　石岡圭一　……96
- **コラム②**　海に隠された縞模様？　……………………………………　石岡圭一　……99
- 2-2-05　仮想の「現実」の価値と未来
  コンピュータによる数値モデル実験　………………………………　秋友和典　……100
- 2-2-06　コンピュータの中に海の模型をつくる
  データ同化の手法が拓く世界と可能性　………………　淡路敏之／石川洋一　……103
- 2-2-07　海の天気予報の現在と将来　データ同化の手法を活用する　………　石川洋一　……106

2-3　海と気象・気候　108

- 2-3-01　海洋と大陸が生みだす気流と気候のダイナミクス
  日本の天候と四周の海 ……………………………………… 石川裕彦 …… 109
- 2-3-02　海は台風のエネルギー源　積乱雲がエンジンでガソリンは海水 ……… 竹見哲也 …… 113
- 2-3-03　エルニーニョ・南方振動の構造　大気と海洋の相互作用 …………… 西本絵梨子 …… 115
- 2-3-04　南極域オゾンホールの発生と海 ………………………………………… 向川　均 …… 117
- 2-3-05　温暖化がもたらす北極域の海氷の急激な減少
  気候モデル予測をはるかに越える減少量 ……………………… 余田成男 …… 119
- 2-3-06　気候変動の証拠をあつめる　樹木、堆積物、鍾乳石データによる歴史の再構築
  ……………………………………… 田上高広／渡邊裕美子／竹村恵二 …… 121

2-4　津波と地震　125

- 2-4-01　大変がまねく迷惑　地震が引き起こす津波 ………… 古村孝志／平原和朗 …… 126
- 2-4-02　地震にともなう地殻変動を陸と海から観測する
  GPSデータの解析の役割と可能性 ………………………… 宮崎真一 …… 128
- 2-4-03　津波の動きを海底磁力計でみる
  「津波ダイナモ効果」の発見とその応用 ……………………… 藤　浩明 …… 130
- 2-4-04　津波が揺り動かす高度300kmのプラズマ
  地球電離圏をも含む地球という巨大システム ……………… 齊藤昭則 …… 132
- 2-4-05　雄弁な津波堆積物たち
  津波防災・減災にむけての地道な闘い ……………………… 成瀬　元 …… 134
- 2-4-06　深海を掘削して地震を解析する
  Japan Trench Fast Drilling Project（JFAST）………… James J. Mori／堤　昭人 …… 136
- 2-4-07　地震サイクルと津波モデル
  地震をコンピュータでシミュレーションする ………… 平原和朗／古村孝志 …… 138

第3部 生命のゆりかご　141

3-1 海の生きものの行動を記録する〈バイオロギング〉　143

- **3-1-01** 動物目線で海の世界をのぞく
  マイクロデータロガーの小型化・多様化・高性能化 ……… 荒井修亮 …… 144
- **3-1-02** カメカメラでウミガメを観察する
  理に適ったアオウミガメの生態 ……… 奥山隼一 …… 146
- **3-1-03** ジャイロデータロガーが捉える生きものたちの未知の世界
  3次元空間での生物行動を数値で捉える ……… 野田琢嗣 …… 149
- **3-1-04** クロマグロにデータロガーを装着する
  試行錯誤の実験からなにを得るか ……… 野田琢嗣 …… 153

3-2 海の生きものを追跡する〈バイオテレメトリ〉　155

- **3-2-01** 大洋を自在に泳ぐ魚に発信機を装着する
  バイオテレメトリとはなにか ……… 三田村啓理 …… 156
- **3-2-02** ダンゴウオの汚名返上 ……… 三田村啓理 …… 158
- **3-2-03** 日本のアオウミガメはどこから来たのか
  海洋動物の系統地理・DNA塩基配列から探る ……… 西澤秀明 …… 161
- **3-2-04** 人魚の歌声に魅了されて　鳴き声でジュゴンを探す ……… 市川光太郎 …… 164

3-3 行動観察　168

- **3-3-01** 個体識別と行動観察に挑戦しませんか
  生きものの暮らしを知る第一歩 ……… 酒井麻衣／森阪匡通 …… 169
- **3-3-02** 魚類のこころと行動　魚類心理学入門 ……… 益田玲爾 …… 171
- **3-3-03** イルカは左利き？　野生イルカの行動研究からみえるもの ……… 酒井麻衣 …… 174
- **3-3-04** おしゃべりなイルカと無口なイルカ
  イルカの音の世界と群れ社会 ……… 森阪匡通 …… 177

3-4 さまざまな分析技術　180

- **3-4-01** 魚類の生態を読み解く新たなカギ
  棲息していた環境情報を伝える安定同位体比 ……… 笠井亮秀 …… 181
  - **コラム③** 同位体比の表記方法 ……… 笠井亮秀 …… 184
- **3-4-02** 種の保存を目的として動物の繁殖にヒトが手を貸す時代
  セイウチの性ホルモン分析と膣細胞診 ……… 木下こづえ … 185
- **3-4-03** 海洋環境への適応進化をウミヘビに探る ……… 岸田拓士 …… 188
- **3-4-04** 生きものたちのこころを分子のことばであらわしたい
  動物の性格を遺伝子から知る ……… 村山美穂 …… 190

第4部 海と人の営み　193

4-1　遺跡からよみとく先人の叡智　195

- 4-1-01　最終氷期から縄文時代の日本海と真脇遺跡 …………竹村惠二／高田秀樹　196
- 4-1-02　イルカの骨が語る縄文時代の人と海
  海岸線の歴史的変遷と人の営み ………………………高田秀樹／竹村惠二　197
- 4-1-03　最終氷期から縄文時代の西部太平洋と瀬戸遺跡 ……竹村惠二／泉 拓良　200
- 4-1-04　海浜砂と砂丘砂　海底火山噴火などの痕跡も流れ着く ………………竹村惠二　202
- 4-1-05　瀬戸遺跡が語る人の営み　黒潮のつくる地形と植生、そして製塩土器と人骨
  ……………………………………………………伊藤淳史／泉 拓良／竹村惠二　204
- 4-1-06　瀬戸内海が川の流れる谷間だったころ
  最終氷期から縄文時代の瀬戸内海地域の変遷 …………………竹村惠二 …　206
- 4-1-07　内海に浮かぶ黒曜石の島、姫島 ……………………………………竹村惠二　208
- 4-1-08　横尾貝塚　中部九州交易の拠点、縄文海進の海岸利用 ……塩地潤一／竹村惠二　209

4-2　関西国際空港に結集する現代人の叡智　210

- 4-2-01　関西国際空港の誕生 …………………………江村 剛／三村 衛／竹村惠二　211
- 4-2-02　軟らかい粘土層を埋め立てる先進の技術と智恵
  平坦で不同沈下しない海岸陸地をいかにつくるか ………………江村 剛 ……　212
- 4-2-03　大深度ボーリングのデータという証人
  関空地底の新第三紀鮮新世から現代までの地層 ……竹村惠二／北田奈緒子 …　214
- 4-2-04　埋立の地盤沈下はなぜ起こるのか
  自然のしくみと人間の挑戦 ……………………………………………三村 衛　218
- 4-2-05　沈下の観測と地盤モデル、沈下予測 ………江村 剛／三村 衛／竹村惠二　220
- 4-2-06　空港島の不同沈下と水災害対策
  空港の安全と安心の確保 ………………………………………江村 剛／三村 衛 …　224
- 4-2-07　空港島の周辺環境　どのように維持・管理されているか ………江村 剛 …　226

執筆者の所属機関 ……………………………………………………………………… 228
執筆者の紹介 …………………………………………………………………………… 229
索引 ……………………………………………………………………………………… 238
あとがき ………………………………………………………………………………… 244

第 1 部

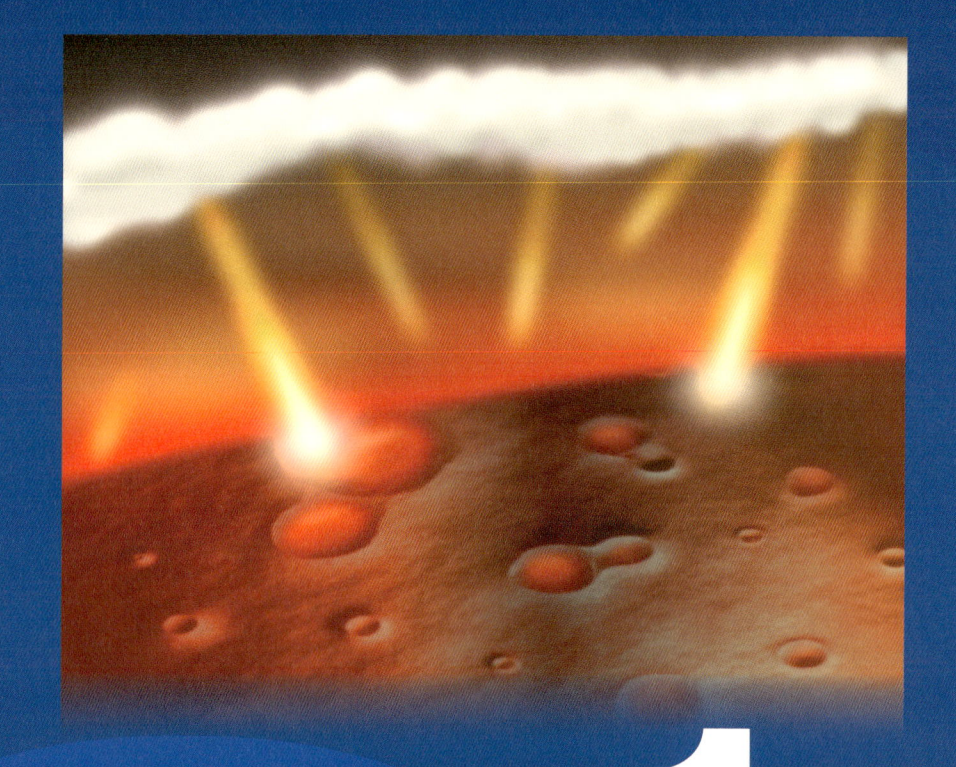

海のおいたち

「マグマの海」のイメージ図

「桑田滄海」あるいは「滄海変じて桑田となる」という成語がある。青々とした海原が桑畑（陸地）になってしまうということで、世の中の移り変わりの激しいことの喩えである。

　地質現象から地球の歴史をふり返ると、まさにこの言葉のように、陸地と海はつねに形を変えてきた。たとえば、縄文時代には現在より数mも海水準が高く、貝塚が現在の海岸線よりもずいぶん内陸に分布していて、数千年のうちには海と陸の分布が変化することを、人類は体験してきた。直近の現象としては、さる東北の大震災の津波も、まさに眼前で起こってしまった桑田滄海である。

　さらに時間スケールを大きくとってみよう。地質図とその解説書を開いてみたらよい。あるいは自分の目と足で、化石採集に出かけてみたらよい。すると、日本列島にはさまざまな時代の「海成層」が発達していることがわかる。日本列島はむしろ滄桑之変のくり返しによって成長してきたともいえる変動の地だ。

　「海」の痕跡は海成層に限ったことではない。一見すると「水」とは無関係の岩石にも、水の存在が不可欠なものがある。一例として「花崗岩」を考えてみよう。花崗岩は大陸地殻を構成する主要な岩石で、御影石の別名があり、墓石や、京都ならば寺社の庭園に欠かせない白川砂のもととなっているなど、私たちに身近な岩石である。

　ところが花崗岩は、地球以外の惑星には存在しない。花崗岩は石英・長石・黒雲母という3種類の鉱物からなる。これらのうち、石英と雲母は、いずれも地球ではごくありふれた鉱物なのであるが、太陽系では地球以外にはほとんど存在しないものである。

　地球ではもっともありふれた岩石・鉱物が、太陽系を見まわすと、むしろきわめて珍奇な物質なのである。なぜそのような物質の偏りが地球では起こったのであろう？

　そのカギを握るのが、「海」なのである。海（水）は物質を溶かしこみ、別の物質を醸す「るつぼ」ともなる。花崗岩とそれを構成する鉱物群は、太陽系を構成する一般的な鉱物の組み合わせから、液体の水の介在により、特異な〈進化〉を遂げたものであるのだ。

　第1章では、「海」のある惑星・地球の、「海」なしには存在しない地球の特徴、「生命」と「惑星環境」の進化史を知ろう。

（松岡廣繁）

1-1 岩石や地層に残る海の記憶

およそ45億年前、太陽系の他の惑星と共に、地球は誕生した。そしてほどなく、地表に巨大な水たまり、すなわち海も誕生した。

同じようなプロセスは、地球だけでなくお隣の惑星(地球型惑星)も経たはずである。事実、火星では水流が残したと考えられる諸地形や堆積層のみならず、石膏や方解石など水が存在したことを示す特徴的な鉱物も発見されている。

「石」と「水」。決して混じり合わないように見える両者であるが、我々の住む地球においては、切っても切れない関係にある。堆積岩や生物がつくる炭酸塩岩、チャートなどは、そのまま水域、海の産物である。それだけではない。海の底では、岩石のわずかな隙間に海水がしみこんだり、水と岩石との化学反応(風化・変質作用)で含水鉱物を形成したりしている。それがプレートの沈み込みに伴って地下深部に持ち込まれると、海洋プレートから水や岩石の成分を溶かしこんだ流体が絞り出されて、マグマの生産に寄与する。また岩石は水とその場の温度圧力条件によって、別の岩石(鉱物組み合わせ)に変化する。こうして地殻とマントルをめぐる水が、地球の岩石を多様で美しい存在にすると同時に、プレート運動や地震など、地殻の活動性の駆動力にもなっている。

一方、火星では海が消滅してしまったゆえに、水が寄与して形成される鉱物・岩石はもう生産されることはない。プレート運動もない。他惑星では止まってしまった地殻の活動性が、地球では保持されむしろますます盛んである背景には、「海」の存在があるのだ。

(松岡廣繁)

太陽系の始まりと地球誕生

土山 明(京都大学大学院理学研究科地球惑星科学専攻地質学鉱物学分野)

地球の海の主成分である水。われわれの太陽系やもっと遠くの宇宙に、水は豊富にあるのだろうか？　地球をつくる物質は、海も含めて、もとをただせばわれわれの太陽系ができたときに宇宙からやってきたものである。

宇宙における水──地球の海のルーツ

まず、水の分子（H_2O）をつくる元素が太陽系にどのような割合で存在しているかを考えてみよう。これを太陽系における元素存在度という。表1に示すように、水素（H）が原子数の割合で約90％ともっとも多く、残りのほとんどはヘリウム（He）である。酸素（O）は炭素（C）とともに全体の約0.1％を占める。これらは、Hと化合して水だけでなく、有機物をつくる元素でもある。

いっぽう、地球などの固体惑星をつくる主要元素のマグネシウム（Mg）、ケイ素（Si）、鉄（Fe）は全体のわずかに0.01％にすぎず、水をつくる元素は第1番目と第3番目の元素であり、宇宙に豊富に存在する。HとHeの一部は宇宙が誕生したときビッグバンによってつくられ、その後、星の内部でのHeの核融合によりC、O、Mg、Si、Feなどの元素が合成された（図1）。

われわれの体をつくる水も含めて、Hは138億年前のビッグバンで、Oは太陽系誕生（46億年前）より前に星の内部でつくられたものである。元素の合成プロセスは宇宙に共通なので、宇宙での元素存在度はほぼおなじであり、太陽系外惑星に水、さらには生命の存在の可能性を期待するのも、このためである。

宇宙における物質の輪廻と水

宇宙で物質はどのように変遷しているのだろうか。星でつくられたMg、Si、Feのような元素は、その星の周りで1μmよりも小さなケイ酸塩の微粒子（ダスト）となるが、HやOのほとんどは原子のままで星間領域に放出される。星間ガスの密度は銀河系の中で一様ではなくて、星間ガスの濃いところでは原子どうしが結びついて水素や水などの分子（H_2やH_2O）がつくられる。これを分子雲とよび、ケイ酸塩ダストの上に水分子が集まって、そこに氷が生成される。この氷にはH_2Oだけでなく、一酸化炭素（CO）やアンモニア（NH_3）などの分子も多数含まれている。

このような氷に紫外線を照射すると、有機物が生成することが実験からわかっている。ケイ酸塩、有機物、氷からなる粒子はグリンバーグ粒子とよばれ、これらが集まって固体惑星ができるので、太陽系の固体原料物質といえる。

分子雲の密度の高いところでは、ガスとダ

表1 太陽系における元素の存在度（多いものから10元素）

順位	元素	元素記号	存在度*	主な存在形態	主な質量数
1	水素	H	27,900	気体	1
2	ヘリウム	He	2,720	気体	4
3	酸素	O	23.8	氷、有機物、ケイ酸塩**	16
4	炭素	C	10.1	氷、有機物	12
5	ネオン	Ne	3.44	気体	20
6	窒素	N	3.13	氷、有機物	14
7	マグネシウム	Mg	1.074	ケイ酸塩	24
8	ケイ素	Si	1.000	ケイ酸塩	28
9	鉄	Fe	0.900	金属、硫化物、ケイ酸塩	56
10	硫黄	S	0.515	硫化物	32

*Siを1として、原子数での比率を表している
**SiとOからなるケイ酸塩イオンを含む化合物の総称（石の成分）

酸素以降の主要元素の質量数は、窒素を除くとすべて4の倍数である。これはヘリウム原子核（質量数4）の核融合によって、これらの元素が合成された証拠である

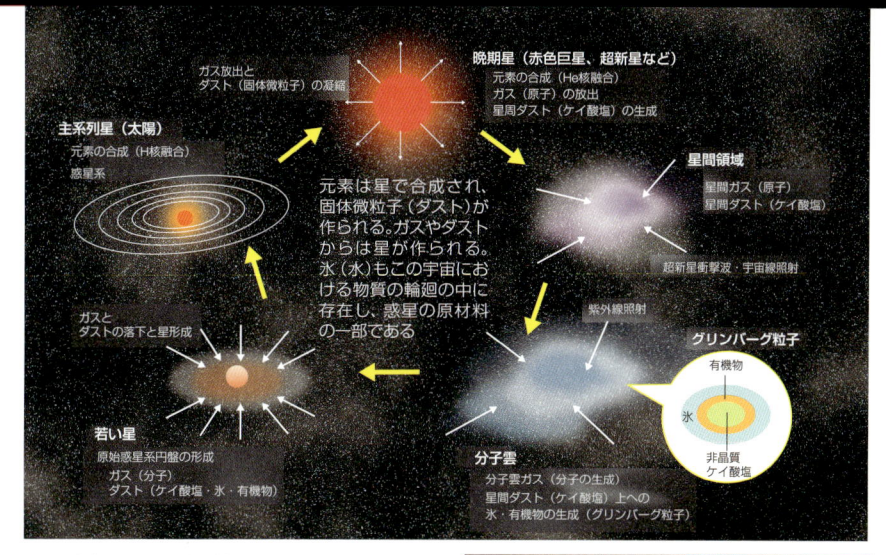

図1 宇宙における物質の輪廻

スト（グリンバーグ粒子）が集まって星が形成される。われわれの太陽系では約46億年前のできごとである。そして原始惑星系円盤（原始太陽系星雲ともいう）とよばれる円盤状のガスとダストが、中心星（原始太陽）の周りを回転するようになる（図2）。ダストは円盤の赤道面に集まり、微惑星とよばれる小天体（おおよそ1〜10km）がつくられる。微惑星はさらに重力により集まって、惑星（おおよそ1万〜10万km）がつくられる。

そのようにして、おおよそ1,000万年で現在の太陽系ができたと考えられている。中心星（太陽）内部ではHの核融合によるHeの合成がはじまり、長時間安定に輝く（主系列星）。核融合の燃料であるHがなくなると、星はやがて終焉期を迎え、ふたたびHeより重い元素の合成とダストの生成が起こり、星間空間に放出され、物質の輪廻が起こる。

太陽系・地球の形成と水

原始太陽系星雲において、ダストの氷は温度が高いと蒸発してしまう。この蒸発は、現在の火星と木星軌道のあいだにある小惑星帯付近で起こったと考えられ、氷が存在できる限界で雪線とよばれる。雪線を境に外側では固体の質量も重力も大きいので、形成された惑星は周囲のHを主体とするガスもいっしょに集めて、木星や土星などの巨大惑星がつくられる。いっぽう、雪線の内側では固体の質量は小さく、ガスを取りこめずに岩石質の地球型惑星がつくられる。つまり、水（氷）のあるなしが、木星型惑星と地球

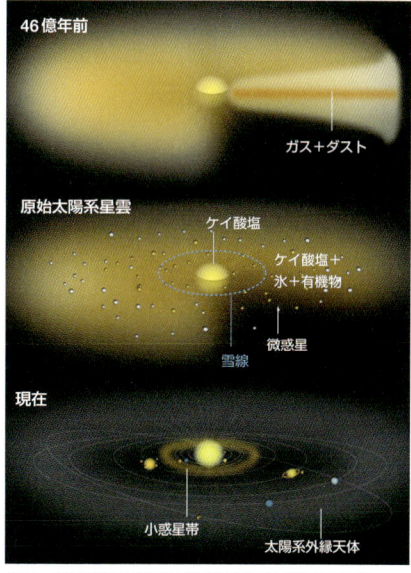

図2 太陽系形成時（46億年前）の原始太陽系星雲と現在の太陽系
太陽系はガスとダストからつくられた。地球のできた領域は氷が存在できない高温（雪線の内側）である。地球の水はどこからやってきたのだろうか？
（中村智樹の原図をもとに作成）

型惑星との違いを決めたことになる。

氷は木星型惑星の衛星や冥王星型天体にも存在する。木星の衛星エウロパや土星の衛星エンケラドゥスのように、液体の水（海）が存在すると考えられるものもある。

火星と木星軌道とのあいだに多く存在する小惑星や、海王星以遠に多く存在する太陽系外縁天体といった小天体は、惑星になれなかった微惑星の化石であり、太陽系初期の情報を多く残している。雪線の位置を考えると、小惑星は形成領域により水の量が異なっているはずである。彗星は太陽系外縁天体が軌道を変えたものであり、氷や有機物を多く含んでいる。

では、地球の水はどこから来たのだろうか。地球には海があり「水の惑星」とよばれるが、現在の海の質量は地球の質量のわずか0.023％にすぎない。地球の水の起源は現在も論争中だが、次の三つの可能性が挙げられる。

❶原材料の微惑星にほんのわずかの水が含まれていた。たとえば、水蒸気分子が鉱物の表面に吸着されていれば、地球の海の量であれば説明できるかもしれない。

❷水を含む天体ができたばかりの地球に少量降ってきた。たとえば、小惑星を起源とする炭素質コンドライト隕石は約5％、彗星は約80％の水を含んでいる。

❸水素を主成分とする原始太陽系星雲ガスが捕獲されれば、地球をつくる物質に多量に含まれる酸素と化合して水が生成されうる。

地球外物質に含まれる水

地球に落下する地球外物質にも水が含まれている。地球外物質は、1mmを境にして、それより大きなものを隕石、小さなものを宇宙塵とよぶ（表2）。隕石はごく一部（月・火星起源）を除き小惑星起源である。隕石は原始太陽系星雲においてダストが集まり、その後大きな変化を受けていない始原隕石（コンドライト隕石）と、大規模に融けるなどして異質なものに分かれた分化隕石とに大きく分けられる（18ページ参照）。

コンドライト隕石はその化学組成により、普通コンドライト、炭素質コンドライトなどに分けられる。炭素質コンドライトは有機物に富み、多くのものは水を含んでいる。この水は液体や氷としてではなく、鉱物中に水酸基（OH）や水分子として含まれており、含水鉱物とよばれる。雪線より外側で形成された微惑星において、氷が融けた水が鉱物と反応する（水質変成）ことにより生成されたものである。水質変成で生成した鉱物中には、流体の包有物が

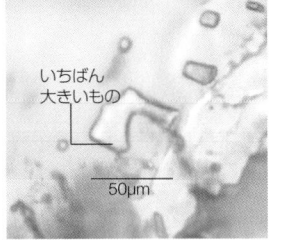

写真　普通コンドライトにまれに含まれる岩塩結晶中の流体包有物（太陽系形成時の水）　（写真提供・伊藤正一）

表2　地球に落下する地球外物質

分類			落下頻度(%)
隕石 ≥1mmのもの（ごく一部を除き小惑星起源、降下量は宇宙塵の10％以下）			
始原隕石	石質隕石	コンドライト	コンドリュールを含む（例外：CI）	86
		普通コンドライト	〈H〉〈L〉〈LL〉	79
		炭素質コンドライト	〈C〉※有機物に富み、多くは水質変成を受けている	4
		エンスタタイトコンドライト	〈EH〉〈EL〉	2
		ルムルチコンドライト	〈R〉	<1
分化隕石		エコンドライト	始原的エコンドライト	8
			HED隕石など	
			火星隕石、月隕石	0.1
	鉄隕石			5
	石鉄隕石		パラサイト、メソシデライトなど	1
宇宙塵 <1mmのもの（小惑星あるいは彗星起源）				惑星間塵(%)
採取法・形態による分類	惑星間塵	成層圏で採取		
	微隕石	極地の雪氷から採取		
	スフェリュール	大気圏突入により融解して丸くなったもの		
構成鉱物による分類	含水宇宙塵	炭素質コンドライト類似（小惑星起源）		37
	無水宇宙塵	無水鉱物、有機物からなり、多孔質（彗星起源）		45
	粗粒宇宙塵	結晶質（コンドリュールなどの欠片？）		18

表中の〈　〉内のアルファベットは隕石のサブグループ名。鉄の総量や金属相の多さをH(High Fe)、L(Low Fe)、LL(Low Fe Low metal)で表している。〈R〉はRumurutiという隕石名の頭文字をとった稀少グループ。

表3 サンプルリターン計画　　　　　　　　　　　　　　　　　　　　　■これからの計画

天体	計画	国名	時期	量など	物質
月	アポロ計画	アメリカ	1969-1972年	386.9kg(岩石、レゴリス粒子)	玄武岩、斜長岩など
	ルナ計画	旧ソ連	1970-1976年	約200g(レゴリス粒子)	
太陽風	ジェネシス計画	アメリカ	2004年9月帰還		荷電粒子
彗星(ビルド2)	スターダスト計画	アメリカ	2006年1月帰還	数10μm以下の粒子(コマの粒子):1,000個以上	微細粒子集合体、粗粒結晶質粒子、有機物
小惑星(イトカワ)	はやぶさ計画	日本	2010年6月帰還	数100μm以下の粒子(レゴリス粒子):2,000個以上	普通コンドライト
小惑星(1999JU3)	はやぶさ2計画	日本	2020年帰還予定	数g(レゴリス粒子)を予定	炭素質コンドライト？
小惑星(1999RQ36)	オサイリス・レックス計画	アメリカ	2023年帰還予定	50g以上(レゴリス粒子)を予定	炭素質コンドライト？

見いだされており、太陽系の始原的な水の化石である。

一方、炭素質コンドライト以外のものには水はほとんど含まれていない。しかし、ある種の普通コンドライトには岩塩(NaCl)の結晶が含まれ、この中にも流体包有物が見いだされている(写真)。

隕石や宇宙塵の起源を探る計画

含水宇宙塵は含水鉱物や有機物を含み、炭素質コンドライトと同様に小惑星起源であると考えられている。水を含まない無水宇宙塵は、さまざまな特徴から彗星起源であると考えられている。無水宇宙塵は多量の空隙を含むが、この空隙にかつては氷が存在していたと考えられる。

隕石や宇宙塵がどの天体からやって来たかは正確にはわからないが、宇宙探査機が地球に持ち帰ったサンプルは、どの天体のどの部分から採取されたものであるかがわかっており、また地球上でのさまざまな汚染がない貴重なものである(表3)。

スターダスト計画*1では、彗星塵サンプルは回収されたさいに瞬間的にではあるが高温になったため、サンプル分析により水(あるいは氷)は検出されていない。「はやぶさ」が持ち帰った小惑星サンプルは普通コンドライトであることがわかり、これまで間接的に推定されてきた隕石の小惑星起源が本当であったことが示された。水や有機物はあっても微量であるため、いまのところ検出されていない。アポロ計画で採取された月の石には、アパタイトという鉱物中の水酸基として微量の水が分析されている。

2014年と2016年には、はやぶさ2計画*2とオサイリス・レックス計画*3により宇宙探査機が打ち上げ予定である。炭素質コンドライトあるいは類似の物質が2020年から2023年にかけて地球に持ち帰られる予定になっており、地球の海や生命の材料物質としての水や有機物の分析が可能となる。

同位体から探る太陽系と地球の水

これまでのべてきたように、水あるいはこれをつくる元素は宇宙や太陽系に豊富に存在するが、地球の水は地球の質量にくらべて微量なので、量的なものから起源を特定するのは難しい。起源を探るには酸素や水素の同位体の情報が重要なのである。

酸素は質量数16の同位体(^{16}O)が99.759%を占めるが、わずかに^{17}Oが0.037%、^{18}Oが0.204%存在する。図3は、質量数17と16の酸素の比と質量数18と16の比の地球の標準海水からのズレ($δ^{17}O$と$δ^{18}O$)をプロットしたものである。$δ^{17}O$と$δ^{18}O$が0である原点が標準海水で、^{17}Oや^{18}Oは、^{16}Oにくらべてより多い(重い)ものは正に、少ない(軽い)ものは負になる。

固体・液体・気体間の状態変化や化学反応など通常の物理・化学プロセスでは、軽い

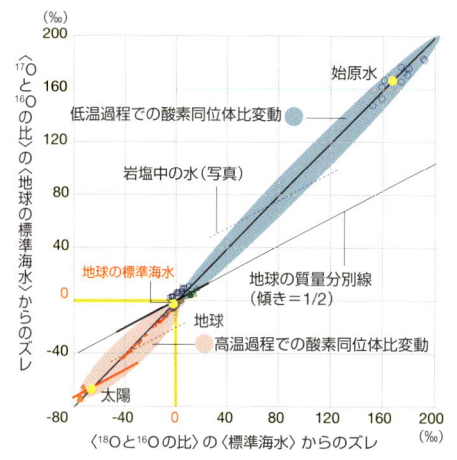

図3 地球、太陽および地球外物質の酸素同位体組成
地球だけなく太陽系の物質は、太陽と始原水との酸素同位体比の混合で説明できる

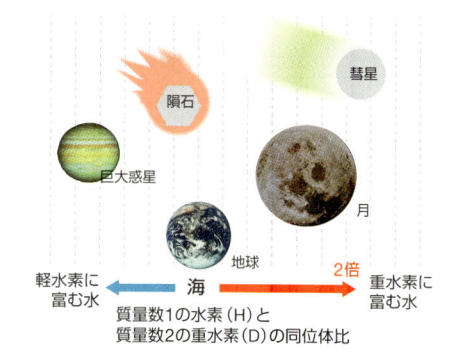

図4 太陽系をつくる物質の重水素(D)と水素(H)の比
水素の同位体比は、地球や月の水の起源を考えるうえで重要な情報である

（図3・4は、伊藤正一の原図をもとに作成）

同位体ほど動きやすいので、傾き約2分の1の線に沿って同位体比が変化する。これを質量分別という。すなわち、地球の物質はすべて原点を通る質量分別線上に乗ることになる。

太陽（太陽系全体）の酸素は軽い、また隕石中の特殊な鉱物から求められた始原的な水の酸素は重い同位体に富む。隕石やその他の太陽系の物質は、地球も含めて太陽と始原水の同位体比を結んだ傾き1の直線上、あるいはその質量分別線上にあり、二つの混合物として説明できる。太陽系ができたころに、なぜ質量分別では説明できない同位体比の不均質があったのかについては、原材料物質がそもそも不均質であったからだと考えられてきた。しかし、現在は太陽系生成時の一酸化炭素分子の紫外線による解離反応によって生じた（自己遮蔽効果）という説が有力である。

＊

水素は質量数1（H、99.989％）と質量数2の重水素（D、0.01％）が安定同位体として存在する。図4にその同位体比（D/H）を示した。水素では安定同位体が二つしかないので、同位体比の違いがもともと不均質であったものか、あるいは質量分別によるものかは区別できないが、物質の起源の推定には役だつ。たとえば、月のサンプルにごく微量含まれている水のD/H比は地球より大きく、彗星のものに近いことから、月の水は月形成後に彗星が運んだと考えるのが妥当である。

いっぽう、地球の海の水のD/H比は、炭素質コンドライトのものに類似しており、大半は隕石起源で一部は彗星起源なのかもしれない。しかし、大気中の水蒸気が冷えて海ができるときには、質量分別によりD/H比が変動した可能性もある。地球の水の起源はいまだ解決されていない。

＊1　NASA（アメリカ航空宇宙局）による彗星塵サンプルリターン計画。彗星から放出された彗星塵粒子をエアロジェルとよばれる超低密度物質で回収。このとき、彗星塵は6km/秒という超高速でエアロジェルに衝突し、衝突トラックとよばれる細長い空隙をつくるとともに、その一部は破砕され回収された。彗星塵に氷が存在したとしても、衝突時の瞬間的な温度上昇により蒸発したと考えられる。いっぽう、一部の有機物は完全には分解せずに生き残り、検出された。
＊2　2014年打ち上げ予定の、はやぶさ計画に次ぐJAXA（宇宙航空研究開発機構）の小惑星サンプルリターン計画。はやぶさやはやぶさ2計画とはサンプル採取のための弾丸が発射されず計画どおりにいかなかったため、ごく微量のサンプル（数十μg）しか採取できなかったが、はやぶさ2では数gのサンプル採取をめざす。また、物体を小惑星に衝突させてクレーターを人工的につくり、そこからの小惑星内部サンプル採取もめざす。
＊3　2016年打ち上げ予定のNASAの小惑星サンプルリターン計画。はやぶさやはやぶさ2計画とは異なるサンプリング方式により、50g以上のサンプル回収をめざしている。

1-02 地球創成期の年代論

平田岳史（京都大学大学院理学研究科地球惑星科学専攻地質学鉱物学分野）

私たちの地球はいつごろ誕生したものなのか。だれもが一度は考えた疑問であろう。人類は昔からこの疑問を抱き、その答えを見いだそうと努力してきた。

1,972,949,091歳と決めた2100年前のインド人

地球の年齢を見積もる試みは、文明の発達とともにはじまった。地球の年齢をはかるのはたいへんに難しいことで、当初はさまざまな年代値が提唱されていた。紀元前120〜150年にはヒンドゥー教（インドやネパールで多数派を占める世界第3位の民族宗教）では地球の年齢は1,972,949,091年と考えられており、また旧約聖書ではおよそ5,500年から9,000年という値が提唱されている。大きな拡がりがあり、当時の人びとにとって地球の年齢を知ることがいかに難しかったのかがわかる。

1800年代に入ると科学的手法をもちいて地球の年齢を推定する試みがはじまる。

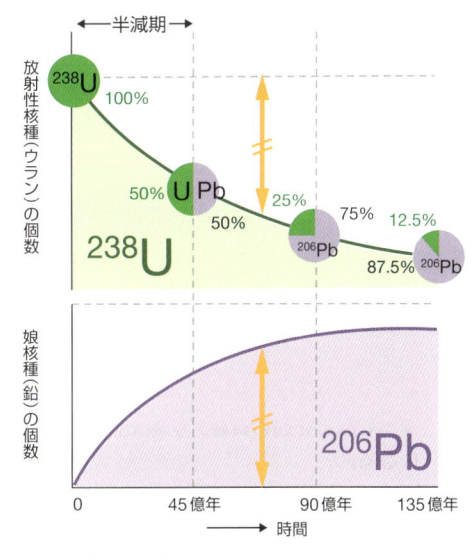

図1　原子核の放射壊変の模式図
放射性核種であるウラン（^{238}U）は半減期約45億年で原子核壊変して鉛（^{206}Pb）となる。壊れる速さは一定なので、鉛の量を調べることでどれくらいの年代が経過したかを調べられる

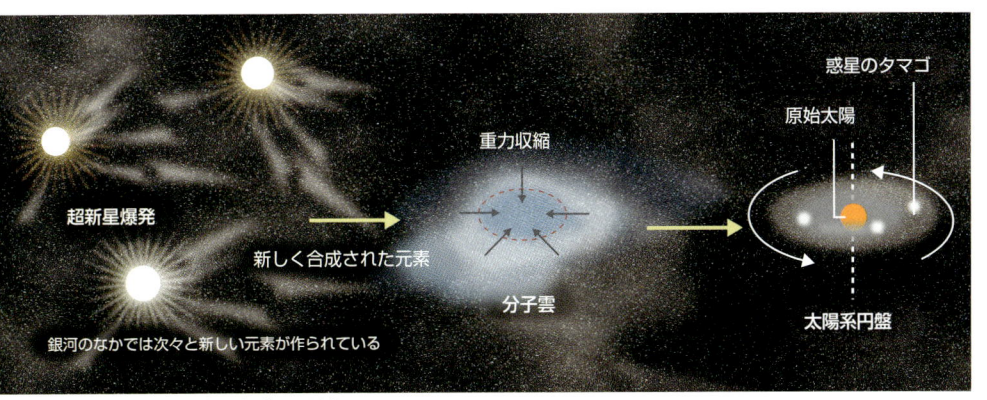

図2　銀河と太陽系・惑星の形成
銀河内では常時、超新星爆発が起こり、新しい物質がつくられる。物質が銀河内を漂いながら、密度の高い部分（分子雲）を形成する。分子雲はやがて自分の重さで収縮をはじめ、回転しながら薄い円盤、つまり太陽系円盤となる。宇宙がビッグバンでできたのが138億年前、太陽系が形成されたのが46億年前、そして太陽系円盤内で地球などの惑星ができたのが、45.6億年前だと考えられている

たとえば地球や太陽の冷却の速さ、地球と月の潮汐効果、水星の離心率の変化などの天体をもちいた物理的手法[*1]、海水に含まれる硫黄、塩素、ナトリウムなどの塩分濃度変化といった化学的な手法[*2]、さらには地球上に存在する石灰岩の量と石灰岩の生成速度の関係、あるいは堆積速度と世界中の堆積物の厚さを比較するなどの地質学的な手法[*3]などがもちいられた。こうした科学的手法でも、得られた地球の年齢には大きな拡がりがあり、短いもので数千万年、長いものでは1兆年と5桁も違うもので、当時としてはどれが正確なのかの判断ができなかった。

地球最古の鉱物でも年齢は44億年

地球の年齢を正確に推定できるようになったのは1920年代以降である。このころになると、ウランやトリウムなどの放射性同位元素をもちいた年代測定法が実用化された。放射性核種は周囲の環境によらず一定の速さで壊れ、別の元素へと変化（壊変）するため、試料の年代測定に都合がよい（図1）。たとえば天然のウランには、^{234}U、^{235}U、^{236}U、^{238}Uなど、原子番号はおなじだが質量数が異なる同位体が存在するが、質量数238のウラン（^{238}U）は45億年経過すると半分が壊れて、質量数206の鉛（^{206}Pb）に変化する。しかも、この放射性核種の壊れる速さは放射性核種ごとに固有の値をもっており、その速さは地球の誕生から現在に至るまで変わることなく一定とみなせる。したがって、岩石や鉱物といった地質試料の年齢を測定するのに都合がよい。

この同位体年代測定法により、地球の岩石試料の年齢を正確に測定できるようにな
り、地球上の大陸の年齢や火山の年齢、さまざまな堆積物の形成年代があきらかとなった。また年代データが蓄積された結果「プレートテクトニクス」という概念も誕生し、地球内部のダイナミクスも理解できるようになってきた。

1960年代に入ると地球の年齢として「45億年」という値が広く受け入れられるようになってきた。しかし、この45億という数字は、じつは地球の岩石から得られたものではない。世界最古の岩石はカナダのアカスタ湖周辺から採取される片麻岩（gneiss）であり、その年齢は約39.6億年、地球最古の鉱物は西オーストラリアのJack Hills帯から産出されたジルコン（$ZrSiO_4$）で、44億年である。ジルコンは、機械的にも化学的にもきわめて安定[*4]な鉱物の一種である。地質時代を通じて安定しており、当時の情報をしっかりと保存するため、鉱物タイムカプセルとよばれることもある。いっぽうで45億年を示す岩石は見つかっていない。45億年の岩石が見つかっていないにもかかわらず、地球の年齢は「45億歳」と考えられている。これはなぜだろう。

太陽系の化学組成と類似するコンドライト隕石

その答えは隕石にある。地球の年齢と隕石とのあいだにどのような関係があるのかを理解するには、地球と隕石との深い関係を考えるとわかりやすい。隕石には、岩石質の石質隕石、金属質の鉄隕石、石と金属が混ざりあった石鉄隕石がある。石質隕石のなかでも、形成後に加熱や圧力による変質・変形を受けていない隕石は、始原隕石あるいはコンドライトとよばれている。コン

[*1] 分子の運動や力学といった物理学を応用した研究手法。
[*2] 化学反応や物質の構造・組成変化といった化学を応用した研究手法。
[*3] 地質・地層の構造やそれらを構成する岩石や鉱物、化石等といった地質学的情報を応用した研究手法。
[*4] モース硬度（硬さをあらわす指標）は7.5でとても硬く、また、化学的にもきわめて分解しにくい鉱物である。

[*5] 太陽は可視光線を中心としたさまざまな波長の光（白色の光）を放出している。太陽から放出された光が太陽の大気を通過するさいに、太陽大気を構成する元素による吸光現象が起こり、スペクトル上に暗線をつくる。この暗線はフラウンホーファー線とよばれ、元素の種類や量に関する情報をもっている。

ドライトの化学組成は、水素、酸素、窒素、希ガスなどを除けば、太陽の元素存在度[*5]とよい一致を示す。

太陽は、太陽系の原料物質のほとんどの物質が集まってできたものと考えられているため、太陽の化学組成は太陽系の原料物質(原始太陽系星雲)の化学組成とおなじと考えてよい。つまりコンドライト隕石の化学組成が太陽の化学組成と類似しているということは、コンドライト隕石の化学組成が太陽系全体の化学組成と類似していることを示唆する。これはコンドライトの成因が太陽系の成因と深く関連していることを意味している。

こうした理由から、隕石は太陽系の形成を記憶したものであり、隕石の年齢は地球や太陽系の年齢を反映していると考えられるようになってきた。そこで先にのべた放射年代測定法をもちいてコンドライトの年齢を正確に決定する研究が行なわれ、その結果、多くの隕石が45.6億年という年代をもつことがあきらかとなった。もっとも始原的であり、化学組成的に太陽系の原料物質に類似した隕石が、太陽系でもっとも古い45.6億年という年代を示すことから、太陽系の誕生は45.6億年前と考えてよい(図2)。太陽系が形成されてから地球や火星、金星といった惑星が形成されるのに1億年はかかっていないと考えられているため、地球の年齢は45億歳という値が一般的に受け入れられている。

岩石や隕石の化学分析、年代分析が切りひらく未来

ただし、なにをもって「地球の誕生」とするかははっきりさせておかなければならない。地球は一瞬で現在の大きさになったわけではなく、小さな天体が重力で集積しながら徐々に成長し、現在の大きさまで成長してきた。地球の誕生を、地球のもととなる100kmほどの小さな天体の誕生の段階を指すのか、それとも現在のサイズ(平均半径6,371km)になり地球内部のコア-マントル-地殻の成層構造が完成した段階を指すのかによって、年代に違いがでる。

ここでいう45億歳は、地球が現在のサイズになってから現在までに経過した時間をあらわしている。もし100kmほどに成長した段階を地球の誕生とするなら、地球の年齢はコンドライトの年齢とおなじ45.6億歳と考えるべきであろう。

地球の岩石や隕石の化学分析、年代分析を通じてさまざまなことがあきらかとなった。地球の年齢だけではなく、地球がどのような化学組成をしているのか、マントルや地球中心核にある金属核の化学組成がどんなものか、さらには地球内部の物質がどのように循環してきたかも、しだいにその描像があきらかになりつつある。

「はやぶさ」がもち帰る地球外物質の価値と期待

年代学の父であり、最初に地球の年齢を科学的に推定したイギリスの地質学者アーサー・ホームズは、年代データの重要性を次のように表現している。「信頼できる年代尺度を手にいれることができると、地質学はさらなる発見のためのはかり知れぬ貴重な鍵を手にいれることができる」(Cherry Lewis著、高柳洋吉訳『地質学者アーサー・ホームズ伝──地球の年齢を決めた男』、古今書院、2003年)。

原子核の壊変現象をもちいた年代測定法はたくさんある。分析技術の向上により、こんごはさらに多くの年代測定法が実用化され、世界各地の岩石や隕石から詳細な年代情報が得られることであろう。「はやぶさ2計画」(2014年度打ち上げ予定)を通じてもち帰られる地球外物質の分析を通じても、生命の誕生や太陽系形成以前の情報など、これまで誰も手にすることができなかった情報についても重要な知見が得られるかもしれない。

1-03 海の誕生　謎を解く旅のはじまり

小木曽 哲（京都大学大学院人間・環境学研究科相関環境学専攻）

およそ45億年前、原始太陽系の中で微惑星が集まって地球が誕生したとき、地球の表面にあったのは、水ではなくマグマの海だった。集まってくる微惑星の衝突エネルギーが熱となり、その熱が原始の地球の表面と、衝突する微惑星自体を融かしてマグマをつくり、ついには地表全体がマグマに覆われてしまったのである。

このようにしてできたマグマの海（マグマオーシャン）は、表面の温度が1,000℃をはるかに超える灼熱の世界であった（図1）。

気体でも液体でもなかった原始の大気

微惑星の衝突が続き、原始地球が大きくなるにつれて、その万有引力は大きくなり、微惑星だけでなく、宇宙空間に残っていた水素やヘリウムなどの気体も、地球の引力に引きつけられるようになった。衝突した微惑星からも、鉱物の中に閉じこめられていた水や二酸化炭素が気体となって放出された。これらの気体がマグマオーシャンを取り囲み、原始の大気を形成した。

原始大気は、その中に含まれる水蒸気と二酸化炭素の強い温室効果によって、マグマオーシャンから放出される熱を効果的に吸収し、高温となった。原始大気の量は、現在の大気の何百倍もあり、温度だけでなく気圧もとても高かったようだ。大気はそのような高温高圧状態におかれると、「超臨界流体」という、気体と液体の中間的な性質の状態になる（図2）。つまり原始の大気は、気体でも液体でもない、高温の超臨界流体だった可能性がある。当然そこには、私たちがふだん目にするような液体の水が存在する余地などまったくなかった。

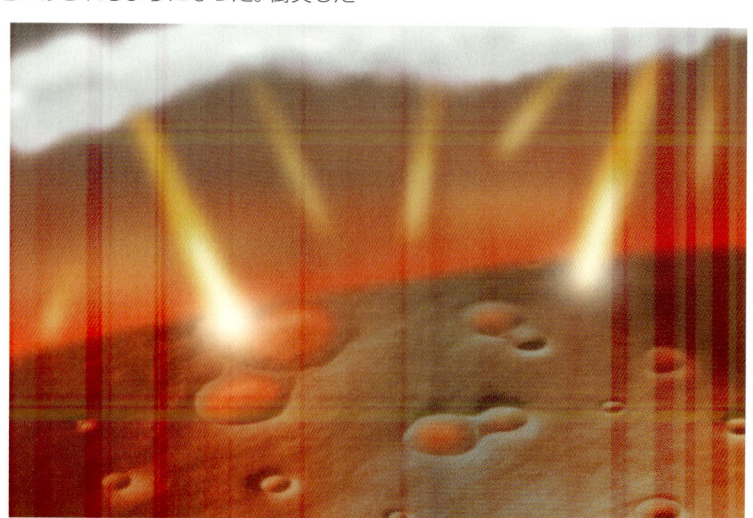

図1　「マグマの海」のイメージ図
マグマオーシャンの深さは1,000kmを超えていたという説が有力である。地球の中心まで融けていたという説もある

水の起源の謎

 原始大気には、微惑星から放出された水蒸気、二酸化炭素と、宇宙空間から引き寄せた水素、ヘリウムが含まれていた。ただし、それらの比率については、残念ながらよくわかっていない。いっぽう、マグマオーシャンには、さまざまな元素が酸素と結びついた酸化物の液体と、鉄を主体とする金属の液体とが混在していた。

 灼熱の高温の世界では、物質同士は容易に化学反応を起こす。もし、原始大気と接するマグマオーシャンの表面に鉄などの金属が大量にあったとしたら、それが原始大気中の水蒸気と激しく反応して水素と酸化鉄を生成するため、大気中の水蒸気の量は減少してしまう。逆に、鉄などの金属が少なければ酸化物が大気中の水素と激しく反応して水蒸気を生成するため、水蒸気の量は増加する。つまり、原始大気中の水蒸気量は、マグマオーシャン表面の物質構成によって大きく左右される。

 では、マグマオーシャンの表面には鉄などの金属がどのくらいあったのだろうか。じつは、その詳細はわかっていない。後に海となるべき水蒸気が原始大気中にどのくらいあったのかについて、私たちはまだよく理解していないのだ。

液体の水の出現

 微惑星の衝突は時間とともに急速に減り、地球の表面で新たにマグマが生成することもしだいになくなっていった。原始の地球を覆っていた灼熱の世界も、原始大気の表面から熱を宇宙空間に放出しながら冷えていった。マグマオーシャンは固まって分厚い岩石の層となった。超臨界流体でできた原始大気も温度が下がり、やがて液体と気体とに分離した。もし、原始大気に水蒸気が大量にあれば、この時点で水蒸気は液滴となり、大量の雨となって、すでに固体

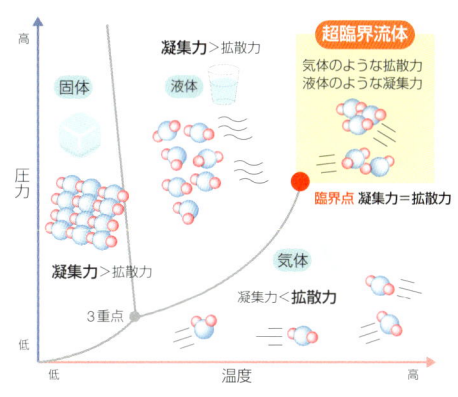

図2 超臨界流体
水の状態と温度・圧力との関係を示した状態図。実際の原始大気は、水以外の分子を含むため、その状態図はもっと複雑になる

となった地表に降り注いだであろう。その雨はとほうもなく降り続け、そしてついに、地表に巨大な水たまり、つまり海を形成したのである。

 しかし、もし原始大気に含まれていた水蒸気が、現在の海の水よりもずっと少なかったとしたらどうであろうか[1]。この場合には、足りない分の水がどこからか運ばれて来たはずである。その候補として考えられるのが、彗星のような氷を多く含んだ微惑星である。マグマオーシャンが冷え固まるころ、数は減ったとはいえ、まだ衝突してくる微惑星はあった。その中に氷主体の微惑星があり、それらが地表に衝突して融け、液体の水を供給し、海を形成したのである。

＊

 私たちの母なる海は、灼熱の火の玉として生まれた地球が冷える過程で誕生した。海のもととなった水の由来が、原始大気に含まれていた水蒸気なのか、氷の微惑星なのか、両方なのか、あるいはもっと別の可能性があるのか[2]。その謎を解く旅は、まだはじまったばかりである。

---

[1] 原始大気そのものがいったん失われた可能性もある。詳しくは下記の書籍を参照。
[2] 田近英一著『DOJIN選書 24 地球環境46億年の大変動史』(化学同人、2009)に詳しい。

1 水が地球を動かす
1-04

小木曽 哲（京都大学大学院人間・環境学研究科相関環境学専攻）

海の底では、岩石のわずかな隙間に海水がしみこんだり、水と岩石との化学反応（風化・変質作用）で含水鉱物（結晶構造中に水を分子として取りこんだ鉱物）を形成したりしている。そうすることで、海底下のプレートの内部にまで水が入りこんでいる。

地球の表層から内部へと供給される水

プレートに入りこんだ水は、プレートの沈みこみとともにマントル深部へと運ばれる。やがて、隙間にあった水が圧力によって絞りだされたり、含水鉱物が分解したりすることで、水がマントルの中に放出される。放出された水は、そこで別の種類の含水鉱物を形成してマントルの中にとどまるか、マントル内を上昇して地表へと戻る。地球ではこうして、表層から内部へとつねに水が供給されている。

このような営みは、液体の水が存在し、かつプレートテクトニクスが機能してはじめて可能となるものである。金星や火星は地球によく似た内部構造をしているものの、海もなくプレートテクトニクスも機能していないため、マントルに水がもちこまれることはない。つまり、マントル内部へとつねに水が供給されるのは、地球だけで起こっている現象であり、他の惑星にくらべて地球のマントルは水に富んでいる可能性が高い。

マントルの流動性と水

地球のマントルは固体岩石でできているが、ゆっくりとした速度（約1～10cm／年）で流動している。物質の流動のしやすさは「粘性率」という性質であらわされ、粘性率が小さいほど流動しやすい。一般に、岩石の粘性率は高温ほど小さく（流動しやすく）なり、高圧ほど大きく（流動しにくく）なる。地球にかぎらず、惑星の内部は深部になる

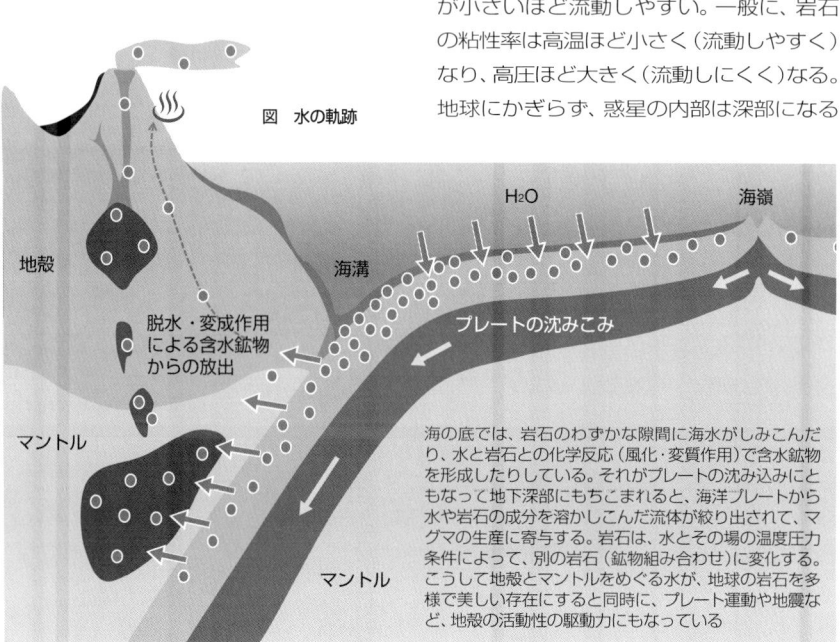

図 水の軌跡

海の底では、岩石のわずかな隙間に海水がしみこんだり、水と岩石との化学反応（風化・変質作用）で含水鉱物を形成したりしている。それがプレートの沈み込みにともなって地下深部にもちこまれると、海洋プレートから水や岩石の成分を溶かしこんだ流体が絞り出されて、マグマの生産に寄与する。岩石は、水とその場の温度圧力条件によって、別の岩石（鉱物組み合わせ）に変化する。こうして地殻とマントルをめぐる水が、地球の岩石を多様で美しい存在にすると同時に、プレート運動や地震など、地殻の活動性の駆動力にもなっている

ほど温度と圧力の両方が高くなるため、マントルの粘性率は深さによって異なり、その違いは温度と圧力が深さによってどのように変化するのかによって左右される。しかし、それだけではない。岩石の粘性率は、含まれている水の量にも大きく影響される。

マントルを構成するカンラン岩（peridotite）の場合、ほんの0.1％の水が加わるだけで、水を含まないカンラン岩に比べて100倍以上も粘性率が小さくなる。したがって、地球のマントルは、水がない場合にくらべてはるかに流動性が高くなっているはずである。

水とプレートテクトニクス

マントルの流動は、地球の表層付近で起こるさまざまな変動現象に大きな役割を果たしている。プレートテクトニクスも、究極の原動力はマントルの流動だと考えられている。したがって、もし地球内部の水がもっと少なかったら、マントルの流動はもっと遅くなり、プレートの動きももっと遅かったかもしれない。あるいは、プレートテクトニクス自体が機能していなかった可能性さえ考えられる。

プレートテクトニクスは、地震や火山活動などの変動現象の原因でもある。日本のような沈み込み帯では、沈みこむプレートが沈みこまれる側のプレートをつねに押している。そのため、プレートどうしの境界面がすべったり、プレート内部に断層が生じ、それがずれたりして地震を起こしている。ヒマラヤのような巨大な山脈を形成する地殻変動も、プレートどうしが押しあう力によるものである。さらには、沈みこむプレートからマントル内に放出される水が、沈み込み帯で活発な火山活動を引き起こす原因物質だとも考えられている（24ページ参照）。それだけでなく、沈みこむプレートから放出される水が地震の発生を誘発しているという考え方が、最近は有力視されている*。

したがって、マントル内に水がなくてマントルの流動性が小さく、プレート運動がもっと不活発だったとしたら、地球上では現在ほどの地震・火山活動や地殻変動が起こっていないだろう。つまり、地球上の変動現象の究極の原因は、海からマントルへともたらされる水である、といえるかもしれない。

ただし、プレートテクトニクスが機能するうえでマントル中の水がどれほど影響しているかについては、詳細なことはわかっていない。水がマントル中のどこにどれほど分布をしているのかについてさえ、私たちはよく理解していない。地球の変動にとっての水の役割を理解するために、私たちが挑むべき課題は多い。

写真1　蛇紋岩 *serpentinite*
カンラン岩に水が加わって変成した岩石。主に蛇紋石（含水鉱物の一種）から構成される。プレートによって地球内部に持ちこまれた水が、マントルのカンラン岩と比較的低温（約600℃以下）で反応すると蛇紋岩を形成する。蛇紋岩の粘性率は、水を含むカンラン岩よりさらに10倍以上小さい

写真2　蛇紋岩薄片
蛇紋岩の顕微鏡写真。カンラン石が網目状の蛇紋石に置き換わっている

---

*かなり専門的だが、『地震発生と水──地球と水のダイナミクス』（笠原順三ほか編、東京大学出版会、2003）に詳しく書かれている。

プレートテクトニクスと固体圏をめぐる水

平島崇男（京都大学大学院理学研究科地球惑星科学専攻地質学鉱物学分野）
吉田健太（京都大学大学院理学研究科地球惑星科学専攻地質学鉱物学分野 博士後期課程）

地球の表層部は、十数枚のプレートとよばれる厚さ100kmほどの硬い岩盤でおおわれている（図1）。これらのプレートは地殻とマントル上部の硬い部分（リソスフェア）で構成されている。しかし、プレート上部を構成する地殻の岩石の種類やその厚さなどは、主として海の底を構成するプレート（海洋プレート）と主として陸地を構成するプレート（大陸プレート）とでは大きく異なっている。海洋プレートの地殻の厚さはおおむね10km以下で、主として玄武岩（basalt）組成の火成岩で構成されている。これに対して大陸プレートの地殻の厚さは平均30km前後で、花崗岩（granite）組成の岩石をともなっている。

1年に24×10⁸tもの水が地球内部に運ばれている

このようなプレートの分類にもとづくと、瀬戸内海は大陸プレートの低地にできた水たまりであり、「海洋」ではないということになる。海洋プレートの最上部の平均深度は、海洋の平均水深（約3,800m）とみなすことができる。地球の表面積の約70%は海洋が占めているので、地球上に存在する海水の量（約13億5,000万km³）は海洋の面積に平均水深をかけた数値とみなすこともできる。

これら膨大な量の海水や水蒸気の動きは第2部を参考にしていただくことにして、この項では、意外なかたちでの水の移動について紹介する。そう、岩石には意外なかたちで水が含まれているのだ。その代表的な例が以下の三つである。

❶岩石を構成する結晶粒の隙間に取りこまれた水（間隙水）
❷岩石を構成する結晶の構造の一部として組みこまれた水（結晶水）
❸岩石を構成する結晶の内部の空孔に取りこまれた水（流体包有物）

上記3種類の形態で岩石に取りこまれた

図1　地球を覆うプレートとその境界

灰色の矢印と数字は、それぞれのプレート発散境界での海洋底拡大速度である。色つきの矢印でプレートの移動速度を示した（E.J.ターバック、F.K.ルトゲンスらの著書をもとに作成）

水は、プレートの沈みこみとともに地球内部に向かって運ばれており、最近の試算ではその量は1年あたり$24×10^8$tにもなるとされている(図2)。

とはいえ、これらの水のすべてが地球の奥深くまで運ばれるわけではない。沈みこむ海洋プレートの深度が増加するとともに、さまざまな深さで岩石から放出されると考えられている。

結晶粒の隙間に取りこまれた水(間隙水)

このタイプの水は、主として堆積岩を構成する粒子の隙間に含まれている。地表近くで堆積した粒子と粒子とのあいだには、じつは多くの隙間がある。この隙間に保持された水が間隙水である。

この空隙は、岩石が圧密・続成作用・変成作用などを被ると減少する。最近、このタイプの水が地下100kmで形成された岩石から見つかったとの東京大学の角野浩史氏の報告もあるが、大半は地下約10kmまでに放出されると考えられている。

2011年3月11日の東日本大地震のさいに、東京湾周辺の埋立地で大量の水とともに砂が吹きだした。いわゆる「液状化現象」である。この水こそ、圧密を十分に受けていない堆積岩中には間隙水がふつうに含まれていることの確たる証拠である。B.R.ハッカー氏らの試算では、このタイプの水は沈みこむ海洋プレートに含まれる水の総量の46%($11×10^8$t)を占めているという。

鉱物の結晶構造の一部として組みこまれた水(結晶水)

このタイプの水は、岩石を構成するケイ酸塩鉱物中に水酸基(OH)、あるいは水分子(H_2O)として、結晶構造の一部として取りこまれたものである。

火成岩の主要構成鉱物であるカンラン石(olivine)、輝石(pyroxene)、斜長石(plagioclase)などは、無水ケイ酸塩で、結晶構造の中に上記のかたちで水を含まない。しかし、これらの鉱物が熱水変質や変成作用を被ると、多様な含水鉱物に変化する。その代表例を以下に二つ示す。

マントルの主要構成鉱物のカンラン石(Mg_2SiO_4)が比較的低温で加水作用を被ると、蛇紋石(serpentine、$Mg_6Si_4O_{10}(OH)_8$)が安定になる。その化学反応は以下のように記述できる。

$$3Mg_2SiO_4 + 4H_2O + SiO_2 = Mg_6Si_4O_{10}(OH)_8$$

火成岩の主要構成鉱物の一つである斜長石の化学組成は、Naに富む端成分とCaに富む端成分の固溶体で表現できる。地下の高い圧力のもとで、Caに富む端成分であるアノーサイト(anorthite、$CaAl_2Si_2O_8$)と水が反応するとローソン石(lawsonite、$CaAl_2Si_2O_7(OH)_2·H_2O$)が形成される。

$$CaAl_2Si_2O_8 + 2H_2O = CaAl_2Si_2O_7(OH)_2·H_2O$$

これら2種類の鉱物は、それぞれ重さにして約12%の「水」を結晶構造の中に取り込んでいる。

沈みこむプレートを構成する岩石は多様な加水反応を被っている。その結果、B.R.ハッカー氏の試算では、沈みこむプレートが含む水の54%($13×10^8$t)を岩石の結晶構造に固定された水が占めるとされている(図2)。その内訳は、①海洋プレートの最上部を構成する遠洋堆積物と、海溝で堆積した陸源由来の堆積物、およびそれらに由来する変成岩に含まれる水=$1.5×10^8$t、②海洋プレートの地殻を構成する火成岩とそれらに由来する変成岩に含まれる水=$6.1×10^8$t、③海洋プレートのマントル・リソスフェアに含まれる水=$5.7×10^8$tである。

これら大量の水を運ぶケイ酸塩含水鉱物は、鉱物ごとにある温度・圧力条件を超えると準安定になり、無水鉱物あるいは含水量のより小さなケイ酸塩鉱物へと脱水分解する。

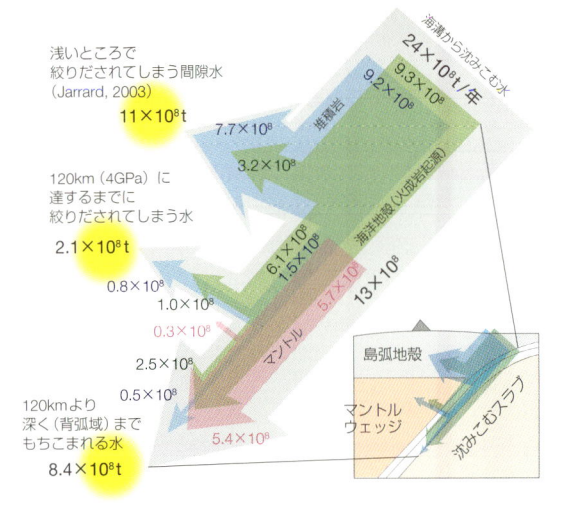

図2 沈みこむプレートによって地球内部へと運ばれる水の量の試算
矢印の太さはそれぞれの深さで放出される水の量に対応している。水色の矢印は堆積物とともに運ばれる水であり、浅いところでほとんどが絞りだされてしまう。赤で示したマントル物質とともに運ばれる水は、120km以深(背弧域)まで保持されているのがわかる
(B.R.ハッカーの試算をもとに作成)

古くて冷たいプレートが沈みこんでいく場合、先に紹介した蛇紋石は地下70〜80kmまで安定である(図3)。しかし、さらに深度が増すと、Phase Aとよばれる高温高圧合成実験でその存在が予測されているが、天然では未発見の含水ケイ酸塩に変化すると予想されている。このことは、海洋底あるいは海溝付近で海水が結晶水として含水ケイ酸塩鉱物に固定されて、マントルのより深くまで運びこまれていることを示唆している。

ローソン石は地下90〜100km付近の深度まで安定であるが、その深度を超えると準安定になり、次のような反応で脱水分解すると考えられている。

ローソン石
= 緑簾石(epidote) + 藍晶石(kyanite) + 石英(quartz) + 水
$4\,CaAl_2Si_2O_7(OH)_2 \cdot H_2O$
$= 2\,Ca_2Al_3Si_3O_{12}(OH) + Al_2SiO_5 + SiO_2 + 7\,H_2O$

この化学反応の進行によって、放出される地下深部流体(水)は、沈み込み帯で生じる諸現象の重要なトリガーになると考えられている。その代表例の一つは地震である。現在の東北日本の地下150km付近で生じている深部地震は、ローソン石の脱水分解によって生じた深部流体がトリガーになっているとの考え方が有力である。さらに、これらの水は島弧マグマの成因にも重要な役割を果たすと考えられている。その最新の描像は、28ページ「マグマを生み出す水」を参照されたい。

結晶内部の空孔に取りこまれた水(流体包有物)

この水は、前記二つのタイプの水にくらべて、その量は微々たるものである。さらに、岩石中にどれだけの量の流体包有物が取りこまれるかを予測することは難しいので、その総量を正確に見積もることはできない。しかし、現在の地表に分布する地下深部岩石中の流体包有物は、われわれが手に入れることができる唯一の地下深部で活動した流体の直接的証拠である。したがって、その化学組成・密度などの物理・化学情報を獲得することが重要な課題になっている。

しかし、この研究には幾多の困難が待ち構えている。まず、地下深部岩石に含まれている流体包有物の多くはその直径が数十μm以下とたいへん小さく、化学分析には困難をともなうということがある(図4-a)。

さらに、地下深部岩石にはいろいろな時期に取りこまれた流体包有物が含まれている。流体包有物が示す化学組成の意義を正確に理解し活用するには、流体包有物が岩石に取りこまれた時期を、岩石学・鉱物学・地質学などの知識を総動員して、少なくとも次の3通りの可能性を検証する必要があ

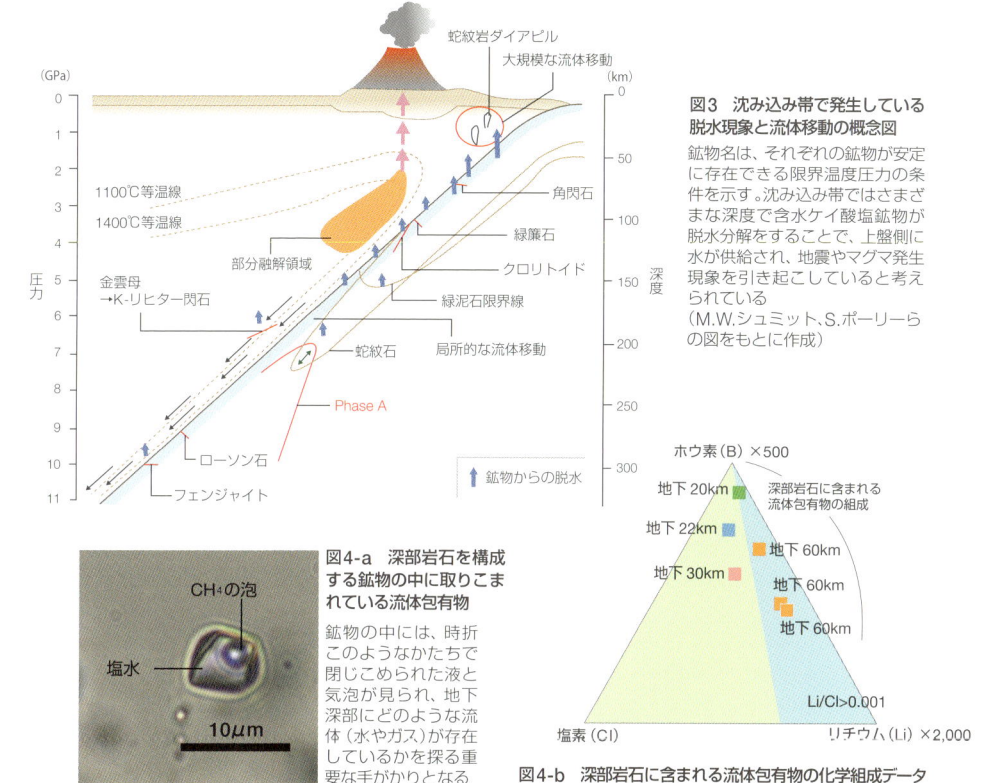

図3 沈み込み帯で発生している脱水現象と流体移動の概念図

鉱物名は、それぞれの鉱物が安定に存在できる限界温度圧力の条件を示す。沈み込み帯ではさまざまな深度で含水ケイ酸塩鉱物が脱水分解をすることで、上盤側に水が供給され、地震やマグマ発生現象を引き起こしていると考えられている
（M.W.シュミット、S.ポーリーらの図をもとに作成）

図4-a 深部岩石を構成する鉱物の中に取りこまれている流体包有物

鉱物の中には、時折このようなかたちで閉じこめられた液と気泡が見られ、地下深部にどのような流体（水やガス）が存在しているかを探る重要な手がかりとなる

図4-b 深部岩石に含まれる流体包有物の化学組成データ

塩濃度の指標となる塩素（Cl）と、地下深部の流体の特徴とされるリチウム（Li）・ホウ素（B）の比で示した図。地下深部の岩石に含まれる流体包有物の組成は、有馬型温泉水とよく似た特徴をもっている

る。①岩石が沈みこんでいる最中、②地下深部岩石が最大深度に達したとき、③地下深部岩石が地表に上昇する過程。

これらの困難さをふまえたうえで、京都大学の地質学鉱物学分野と地球熱学研究施設の共同研究で地下深部流体の化学組成を測定する試みが続けられている。これまでの成果として、日本列島に分布する過去の沈み込み帯の地下20～60kmで形成された地下深部岩石に含まれる流体包有物は、海水と同程度、あるいは海水以上の塩素（Cl）を含むことがあきらかになった。さらに、これらの水は高塩素濃度にもかかわらず、リチウム（Li）やホウ素（B）にも富んでいることをあきらかにした（図4-b）。

　　　　　　　＊

兵庫県の有馬温泉に湧出する温泉水は、その水素同位体と酸素同位体の値から、マントル深度から上昇してきたと考えられている（32ページ参照）。有馬温泉の温泉水と同等の同位体値の温泉水は「有馬型温泉水」とよばれている。産業技術総合研究所の風早康平氏らの研究によると、有馬型温泉水のもう一つの特徴は、その高塩素濃度にもかかわらず高いリチウム含有量（Li/Cl>0.001）を示すことである（図4-b）。

上記のリチウムやホウ素に富む流体包有物を含む地下深部岩石が形成された時代は、現在から約6,000万年から1億年前。そのような大昔の地下深部岩石に含まれている深部流体が、現在の沈み込み帯の前弧域で採集された温泉水の組成と類似している理由はなにか。その理由を解明する分野融合的な研究が求められている。

マグマを生み出す水

川本竜彦（京都大学大学院理学研究科附属地球熱学研究施設）

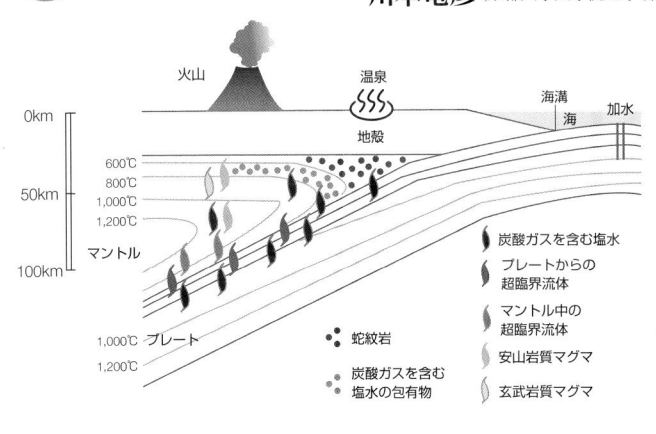

図 沈み込み帯の水とマグマ
プレートは海溝で折れ曲がるさいに、割れ目に沿って水と反応する。そして、沈みこむにしたがって、その水を日本列島の下のマントルに放出する。海溝に近い場所では温泉になり、さらに深くなると水とマグマの中間の性質をもつ超臨界流体になる。超臨界流体はマントルでマグマと水に分かれ、水は新しくマグマをつくる。このようにして、日本列島には2種類の化学的性質の異なったマグマが噴出すると考える。

日本列島は大陸プレートの東端に位置している。日本列島の下には日本海溝から太平洋プレート、南海トラフからはフィリピン海プレートという二つの海洋プレートが沈みこんでいる。その海洋プレートから水や岩石の成分を溶かしこんだ流体が出て、火山の下およそ100kmの深さ付近でマントルに加わると考えられている（図）。

沈みこむ海洋プレートからマントルへ水が加わりマグマができる

岩石の成分を融かしこんだ流体は、超臨界流体とよばれていて、岩石が融けてできるマグマと水の中間の化学的性質をもっている。じつは、水は岩石の融けはじめる温度を下げる。100kmの深さでは、水がないと1,300℃で融けはじめるマントルが、水があると1,050℃ていどで融けはじめる。そのため、海洋プレートが沈みこむことでマントルの温度が下がる場所で、マントルを融かしてマグマをつくるためには、水が供給されると好都合である。

日本列島のようなプレートの沈み込み帯では、マグマの噴火は爆発的になる。これは、地球深く圧力がかかっている状況でマグマに融けていた水が、地表付近では融けこめなくなり、マグマから気体として抜けるときに体積が急に膨張するためである。粘り気の強いマグマほど、気泡は抜けにくいので、桜島で見られるような爆発的な噴火になる。粘り気の弱いマグマからは気泡は抜けやすく、ハワイで見られるように、あまり爆発的にならず上に吹き上げる噴水のような噴火になる。

プレートからマントルへ付け加わる水の組成の研究は、50年以上前にプレートテクトニクス理論が考えられはじめたころから、多くの研究者により研究されてきた。最近は、たんなる水ではなく、岩石の成分をたくさん融かしこんだ超臨界状態の流体がマントルに加わると考えられている。この超臨界流体はマグマと水が半々に混ざりあっていて、両者の性質をあわせもつ。超臨界流体は上昇するさいに、圧力が下がり再びマグマと水とに分かれて、その水がマントルを融かして新しいマグマをつくる（図）。

写真1は、深さ30km、900℃の高温高圧条件でマグマと水が共存しているようすを、実験室で再現して調べたときの写真である。

高温高圧実験装置のしくみ

ダイヤモンドの先端を1mmほど切りとる

温度を上げる

試料
岩石 水

0.5mmの穴

ヒーター

ダイヤモンドの距離を縮め、試料に圧力をかける

上のような装置をダイヤモンドアンビルセルとよぶ。ダイヤモンドは無色透明なので、光を通して中のようすを観察できる。左の写真では、水の中に丸くなっているマグマの粒がたくさん見える。拍子木のように見えるのは結晶。温度を上げたり、圧力を上げたりすると、マグマと水の差がなくなって、一つの流体になる。それが超臨界流体である

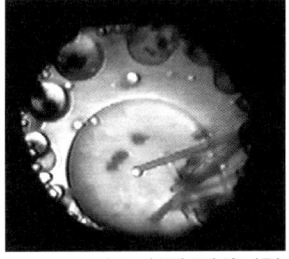

写真1　高温高圧実験の観察

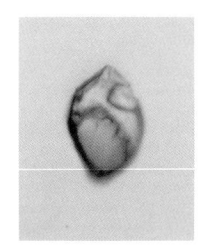

写真2　流体包有物
ピナツボ火山のマントル捕獲岩の薄片写真。カンラン石中の小さな包有物。流体包有物は、炭酸塩鉱物と塩水と水蒸気から構成される。大きさは0.03mm。炭酸塩鉱物は炭酸ガスを含んだ鉱物。この流体包有物を冷やして、氷が凍ったり融けたりするようすを観察する作業は、辛抱強さが要求される

プレートが海水を火山の下まで運ぶ

　噴火のさいに、マントルをつくる岩石の破片が引っ掛けられて地表に出てくることがあり、これをマントル捕獲岩とよぶ。最近、そういう天然の岩石を観察することで、沈みこむ海洋プレートがマントルに海水を運んでいることを確認した。

　1991年に噴火したフィリピンのピナツボ火山の下には、マニラ海溝からユーラシアプレートの一部である南シナ海のプレートが沈みこんでいる。鹿児島大学の小林哲夫さんたちは2007年にピナツボ火山を訪れ、こぶしほどの大きさのマントル捕獲岩を採集した。私たちがその試料の存在を知り、その捕獲岩を薄くして顕微鏡で観察すると、鉱物の中に0.03mmほどの流体の粒がたくさん入っているのを見つけた（写真2）。これらの粒をさらに調べると、炭酸ガスを含んだ塩水だとわかった。

　顕微鏡で観察しながらこの流体包有物の温度を下げることで、塩水から氷が結晶化する温度を測定した。純水ならば0℃で凍るはずだが、この塩水は-3℃で凍った。塩濃度に換算すると約5重量％である。海水の平均塩濃度は3.5重量％なので、海水よりも少し塩辛い。これまで、プレートからはおもに水や、水にマグマ成分を溶かしこんだ超臨界流体が出てマントルに付け加わると考えられていた。今回の発見で、それらの水や超臨界流体に海水のように塩が含まれていることが、世界で初めてわかった。

　プレートは、沈みこむ前に海水と反応し、塩を含んだ水をもったまま沈みこむと考える。深く沈みこむにしたがい高温高圧の条件になり、その塩水をマントルに放出する。近畿地方には、和歌山県の白浜温泉や、大阪府の石仏鉱泉、兵庫県の有馬温泉、宝塚温泉などに、炭酸ガスを含んで塩辛い温泉があるが、これらの特徴は海洋プレートから放出された塩水の特徴と一致する。

　プレートからの流体が塩水だとすると、塩水は純水と異なり、金属イオンをよく溶かすなど、マントルへの金属元素の移動に影響を与える。さらに深く沈みこんだプレートからは超臨界流体が出ると考えられるが、その流体にも塩が溶けているようだ。その塩濃度は海水よりも薄いのではないかと考えているが、まだよくわかっていない。

　日本列島のような沈み込み帯では、地震、温泉、火山などの地学現象があるが、それらは海洋プレートから出る水によって引き起こされている。海洋プレートが水を大陸プレートの下に運ぶためには、まず海洋プレートが水を含んでいないといけないが、その水は海水である。つまり、海があることで、地震や温泉や火山があることになる。

希少鉱物に残された海の痕跡

河上哲生（京都大学大学院理学研究科地球惑星科学専攻地質学鉱物学分野）
東野文子（京都大学大学院理学研究科地球惑星科学専攻地質学鉱物学分野 博士後期課程）

二つの大陸が衝突するとき、そのあいだに存在した「海」にたまった泥や砂などの堆積物は、ブルドーザーで押し寄せられるように大陸と大陸とのあいだにはさまれ、あるものは大陸の下に沈みこみ、あるものは地表に露出して大山脈の一部となる（図1）。

過去の大陸衝突帯は長い年月のあいだに削剥を受け、その地下深部を構成する「変成岩」が地表に姿を現すようになる。変成岩とは、ある岩石が新しい温度・圧力などの条件下におかれたときに、新しい条件下で安定に存在できる物質（鉱物）の集まりに再結晶化した岩石（いわば「焼き物」）である。「海」にたまった泥や砂などの堆積物のうち、大陸の下に沈みこむことで新しい条件下におかれたものは、再結晶化し、鉱物の種類や化学組成というかたちで、地下の温度や圧力などのようすを記録した変成岩になる。

ゴンドワナ大陸の衝突を記録する南極の変成岩

変成岩は、ヒマラヤやアルプスなどの現在も衝突が進行している大陸衝突帯のほか、南極などの過去の大陸衝突帯にも広く出現する。私たちはそうした変成岩を求めてフィールドワークに出かける。南極のセール・ロンダーネ山地には、約6億年前の東西ゴンドワナ大陸の衝突時にできた変成岩が、四国ほどの広さにわたって露出する（図2）。氷と岩石しかない世界は、大陸衝突帯の地下深部で起こっていたことを変成岩から読

図1　大陸衝突帯の概念図
大陸Aと大陸Bが衝突し、あいだにあった海の堆積物などが大山脈を形成する。大山脈の一部や大陸の下部は、主として変成岩や火成岩によって構成される

みとるのに最適のフィールドである（写真1）。

地質調査を行なって、野外での産出状況を詳しく記載した岩石試料を採取、実験室にもち帰り、約30μmの薄さに削った「薄片」（プレパラート）を作成する。偏光顕微鏡や電子顕微鏡でこれらの微細組織を観察し、電子線マイクロアナライザー＊や質量分析計などの高度分析機器を用いて、鉱物内の数μmの領域の化学組成分析や年代測定を行なう。これにより岩石ができた温度、圧力（深さ）、年代などがわかり、フィールドで得たデータと組み合わせることで、大陸衝突帯のさまざまなプロセスを読みとることができる。

南極のザクロ石と黒雲母が秘めた太古の歴史

泥岩が地下深部に達して高温の変成を受けると、再結晶化の結果、ザクロ石（ガーネット, garnet）という鉱物を生じる（写真2）。

ザクロ石は大陸衝突の過程で比較的長い期間成長を続ける鉱物であるため、大陸衝突の過程で起こったさまざまなできごとを、その包有物に、あるいは化学組成としてよく記録している。私たちは、大陸衝突時に存在したがいまは存在せず見ることができない「水」（以下、水以外を主成分とする場合も含め「流体」と記述する）の動きを読みとくため、このザク

写真1　スノーモービルで氷河の上を移動しながら地質調査を行なう日本南極地域観測隊員
セール・ロンダーネ山地には一面の岩石と氷の世界が拡がる

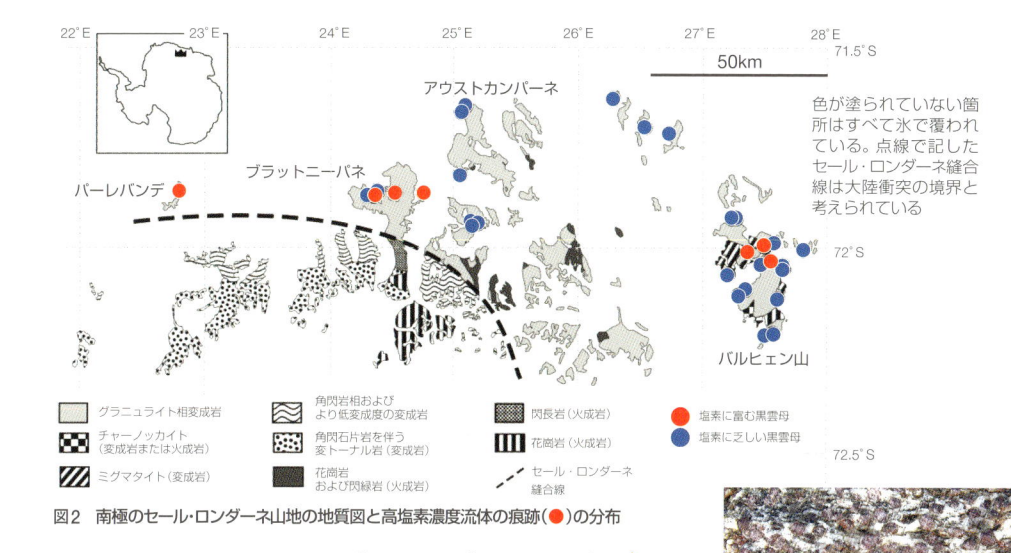

図2 南極のセール・ロンダーネ山地の地質図と高塩素濃度流体の痕跡（●）の分布

色が塗られていない箇所はすべて氷で覆われている。点線で記したセール・ロンダーネ縫合線は大陸衝突の境界と考えられている

凡例：
- グラニュライト相変成岩
- チャーノッカイト（変成岩または火成岩）
- ミグマタイト（変成岩）
- 角閃岩相およびより低変成度の変成岩
- 角閃石片岩を伴う変トーナル岩（変成岩）
- 花崗岩および閃緑岩（火成岩）
- 閃長岩（火成岩）
- 花崗岩（火成岩）
- 塩素に富む黒雲母
- 塩素に乏しい黒雲母
- セール・ロンダーネ縫合線

図3 流体組成を記録した黒雲母が成長するザクロ石に順次取りこまれるようす

①ザクロ石（六角形）と黒雲母（長方形）は流体1と共存。黒雲母は流体1の組成を記録する。②黒雲母はザクロ石に包有されることでザクロ石の外側の流体組成変化から守られる。③ザクロ石の外側に存在する黒雲母は新たな流体2の組成を記録するが、ザクロ石の中の黒雲母は流体1の組成を記録したままである。この微細組織を利用して黒雲母の化学組成を分析すると、時間の経過とともに流体の組成が1から2へと変化したことが読みとれる

写真2 5mm大のピンク色のザクロ石と黒色の黒雲母を多数含む変成岩

口石中に保存された黒雲母（biotite）に注目した。黒雲母は、ザクロ石に取りこまれ、外部の流体組成変化から隔離されることがある。黒雲母は、隔離前にさいごに共存した流体の化学組成を記録するため、ザクロ石に順次取りこまれ、ザクロ石外部の流体組成の変化から守られた黒雲母の化学組成を調べれば、大陸衝突過程での流体の化学組成の変化がわかるはずである（図3）。

大陸衝突帯深部で進行中の流体活動も理解できるはず

黒雲母の化学組成を調べた結果、私たちは、大陸衝突のまっ最中に高塩素濃度の流体（濃い塩水）が存在したことを示す痕跡が、セール・ロンダーネ山地を横断するように線状に分布することを見いだした（図2）。こうした痕跡は、わずか数mm大の希少鉱物の中に、タイムカプセルのように残されていた。

この流体の起源は海水なのだろうか？ 線状の分布は大規模な流体の通り道をあらわしているのだろうか？ アルプスやヒマラヤなど、現在も進行している大陸衝突帯の深部で起こっている現象を、私たちは直接目にすることはできない。しかし、過去の大陸衝突帯の地下深部が地表に露出している地域の岩石を直接手にして研究し、こういった問題を一つひとつ解決することで、過去の大陸衝突帯のみならず、現在の大陸衝突帯深部で進行中の流体活動をも理解できると、私たちは考えている。

＊電子線を試料に照射し、発生する特性X線の波長と強度から数μmの領域の構成元素濃度を定量的に分析する機器。

希少鉱物に残された海の痕跡――河上哲生／東野文子

同位体で探る「化石海水型温泉水」の起源

大沢信二（京都大学大学院理学研究科附属地球熱学研究施設）

温泉とは、もともと自然湧出のものを指していたが、井戸を掘ることができるようになってからは、地中から取りだされる温かい地下水も温泉水とよぶようになった。

温泉として利用する目的で掘られた井戸で、一般に知られているもっとも深いものは2,714mであり、近頃は1,000mくらいはふつうに掘るようになっている。地球の赤道半径637万8,000mにくらべると取るに足らない深さかもしれない。それでも、たくさんの深い温泉井が日本のあちこちで掘られるようになったおかげで、とても塩分の濃い温泉水を、ふつうに見れるようになった。

高塩分の温泉水は海水に由来する化石海水型温泉か

高塩分の温泉水は、塩気のある自然湧出の鉱泉水にたどることができ、どれも海水とおなじような化学組成を示す。さらに内陸に存在することなどから、古い時代の海水に由来するとみなされて化石海水型温泉と名づけられていた。そのいくつかの例を、最近の私たちのデータをもとに、水質を視覚的にあらわす方法（ヘキサダイアグラム）を使って、現在の海水のそれ

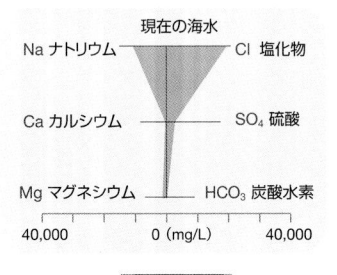

図1 ヘキサダイアグラムで見る「化石海水型温泉」の水質の例

かたちから水質の型を容易に捉えることができる。凡例をかねて現在の海水の水質を最上段に示した。おもにナトリウムイオン（Na⁺）と塩化物イオン（Cl⁻）からなることが逆三角形としてあらわれ、成分濃度に違いはあるが、どの温泉水も海水と同じNa-Cl型であることは一目瞭然である

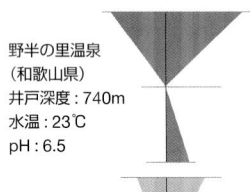

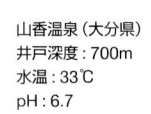

とともに図1に示した。海水と同じようにナトリウムイオン（Na⁺）と塩化物イオン（Cl⁻）からなることが一目でわかり、塩分濃度の違いは浅い地下水が混ざることで説明され、副成分の違いは滞留中の化学反応で生じていると考えられた。

私たちは、そんな「化石海水型温泉水」に同位体分析*という手法を応用し、水の由来を見直してみた（図2）。ここでは、「温泉水（H_2O）の水素（H）と酸素（O）の同位体比データ（δDと$\delta^{18}O$）が、温泉の起源水の範囲があらわされたこの図のどこに位置するかを見て、水の由来を推定できる」ことだけ押さえておけば十分である。

例に出した四つの温泉のうち、はっきりと化石海水型といえるのは「古海水」の範囲に入る宮崎市内の温泉だけであった。「海成の堆積岩に関わる水」の範囲近くに置かれる松之山温泉を大目に見たとしても、野半の里温泉と山香温泉の温泉水は海水に由来するとはとてもいえない同位体組成を有していることが示された。

図2 図1に示した「化石海水型温泉水」の水素・酸素同位体組成

小さなデータポイントは、これまでに私たちが採取した温泉水から得たデータで、話題に取りあげた温泉水は大きな六角形で強調した。囲みであらわした範囲は考えうる起源水の同位体組成の範囲、天水線は大気中水蒸気を直近の起源とする雨水や湧水などで形成される関係

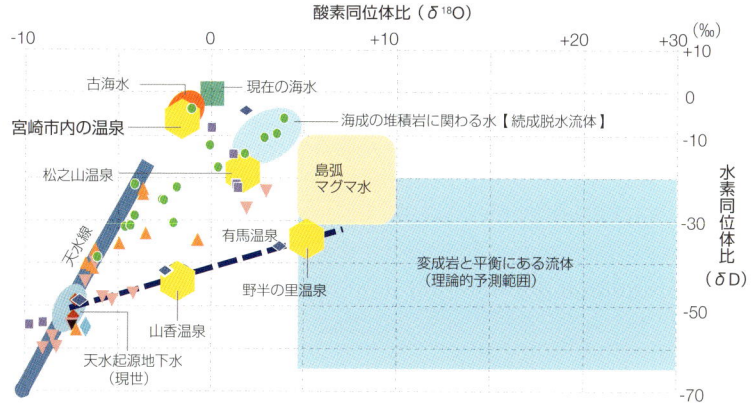

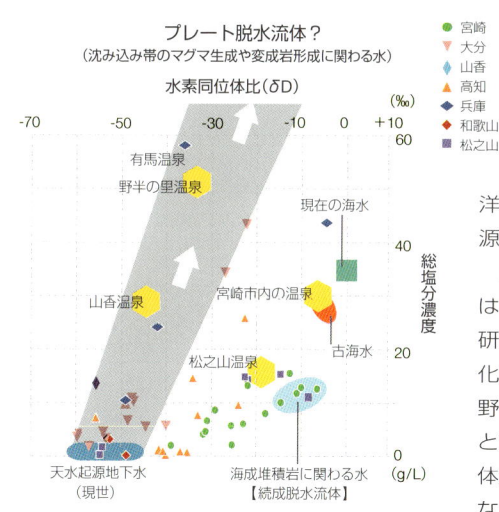

図3 図2の「化石海水型温泉水」の水素同位体比と塩分濃度の関係

矢印つきの灰色の塗りつぶしは、地下水に混ざりこんだ深部由来の温泉起源水「プレート脱水流体」が生みだすと考えられる温泉水の分布予想範囲

素朴な疑問が「プレート脱水流体」へと発展する

図3は、水の同位体組成のうち水素同位体比（δD）に目を向け、塩分濃度との関係を見てみたものである。海水より低い水素同位体比を示した野半の里と山香の温泉水は、海水より高い塩分濃度の未知の温泉起源水が存在することを示唆している。私たちは、沈み込み帯のマグマの生成や変成岩の形成に関わるとされている、沈みこむ海洋プレートから放出される流体に、その起源を求めている。

以上のように、高塩分の温泉水の正体とはなにかという素朴な疑問からはじまった研究は、地震の発生や地球内部の岩石の変化などに関わるものとして、多くの研究分野で注目されている「プレート脱水流体」へとたどり着いた。いまでは、プレート脱水流体起源の温泉水を捉えることが次の目標となった。ほかの同位体や微量元素組成を使った新たな研究へと進み、プレート脱水流体は食塩（NaCl）だけでなく炭酸（CO_2）やメタン（CH_4）といったサンゴや海底の有機物に由来する副成分を含むこと、プレートに乗って沈みこんだ海底堆積物中のヨウ素（I）が、千数百万年後に温泉水の成分としてふたたび地表に流出していることなどがあきらかになりはじめている。

＊自然界には同じ元素に属しながら質量の異なる原子が存在し（たとえば質量数1と2の水素原子Hで、それぞれ^{1}H、^{2}Hとあらわす）、これらを互いに同位体とよび、その存在比率を質量分析計や近赤外レーザー吸収分光法を使って測定することを同位体分析という。100分の1未満のわずかな存在比率（同位体比）の変動を簡単な数値であらわすために、千分率（‰）であらわされるδ値（水素の場合はδD）という特別な数値がもちいられる。

大自然の摂理を決める含水鉱物の世界

下林典正（京都大学大学院理学研究科地球惑星科学専攻地質学鉱物学分野）

鉱物は、地球上の岩石のみならず惑星系のすべての固体を形成する基本単位であり、鉱物を研究することは地球などの惑星の起源と進化を解明する糸口となる。鉱物はほぼ一定の化学組成をしており、一部の例外を除くと結晶体で、原子が規則的に配列することで構成されている。

地球は水の惑星とよばれているように、固体の岩石圏の上を水圏が取り巻いている。水圏の大部分は海洋であり、地球の表面積の3分の2を占めている。このように大量の水が存在することが地球上の鉱物を多様化させている一つの要因でもある。鉱物は現在までに約4,700種が知られているが、そのうちの約2,700種がなんらかのかたちで水を含んだ「含水鉱物」である。

地殻を構成する主要元素は酸素とケイ素

「水」というと、一般には「H_2O」を思い浮かべるであろう。実際にH_2Oを分子として含んでいる鉱物も多数存在する。しかし、地球科学の世界では、かならずしもH_2O分子でなくとも、一つの酸素原子に一つの水素原子が結合した水酸基（OH）を含む鉱物を含水鉱物として扱うことがふつうである。なかには、化学式にHが含まれていれば含水鉱物であると定義する研究者もいる。ただし、化学式の中にHを含んでOを含まない鉱物は炭化水素鉱物や一部のアンモニウム鉱物などの十数種にすぎず、Hを含む鉱物の大半は水酸基あるいはH_2O分子として含んでいるか、もしくはその両方を含んでいる。

地球の岩石圏の最外殻を地殻というが、地殻を構成する元素でもっとも主要となるのは酸素（O）の46.60重量％で、2番目がケイ素（Si）の27.72重量％である。そのため、実際の岩石を構成する造岩鉱物としては、SiとOとがイオン結合してできるSiO_4四面体（図）を構造単位としたケイ酸塩化合物が重要となってくる。約4,700種の鉱物の中の約1,400種がケイ酸塩鉱物の仲間である。

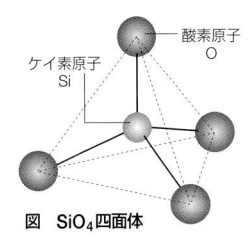

図 SiO_4四面体

4〜5％の水を含む白雲母

中学校の理科の教科書にも登場する火成岩の主要造岩鉱物であるカンラン石、輝石、角閃石、長石、黒雲母、石英[*1]は、すべてこのケイ酸塩鉱物に含まれている。このなかの角閃石や黒雲母（黒雲母に限らず雲母族はすべて）は、構造中に水酸基をもった含水鉱物である。

ちなみに、角閃石というのは単一の鉱物種名ではなく、グループ（族）名である。角閃石族には200種近くの鉱物が含まれている。たとえばそのなかの直閃石は、理想的な化学式[*2]が$Mg_7Si_8O_{22}(OH)_2$であることからわかるように、構造中にOHを含んでおり、H_2Oの重量に換算すると2〜3％の水を含んでいることになる。雲母族も同様で、たとえば白雲母は理想的な化学式が$KAl_3Si_3O_{10}(OH)_2$であり、H_2Oに換算して4〜5％の水を含んでいる。

水を失うと構造変化する鉱物

ケイ酸塩鉱物ではないが、身近な鉱物に石膏がある。建設資材の石膏ボードや骨折の治療のさいのギプスなどに利用されている。

化学式はCaSO₄・2H₂OでH₂O分子のかたちで約21重量％の水を含んでいる。じつは、これだけ水を含んでいることが石膏ボードの耐火性に大きく寄与しているのである。この石膏のH₂O分子は鉱物構造全体の安定性を保つために本質的な役割をしており、H₂O分子を取り除くと石膏の構造が破壊される。石膏が脱水して生じる鉱物は硬石膏（CaSO₄）とよばれ、化学組成だけでなくその結晶構造も石膏とは異なったまったく別の鉱物である。

上述の角閃石族、雲母族や石膏のように、多くの含水鉱物は一般的に、水が抜けることで構造が変化する。しかし、なかにはH₂O分子が構造の隙間にあるだけで、鉱物の構造全体の安定性には寄与していない含水鉱物もあり、そういった鉱物では構造を破壊しないでH₂O分子を取り除いたり、逆に加えたりできる。沸石族がその好例で、工業的には「ゼオライト」と呼称されており、その特性をいかしてさまざまな分野に応用されている。

10重量％以上のH₂Oを含む天然の沸石

ゼオライトは、前述のSiO₄四面体およびSiがAlで置換されたAlO₄四面体が、互いの頂点どうしを共有して3次元的に連結した結晶構造をもっている。この結晶は多孔質で、天然の沸石にはこの孔にH₂O分子が入っている。多いものでは10重量％以上のH₂Oを含むものもある。ゼオライトは、このH₂Oが抜けても構造が変わらず、逆に同量のH₂Oを吸着することが可能であることから、吸着剤として広く利用されている。

また、ゼオライトでは前述のようにSiの一部をAlで置換していることから結晶格子全体が負に帯電しており、それを中和するために微細孔内に陽イオンを含んで電荷のバランスを取っている。この陽イオンもほかの陽イオンに代わっても構造は変化しないため、ゼオライトはイオン交換剤としても利用されている。

セシウムも陽イオンであり、ゼオライトの微細孔に取りこむことが可能なことから、福島第一原子力発電所の汚染水からセシウムをイオン交換するためにゼオライトが利用されたニュースは記憶に新しいところである。

カンラン石の微量の水が
マントル流動を引き起こす

これまでのべてきたような含水鉱物に対して、カンラン石族などは、化学式が（Mg、Fe）₂SiO₄であらわされるようにOHもH₂Oも含まない無水鉱物である。しかし、本来は無水鉱物のカンラン石にもその構造中にヒューマイト族［Mg(OH)₂・nMg₂SiO₄］の微視的な構造が局所的に介在することによって、微量の水が含まれ得ることがわかっている（38ページ参照）。

地殻の下にあるマントル上部を構成するカンラン岩は、おもにカンラン石から構成された岩石である。マントルは固体であるが、長い時間スケールでみるとゆっくりと「水飴のように」流動していると考えられている（マントル対流）。前述のカンラン石に含まれる微量の水がカンラン石の塑性変形を促進し、ついにはカンラン岩から構成されるマントル上部に塑性流動を引き起こし、マントル流動の原因となる。

このように、鉱物に含まれる水は、たんに鉱物種のバラエティを富ませるだけでなく、地球規模の営みに密接に絡む重要な要素であるのだ。

＊1 ケイ酸塩鉱物でなく酸化鉱物に分類する学者もいるが、SiO₄四面体の連結による3次元フレームワークといった石英の結晶構造を考慮した場合には、ケイ酸塩鉱物と考えるのが妥当と思われる。

＊2 天然の鉱物の化学組成は、じつは教科書や図鑑に載っている化学式よりもずっと複雑である。直閃石の場合も、Mgに置換してFeを含有したり、Mg＋SiのセットがAl＋Alのセットに置換されたり、OHがFやClに置換されたりすることによって、化学組成に幅をもつこと（固溶体とよぶ）が一般的だが、そうした置換が起こっていない「理想的な」化学式を理想化学式とよぶ。

天然の含水鉱物の一例　〈　〉内は試料の産地

黒雲母（*biotite*）　$K(Mg,Fe)_3(AlSi_3O_{10})(OH)_2$
〈マダガスカル　ベラケタ地方〉

白雲母（*muscovite*）　$KAl_2(AlSi_3O_{10})(OH)_2$
〈岐阜県中津川市蛭川〉

雲母族は、多くの火成岩、変成岩における重要な構成鉱物で、約4～5重量%の水を含む。黒雲母は雲母族の代表格だが、単一の鉱物種名ではなく、金雲母（*phlogopite*、$KMg_3(AlSi_3O_{10})(OH)_2$）など複数の成分が混じった固溶体系列の名称である。黒雲母と白雲母は、組成の違いによって見た目の色が違うが、実際には化学組成だけでなくSiO_4四面体シート間に挟まれた金属イオンの八面体層の構造も異なっている。しかし、どちらも層状のケイ酸塩化合物で、へき開*が一方向に発達しているため薄く剥がれやすいことが雲母族共通の特徴である。

＊鉱物結晶に力を加えたときに一定の方向に平面状に割れる性質がある。この性質をへき開という。これは原子間の結合が弱い方向に垂直な面に沿って結晶が割れやすいためである。

石膏（*gypsum*）　$CaSO_4 \cdot 2H_2O$
〈秋田県大館市花岡鉱山〉

もっとも一般的な硫酸塩鉱物。世界各地で産出するが、2000年にメキシコ北部のナイカ鉱山で全長11m、幅1mを超える石膏の結晶が林立した「結晶洞窟」が発見され話題となった。逆に、石膏の微細結晶が緻密な塊状集合体となった産状もあり、雪花石膏（アラバスター）という名称で彫刻や工芸品の材料として使用されている。石膏は約21重量%の水を含んでいるが、加熱により脱水して、硬石膏（*anhydrite*、$CaSO_4$）という別の構造をもった鉱物に変化する。

砂漠のバラ（*desert rose*）
〈モロッコ　サハラ砂漠〉

砂漠の砂の中から見つかるバラの花のような形をした石膏結晶の集合体。結晶の表面に砂が付着しているために茶色くざらざらした見た目となっている。バラの花の形の成因はまだ確定していないが、水が干上がるさいに水に溶けていた硫酸塩成分が濃集して結晶化することによってできると考えられ、「かつて水が存在した証拠」として扱われることがある。ただし、鉱物自体が含水鉱物であることは必須ではなく、無水鉱物である重晶石（*barite*、$BaSO_4$）による砂漠のバラも存在する。

蛭石（*vermiculite*）　$(Mg,Fe,Al)_3(Al,Si)_4O_{10}(OH)_2 \cdot 4H_2O$
〈奈良県御所市櫛羅〉

黒雲母が風化などによってカリウムが抜けて水を取りこんで生じる変質鉱物。約18重量%もの水を含んでおり、加熱すると層間に入った水分子が膨張して脱水するさいに層間を拡げるために細長く伸びることがある。そのようすから蛭石とよばれている。加工したものは、英名のバーミキュライトの名称で、園芸用の土壌改良用の土として市販されている。また、使い捨てカイロの主原料としてももちいられている。

加熱前　　加熱後

緑閃石（*actinolite*） $Ca_2(Mg,Fe)_5Si_8O_{22}(OH)_2$
〈オーストリア　チロル地方 Zillertal〉

角閃石族の仲間で変成岩中に一般的に見られる。約2重量%の水を含む。緑閃石のような角閃石族の鉱物の緑色の微小な繊維状結晶が集合して緻密な塊となったものを「軟玉」(*nephrite*)と呼び、ヒスイ輝石(*jadeite*、$NaAlSi_2O_6$)が主体である「硬玉」(*jadeite jade*)と厳密には区別されるものの、一般にはどちらも翡翠（ヒスイ）と総称されることもある。

中沸石（*mesolite*） $Na_2Ca_2(Al_6Si_9O_{30})\cdot 8H_2O$
〈インド　プーネ地方〉

沸石族（*zeolite group*）はNaやCaの含水アルミノケイ酸塩で、化学組成や物性や産状が類似した一群の鉱物の総称である。加熱などによって結晶水が失われても、結晶の3次元のフレーム構造は変化せず、代わりにほかの化合物を吸収することもできる。また構造中のイオンが周囲とイオン交換する性質もあり、このために英名の「ゼオライト」の名称で工業的にも広く応用されている。
中沸石は、形状の類似したソーダ沸石（*natrolit*、$Na_2(Al_2Si_3O_{10})\cdot 2H_2O$）やスコレス沸石（*scolecite*、$Ca(Al_2Si_3O_{10})\cdot 3H_2O$）と一つの亜族をつくっている。沸石族の中では$SiO_2$量が少なく、ソーダ沸石、中沸石、スコレス沸石の順で水分が増える。中沸石で12〜13重量%の水を含んでいる。

魚眼石（*apophyllite*）
$KCa_4(Si_4O_{10})_2(OH,F)\cdot 8H_2O$
〈インド　Jalgaon市近郊〉

一見すると水晶と見間違えそうだが、六角形ではなく正方錐形および柱状の透明結晶をした15重量%以上の「水」を含んだ含水鉱物である。共生している淡ピンク色の結晶は沸石族の仲間の束沸石（*stilbite*、$NaCa_4(Al_8Si_{28}O_{72})\cdot 28$-$32H_2O$）で、おなじく20重量%ちかくの水を含んでいる。この産地ではデカン高原を形成する玄武岩の隙間（晶洞という）にこのような沸石や魚眼石の綺麗な結晶が産することで知られる。

虎目石（*tiger's eye*）
〈南アフリカ共和国 トランスバール地方〉

角閃石族の仲間のリーベック閃石（*riebeckite*、$Na_2(Fe,Mg)_3Fe_2Si_8O_{22}(OH)_2$）の繊維状集合体であるクロシドライト（*crocidolite*）が酸化をうけ、さらに石英（*quartz*、SiO_2）が浸みこんで硬化したもの。酸化による着色が弱く、クロシドライト本来の色のものを鷹目石（*falcon's eye*）という。クロシドライトは青石綿とよばれ、いわゆるアスベストの一種であるが、虎目石は石英によって硬化しているため、そのままの状態ではアスベストとして飛散する危険性はない。

オパール（*opal*） $SiO_2\cdot nH_2O$
〈オーストラリア　クイーンズランド州 Bulla Creek〉

例外的に非晶質の鉱物で、ケイ酸の微小球が六方最密充填を主体として規則配列した含水コロイドである。多いものでは30重量%ほどの水を含む。ケイ酸球のサイズに対応した波長の光が回折を起こすため、波長ごとに分かれた光によって虹色を呈する（遊色効果）。

大自然の摂理を決める含水鉱物の世界──下林典正

コラム①

電子顕微鏡で鉱物中の水を見る?!

三宅 亮
(京都大学大学院理学研究科地球惑星科学専攻 地質学鉱物学分野)

鉱物中の組織や化学組成を調べるために電子顕微鏡をもちいる。光学顕微鏡では、観察したい試料に光をあて像を拡大するが、電子顕微鏡は光のかわりに電子線を試料にあて像を拡大する。最近の電子顕微鏡技術の進歩はめざましく、最新の電子顕微鏡では0.1nm(ナノメートル:1nm=10^{-9}m)をきる分解能があり、原子カラムを直接観察することができる。ここで、分解能は実空間の2点を見分けられる最小距離をいい、原子カラムとは厚さ方向への1次元的な原子の並びをいう。試料には厚さがあるため原子1個を観察することができるのではなく、原子が深さ方向に1次元に並んだようす、すなわち原子カラムを観察することになる。

鉱物は、複数の原子からなる基本構造が周期的に並んでいる結晶である。なかでも、ケイ素(Si)、酸素(O)が主要な成分である鉱物をケイ酸塩鉱物とよぶ。これは、一つのSiの周りを四つのOが取り囲んだSiO$_4$四面体が骨格となるため、ある方向から観察すると結晶が周期的に並んでいる姿が観察できる(34ページ参照)。

写真1は、前節に出てきた水を含む鉱物であるヒューマイト族の一つ、ノルベルグ石(Norbergite、Mg$_3$SiO$_4$(OH,F)$_2$)である。これを最新の電子顕微鏡を用いて観察を行なった(写真2)。SiO$_4$四面体の頂点にあるOから見ると、三つのOがつくる三角形の中心にSiとOが並んで存在し

ていることがわかる。写真2はこの方向からとったものである。ここで黒くみえている点が原子カラムである。また、この輝度(暗さ)は、原子カラムの平均の原子番号と関係があることが知られており、この写真では、原子カラムの平均原子番号が重いほど暗い。すなわち、SiとOが並んだカラムの原子番号の和は22と、この中ではもっとも重い。このため、もっとも暗い黒点として観察でき、Oの原子番号は8ともっとも軽いため、ほかの原子カラムにくらべて明るい黒点として観察できる。写真左下に示しているように、◎の位置にはSiとOが並び、●の位置にはマグネシウム(Mg)が、⋮の位置にはOが、◉の位置には水酸基(OH)またはフッ素(F)が存在している。

このように、電子顕微鏡の性能が向上したことで、OH、Fを含めた原子カラムを直接観察することが可能となり、原子カラムごとの化学組成や化学結合のようすなどを得ることが期待されている。

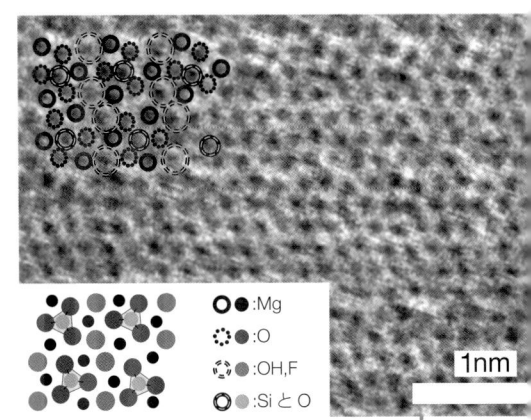

写真2 ノルベルグ石の電子顕微鏡写真
左下はノルベルグ石の結晶構造図である。写真中にみえる黒い点の位置に、原子が存在している。明るさの違いが原子の種類に対応している

◎:Mg
⋮:O
◉:OH,F
○:SiとO

写真1 アメリカ合衆国ニュージャージー州Steriling Hill鉱山産のノルベルグ石(写真中の黒い部分)

1 海洋の一生　海洋の誕生から消滅まで

酒井治孝（京都大学大学院理学研究科地球惑星科学専攻地質学鉱物学分野）

「昔、ヒマラヤの頂上は海だった」——その証拠は、ヒマラヤの山々から見つかる海の生物の化石である（写真）。エベレスト（8,848m）の山頂にもその証拠が残っている。

私は、1998年に中国科学院の地質学者と共同で、エベレスト（チョモランマ）の頂上とその直下の地質調査をするプロジェクトを実施することになった。エベレストの頂上の気圧は地表の3分の1しかなく、呼吸に必要な酸素も地表の3分の1である。そのうえ、-30℃に達する極寒の世界である。したがって、エベレストの頂上に立つことは、困難を極める。ところがこのプロジェクトでは、頂上に立つだけでなく、さらに調査をしてサンプルを採集しようというのである。

山頂の石灰岩に含まれていた海の生物の化石

そんな過酷な要求に応えてくれそうな登山家が一人いた。澤田実さんである。彼は大学で地質学を学んでおり、無酸素で8,000m級の山2座に登頂していた。「酸素ボンベがあれば調査までもやってくれるのでは?!」と期待して白羽の矢をたて、調査メンバーに加わってもらった。

調査は1か月以上におよんだが、頂上アタックは天候に阻まれて5月末になってもできなかった。しかしモンスーンにはいる直前になって、数日間天候は回復し、その時を狙ってアタックした澤田さんは、ついに頂上に立つことができた。しかも、同時に登山ルート沿いを調査し、サンプルまで採集してきてくれたのである。

澤田さんが採集した頂上直下の石灰岩のサンプルを、大学の実験室で光が透過するまで薄く磨き、顕微鏡で観察すると、たく

写真　ヒマラヤ山中から産出したジュラ紀のアンモナイト
ヒマラヤが昔、海であったことを示す証拠である。ネパール、ムクチナート産

さんの海の生物の化石が発見された。三葉虫、ウミホタルの仲間の貝形虫、ウミユリ、そして生物の糞の化石まで含まれていた[*1]。

浅い海の底であったエベレストの山頂

この事実は、エベレストの山頂が、いまから4億6,000万年前のオルドビス紀には、浅い海の底であったことを物語っていた。

この海はテーチス海とよばれ、現在の太平洋のように広大で、5億年以上前から約5,000万年前まではアジア大陸の南に拡がっていたと考えられている。この海に堆積した地層が、ヒマラヤの山頂部をつくっているのである。

インド亜大陸の北縁にあった浅い海底の堆積物をヒマラヤの山頂まで8,000m以上も押し上げたのは、インド亜大陸とアジア大陸の衝突による圧力であった。両大陸の衝突は現在も続いており、その力はヒマラヤ山脈やチベット高原を変形させ、破壊し、地震を発生させているのである。

六つの時期に分けられる「海洋の一生」

このように広大な海は、地球の長い歴史のなかで、生まれては消滅することをくり返してきたのである。そのことを最初に見抜き、プレートテクトニクスの観点から「海洋の一生」というアイデアを提唱したのが、

カナダの地質学者のツゾー・ウィルソンであった。彼の提唱した「海洋の一生」は六つの時期に分けられている(図1)。その六つの時期を現在の地球上に探すと次のようになる[*2]。

❶胎動期　大陸が分裂し地溝が形成される
　　　　　　………**東アフリカ大地溝帯**
❷誕生期　大陸が割れ海洋地殻が形成され、
　　　　　海水が侵入する………**紅海**
❸成長期　海洋底が拡大し、両側の大陸は
　　　　　離れる………**大西洋、インド洋**
❹収束期　海洋底が大陸の下に沈みこみを
　　　　　はじめる……**太平洋(日本列島)**
❺縮小期　海洋底は縮小し、両側の大陸が
　　　　　衝突をはじめる………**地中海**
❻消滅期　海洋は消滅し、両側の大陸は衝
　　　　　突・合体する………**ヒマラヤ山脈**

この六つのおのおのの時期に、どんなことが起こっているのだろうか。その現場を訪ねながら、以下に具体的に解説しよう。

海洋の誕生から消滅まで

❶胎動期　現在のアフリカ大陸は二つに分裂している。その割れ目が東アフリカ大地溝帯であり、その北端はアデン湾に接するジブチ共和国である。ここでは大地の割れ目に海水が流れこみ、蒸発乾固をくり返した結果、蒸発岩が形成され、岩塩が採掘されている。その南方延長は、タンガニーカ湖をへてマラウイ湖に至っている。東アフリカ大地溝帯より東側のアフリカ大陸は、こんごも分裂が続くと西側の大陸とは分離し、その間に海が拡がることが予想されている。

❷誕生期　アフリカ大陸とアラビア半島とのあいだの紅海では、新しい海洋地殻が生産され続けており、海洋は徐々に分布を拡大している。紅海の中央部には海嶺が形成され、溶岩が噴出し、銅や亜鉛などの重金属を含む熱水が湧き出ている。両岸には小さな火山が線状に分布している。

❸成長期　紅海の拡大が1億年以上継続し

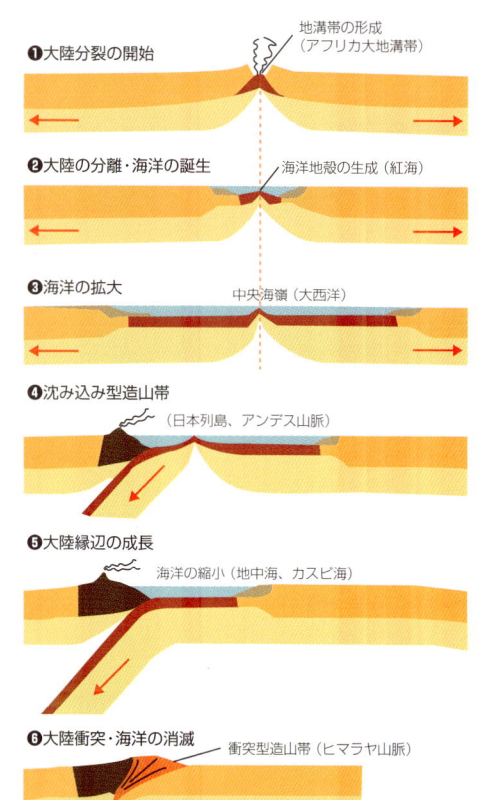

図1　「海洋の一生」を示すウィルソンサイクルの六つの時期
海洋の誕生から消滅までを示す

た姿が大西洋である。大西洋は約1.8億年前のジュラ紀に拡大を開始し、その後は年間数cmの速度で拡大し続け、現在に至っている。この結果、アフリカとアメリカの両大陸間の距離は1万km以上も離れてしまっている。両大陸の縁辺には火成活動も地震活動も認められず、広い大陸棚から深海底に至るあいだには、ジュラ紀以降の厚い地層が堆積している。大西洋が開きはじめたころの海は何度も地殻変動を受け、海水が侵入しては乾固をくり返している。大西洋沿岸には、そのころに形成された蒸発岩層が広く分布している。また、閉鎖的な海には大陸内部から大量の有機物がもたらされ、それ

が熟成されて現在は油田となっている。

❹収束期　地球は周囲約4万kmの球体をしている。したがって、拡大を続けた海洋底はいつか、密度が小さく相対的に軽い大陸の下に沈みこみはじめる。その沈みこみ口が海溝である。海溝から沈みこんだ海洋底は、深度100kmほどに達すると融けはじめ、マグマの液滴を形成し、それが上昇し噴火して火山となる。東太平洋の海洋底の沈みこみにより火山が形成され、山脈となったのがアンデス山脈である。いっぽう、西太平洋の海洋底が沈みこんでつくられた火山列島が日本列島であり、弧の形をしていることから「島弧」とよばれている。島弧の下に沈みこむプレートによって、陸側のプレートに歪みが溜まり、それが岩石の強度限界に達し、岩石が破壊することによって歪みが解放され、地震が発生する。

❺縮小期　海洋底の沈みこみが続くと、分離していた二つの大陸間の距離は短くなってくる。それにともない広大な海洋はその分布を縮小し、閉じた海洋や塩湖が誕生することになる。かつてヨーロッパとアフリカのあいだに拡がっていたテーチス海が閉じて誕生したのが地中海、黒海であり、完全に海洋と切り離されてしまったのが、カスピ海である。両大陸の間にあった海の堆積物が押し上げられてつくられたのがアルプス山脈である。いっぽう、ヨーロッパの下にはアフリカ大陸を載せたアフリカプレートが沈みこんでおり、その結果、イタリアのベスビオス火山やエーゲ海のサントリーニ火山が生まれている。

❻消滅期　海洋の縮小により閉じた海が干上がってしまい、完全に陸になって山脈を形成しているのがヒマラヤである。ヒマラヤ

図2　分裂するアフリカ大陸と衝突するユーラシア大陸
アフリカは東アフリカ大地溝帯で二つの大陸に分裂中で、その北端には海が侵入。ユーラシア大陸は、アフリカ大陸-アラビア-インド亜大陸と衝突し、その結果、アルプス-ヒマラヤ造山帯が形成されている

の前身となったテーチス海に棲んでいた最後の生物の一つが、原生動物の大型有孔虫であり、その化石は「貨幣石」とよばれている。有孔虫の石灰質の殻がコインのように丸く扁平な形をしていることから、このようによばれている。いまから4,500万年ほど前、消滅寸前のテーチス海にいた有孔虫の化石が集積した貨幣石石灰岩は、西はヨーロッパアルプスからエジプトをへてパキスタン、ネパール、ミャンマーまで続いている。エジプトのピラミッドをつくっているのは、貨幣石石灰岩であり、ミャンマーの油田の母岩となっているのは、消滅する直前の海に堆積した有機物に富む地層である。

＊

テーチス海が消滅しても、インド亜大陸を載せたプレートの運動は継続しており、現在もインドは北北東に、年間約5cmの速度で移動している。そして高くなり続けているヒマラヤ山脈やチベット高原は、モンスーンの雨で激しく風化・浸食され、砂粒となって河川によって運搬され、ふたたび海に戻っているのである。

＊1　詳しくは、酒井治孝編著『ヒマラヤの自然誌――ヒマラヤから日本列島を遠望する』(東京大学出版会、1997)を参照。
＊2　詳しくは、酒井治孝著『地球学入門――惑星地球と大気・海洋のシステム』(東海大学出版会(第13刷)、2013)を参照。

日本海の誕生と1600万年前の日本沈没

山路 敦（京都大学大学院理学研究科地球惑星科学専攻地質学鉱物学分野）

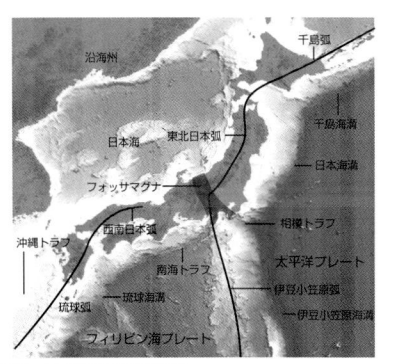

図1 日本列島周辺の地形
太平洋プレートは、千島海溝、日本海溝、伊豆小笠原海溝で沈みこむ。フィリピン海プレートは、相模トラフ、南海トラフ、琉球海溝で沈みこむ。黒の実線は火山フロント（第9管区海上保安本部海洋情報部ホームページより提供）

もともと日本列島は、アジア大陸と地続きだった。現在の日本列島の基盤をなす地殻が大陸の地殻から引き離され、その裂け目から日本海が拡大したのである。それ以前、東北日本と北海道は沿海州のすぐ南西側に、西南日本と九州は朝鮮半島のすぐ東側に存在していた（図1）。この地殻変動は3,000万年くらい前にはじまり、1,500万年前に終了したのだが、その過程で列島の大部分が海面下に没することもあった。地質学の研究成果に沿って、そのようすを解説する。

プレート運動がつくる地殻構造

本州や琉球列島の大陸側には、日本海と琉球トラフという海盆（海底の盆地）がある。それらを沿海という。それらの形成を説明するために、まず、基本的なことばから解説しよう。

海洋プレートは海嶺で生まれ、海溝でマントル深部に向かって沈みこむ（図2-a）。海溝で沈みこんだ海洋プレートをスラブと

いう。海溝の陸側には弧状に連なる高まりができるのが普通で、それが列島をなす場合を島弧という。アンデス山脈のように、大陸縁の高まりになる場合を陸弧という。

いずれの場合も海溝と併走する火山帯ができるのだが、火山列と海溝とのあいだを前弧、火山帯の部分を火山弧という。前弧と火山弧との境界線が火山フロントである。火山フロントより後ろ側（海溝と反対側）を背弧という。火山フロントは、スラブ上面の深さが約100kmになるところにできる。海溝から背弧までを、沈み込み帯という。

日本海形成のプロセスとメカニズム

スラブの位置は、数千万年に一度くらいの頻度で移動する。スラブがマントル中で落

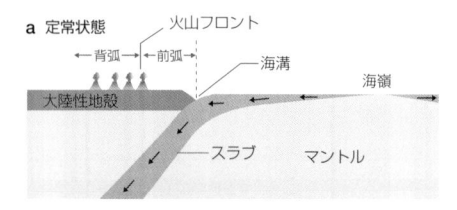

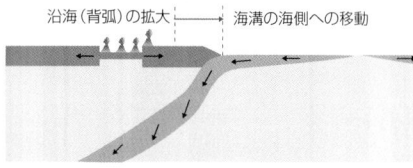

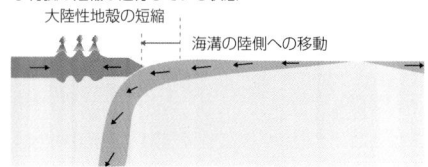

図2 沈み込み帯の地殻変動の模式図

下しようとすると、スラブの最上端の位置にある海溝が図2-bのように海側に移動する。すると前弧がそれに追随して海側に移動しようとして、火山帯のところで大陸性地殻が引き裂かれ、沿海の拡大が起こる。

火山帯で裂けるのは、火山帯の地殻とマントル最上部がマグマの熱によって前弧よりも柔らかくなっているからである。逆に、海溝が大陸側に移動しようとすると、火山帯の下の地殻が水平に圧縮されるような地殻変動が起こる（図2-c）。いずれの場合も、数百万年かけて進行する過程である。

古い海洋プレートは密度が大きく、若い海洋プレートは小さい。したがって、古いプレートが沈みこんでいる場合にスラブの落下が起こりやすく、沿海の拡大が起こりがちである。逆に、若い海洋プレートが沈みこんでいる場合は、背弧の圧縮が起こりがちである。

1600万年前の日本列島沈没

日本海も図2-bのようにして拡大したが、その過程を当時堆積した地層から読みとることができる。地層が堆積した年代は放射性元素や化石から推定するが、堆積した環境も地層の顔つきや化石の内容から推定できる。扇状地や平野、浅海、深海では、それぞれの環境の特徴をそなえた地層ができるし、化石になった生物の顔ぶれも、地層が堆積したときの環境を物語るからである。海底に棲息した生物の化石を調べると、当時の海の深さも推定できる。そのようにして、2,000万年前から1,500万年前までの日本列島付近の環境を推定した結果が図3である。

2,000万年くらい前までは、九州北部で基盤の沈降作用があり、浅海と陸の地層が厚く堆積した。日本海の形成はこのころ本格化し、日本海沿岸地域に浅海の地層が堆積した。本州の大部分は陸地だったが、しだいに水没する地域が拡大し、1,600万年ほど前には本州のおそらく全域が水没した。日本沈没が実際に起こったのである。そのころに本州で堆積したのは浅海の地層である。逆に九州北部は陸化した。関西でも京都府宇治田原町、滋賀県甲賀市土山、和歌山県白浜町などに、このときの浅海の地層と化石が見られる。

1,500万年前になると東北日本の西半分は1,000m以上の深さに沈没した。これに対して、西南日本は陸化した。つまり、西南日本と東北日本との地質学的なコントラストは、このときに生まれたのである。しかし、その東北日本の深い海も1,000万年ほどかけて埋め立てられていった。

平家プレート説とフォッサマグナ

岩石は形成されたときの地球磁場の方向に、かすかな磁気を帯びる。つまり、岩石の磁気は、その岩石ができたときの南北方向を示す。したがって、日本海形成時に日本列島が回転したならば、その前に堆積した地層の磁気は、現在の南北方向からずれているはずである。じっさいにそのずれが検出されていて、1,800万年くらい前の本州は北西–南東にのびていたことがわかっている。

現在、東北日本は南北にのび、西南日本はほぼ東西にのびていて、両者はフォッサマグナのところで接合する。つまり本州はそこで折れ曲がっている。この折れ曲がりは1,800万年くらいより前から1,500万年くらい前にかけてできたことがわかっている。東北日本は反時計回り回転、西南日本は時計回り回転をしたのである。そのあいだに、日本海が急速に拡大したのである。

どうしてこの時代にこのような地殻変動が起こったのだろうか。図3にはそれを説明する平家プレート*説が示され、次のようにして地殻変動が起こったとされる。

古くて重い太平洋プレートに裂け目（断裂帯）があって、これに沿って2,000万年くら

図3 日本海が拡大したころの日本列島周辺の環境と平家プレート仮説によるプレート運動

東北日本の地殻は引きのばされつつ、関東構造線(KTL)の北側で西南日本に対して相対的に東に向かって移動した

凡例:
- --- 火山分布域
- → プレート運動
- ‖ 拡大軸
- 陸
- 水深
  - 浅海（0〜200m）
  - 上部漸深海帯（200〜500m）
  - 中下部漸深海帯（500〜3,000m）
  - 深海・付加帯

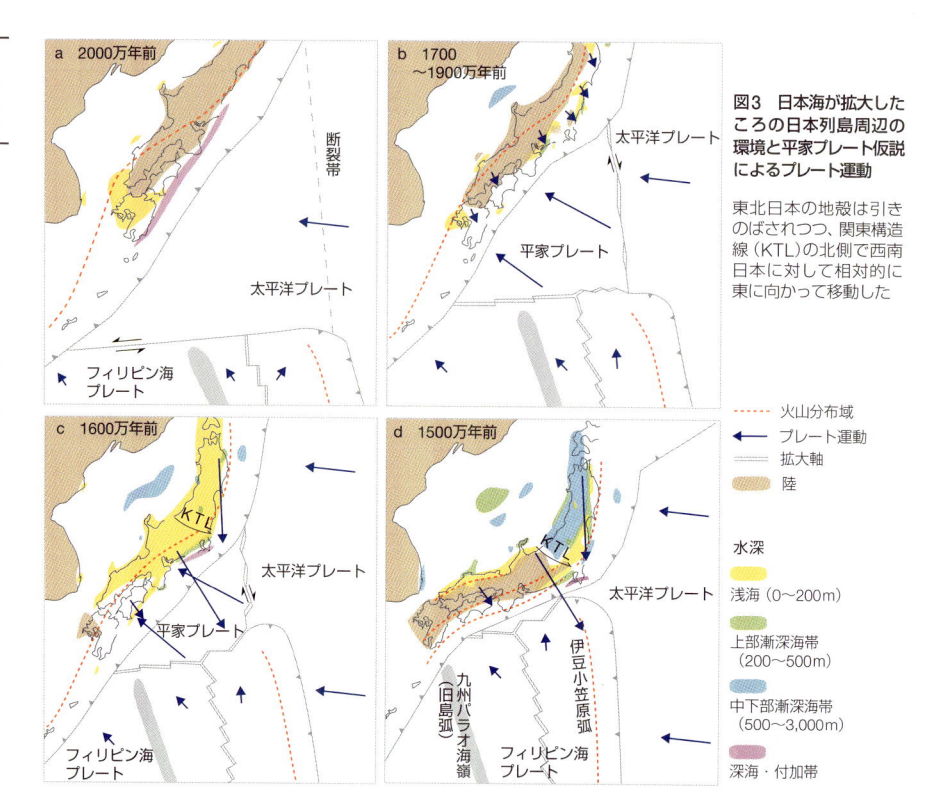

い前に太平洋プレートから平家プレートが分裂した（図3-a）。

このプレートは太平洋プレートの一部であったから、日本列島の下には平家プレートにつながる重いスラブが沈みこんでいて、それが急速にマントル中を落下した（図3-b）。

太平洋プレートにつながるスラブがそうしようとすると、千島から伊豆小笠原まで長大な距離にわたって海溝が海側に移動しなければならないが、平家プレートは小さかったので、本州の海側でだけ移動すればよかった。この移動に追随して琉球列島を除く日本列島が南下し、本州が折れ曲がることになった（図3-c）。日本列島の地殻は水平に引き伸ばされて、薄くなった地域で大規模な沈降が起こることになった。1,600万年前の日本沈没は、こうして起こったのである。

東北日本ではさらに100万年かけて地殻がのばされ、深い海になった。西南日本では、1,500万年前に若いフィリピン海プレートが大陸プレートに衝突し、地殻が若干圧縮された。しかも、重いスラブがマントル深部に行ってしまったために、地表が隆起し、陸地になったのである（図3-d）。また、平家プレートとフィリピン海プレートを分けていた海嶺の西南日本の下への沈みこみにより、西南日本の前弧で広範な火山活動が起こった。関西では、大阪・奈良府境の二上山、奈良県宇陀市室生、和歌山県・三重県の熊野に、このときの火山噴出物や貫入岩体が見られる。

地殻変動が激しいことで日本列島は世界有数の地域であり、数百万年かけて水平方向にも垂直方向にも大規模な運動が起こる場所なのである。

＊日本列島の地殻変動を短期間支配して消えていったプレートであることから、この名がついた。

海底谷と海底扇状地の誕生
堆積物は地下資源

成瀬 元（京都大学大学院理学研究科地球惑星科学専攻地質学鉱物学分野）

大陸棚には、しばしば海底谷とよばれる谷状の地形が発達する。海底谷は深さ2,000m以上にもおよぶことがあるものの、地形だけをみれば陸上の山地に発達するV字状の谷とよく似ている（図1）。日本近海では、天竜川の沖合に発達する天竜海底谷や、富山湾に発達する富山海底長谷（図2）、釧路川の沖合に発達する釧路海底谷などがよく知られている。

深海底を侵食して谷をつくる混濁流

海底谷は直線的な形状をしていることもあるし、蛇行していることもある。そのような谷地形が深海に発達する理由は長年の謎であったが、現在は、混濁流（乱泥流）とよばれる流れが海底を侵食し、谷をつくっていることがあきらかになっている。

混濁流が発見されたきっかけは、海底電信ケーブルの破断であった。1929年にカナダのニューファウンドランド島沖合で地震にともなう海底地すべりが発生したのち、13時間以上にわたってケーブルの破断事故が連続して起こったのである。破断は陸域に近いケーブルから発生し、沖合にむかって順番に進行していった。

あとで回収されたケーブルには浅海の海藻などが付着しており、浅い海でなんらかの流れが発生し、深海底まで流れ下っていったことがわかる。ケーブルの破断間隔からみて、流れの速度は秒速8.7m（時速約30km）を超えるものであったことが推定されている。流れ下った距離はすくなくとも東京・大阪間の距離に相当する600km以上にもおよんだ。

混濁流発生のメカニズム

混濁流とはどのような流れで、なぜそのような長距離を流れ続けることができるのだろうか。混濁流とは、水中の「濁り水」の流れである。海の中で地滑りが起こったり、洪水時の泥水が陸上河川から海中に注ぎこまれたりすると、海の中には砂や泥が充満した濁り水が生じる。陸上では、砂埃が舞い上がってもすぐに砂粒は地面に落ちてしまい、短い時間で砂煙は消えてしまう。しかし、水中では浮力と水の粘性があるため、一度巻きあがった砂や泥などの堆積物はなかなか沈降し

図2　富山海底長谷
立山連峰で生じた堆積物は黒部川などを通じて富山湾に流入し、混濁流によって700km以上にわたって運搬されて、深海底に扇状地状の地形が形成されている
（第9管区海上保安本部海洋情報部ホームページより提供）

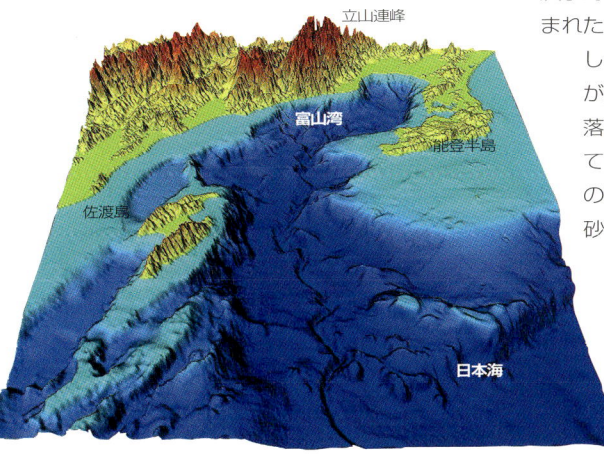

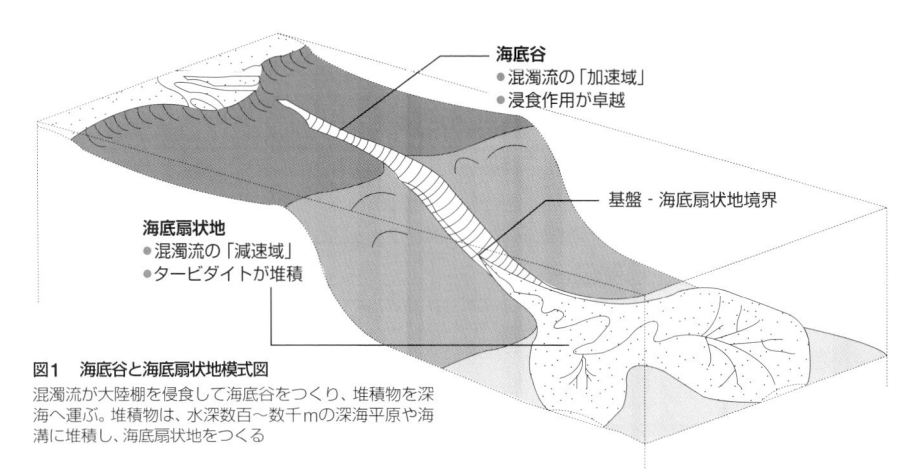

図1　海底谷と海底扇状地模式図
混濁流が大陸棚を侵食して海底谷をつくり、堆積物を深海へ運ぶ。堆積物は、水深数百〜数千mの深海平原や海溝に堆積し、海底扇状地をつくる

海底谷
- 混濁流の「加速域」
- 浸食作用が卓越

基盤・海底扇状地境界

海底扇状地
- 混濁流の「減速域」
- タービダイトが堆積

ない。しかも、いったん生じた濁り水は周囲の流体よりも浮遊堆積物のぶんだけ密度が高いため、重力に引かれて斜面下方向へと流れはじめる。これが混濁流である。

　混濁流は、流れながら加速して、より大量の堆積物を運搬する巨大な流れへと成長する可能性がある。流れはじめた混濁流の流速が十分に速い場合、流れの中にある渦が海底面の堆積物を巻きあげて、流れの堆積物の濃度をさらに増加させる。堆積物濃度が増加すると流れの密度も増加するため、流れは加速してさらに底面の堆積物を侵食する。すなわち、混濁流が十分な流速・濃度で発生すれば、侵食と加速をくり返して、流れは自ら成長するのである。この過程を「混濁流の自己加速」とよぶ。本来は静かで流れのないはずの深海底が侵食されて、巨大な海底谷が形成される原因である（写真）。

　混濁流が加速して成長する現象は、1980年代から理論的には可能性が指摘されていたものの、室内実験で証明されたのは2007年になってからのことである。私を含む共同研究グループによるイリノイ大学での水槽実験の結果、初めて混濁流が侵食により大型化していくようすが室内で再現された。こんごは、実際の観測で深海底での混濁流の発生・成長のメカニズムを探ることが課題になっていくだろう。

津波にともなって発生する混濁流

　混濁流が深海で発生する頻度についてはまだよくわかっていないが、日本近海の南海トラフなどではおおよそ500〜1,000年に1回ていどの頻度で、混濁流による砂層が堆積していることが知られている。発生する原因については、前述のように地震に伴う海底地すべりや、大嵐や洪水によって提供された海底の懸濁物がきっかけとなって流れが発生する可能性が指摘されている。また、人為的な廃棄物投棄がきっかけ

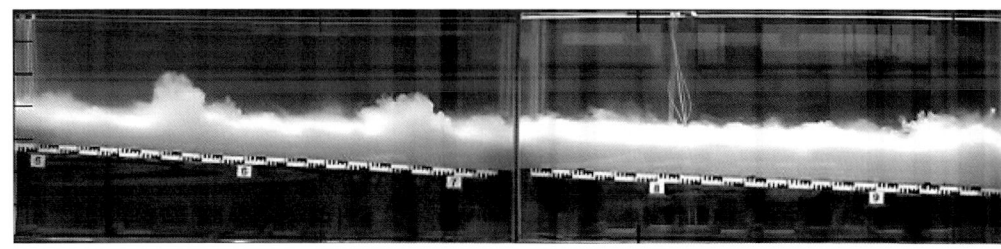

写真　水槽実験による自己加速混濁流
写真は幅約7m。水槽内には堆積物が敷き詰められている。上流端で発生した混濁流は、しだいに濃度や流速を増加させながら流れ続けた

となって、混濁流が発生したケースもある。

2011年になって、混濁流の新たな発生原因として、津波が注目されるようになった。われわれ京都大学と東北大学などの共同研究グループにより、東北地方太平洋沖津波にともなって東北沖の深海底で混濁流が発生したことが、海底の観測機器の記録から世界で初めて報告されたのである。このような、巨大津波にともなう混濁流の発生が世界のさまざまな地域でくり返されているのかについては、こんごの研究が必要だろう。

陸上の河川と瓜二つの地形を
深海底に築く混濁流

海底谷から流れ出した混濁流は、まるで陸上の河川と瓜二つの地形を深海底に築きあげる。このような深海の河川地形を「海底チャネル」とよぶ。海底チャネルは両側を自然堤防で囲まれており、大きく蛇行していることがしばしばある。自然堤防は、流路からあふれ出した混濁流によって堆積した細粒な砂・泥で形成されている。いっぽう、流路の中には比較的粗粒な砂や礫（石ころ）が堆積している。

海底チャネルの末端では、混濁流が放射状に拡がって、舌状に盛り上がる地形がつくられることがある。このような地形は「ローブ」とよばれている。ローブは比較的粗粒な砂で形成されており、表面には小規模流路構造が見られることもある。

これら海底チャネルやローブは、全体として陸上の扇状地とよく似た扇状に拡がる地形をつくりだす。そのため、混濁流によって形成されるこの深海地形全体は、「海底扇状地」と名づけられている。

海底扇状地に蓄積される
石油や天然ガス

海底扇状地の堆積物は地下資源探鉱のよいターゲットとなってきた。海底谷の先に拡がる海底扇状地は、混濁流によって運ばれた砂や礫などタービダイトとよばれる粗粒な堆積物と、平常時に降り注ぐ泥や有殻性プランクトン遺骸などの細粒堆積物とが交互に重なって構成されている。このうち、タービダイトは粗粒であり、砂粒子同士のあいだに隙間があるため、そこに石油や天然ガスが蓄積されることがある。近年になって新しいエネルギー資源として注目されている日本近海のガスハイドレートも、多くがこのタービダイト砂の間隙に蓄積されていることが知られている。

すなわち、海底扇状地の発達プロセスを研究することは、海底資源の埋蔵量推定や探鉱ターゲット選定へと結びつく。私は、深海底に河が存在する不思議さ、砂と泥が規則正しく重なる地層の美しさ、そして深海に記録される古環境記録の驚異に魅せられて研究を進めてきた。しかし、学問的好奇心が生みだした海底扇状地の研究成果が、少しでも人類の抱えるエネルギー問題の解決へと貢献できるのであれば、こんなによろこばしいことはない。私にとっては、基礎研究のなかに応用研究への入り口が垣間見えることも研究の動機づけの一つとなっている。

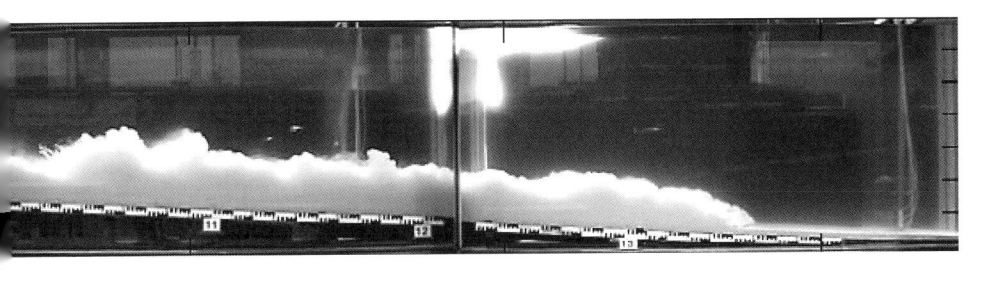

成長する日本列島とプレート運動

佐藤活志（京都大学大学院理学研究科地球惑星科学専攻地質学鉱物学分野）

　日本列島は、太平洋の西縁に沿って約3,000kmにわたってのびる細長い列島である。太平洋の海底には、日本列島に沿って日本海溝や南海トラフなどの海溝がのびている。このような陸上と海底の地形は、日本とその周辺でひしめきあう四つのプレートの運動によって生みだされた。

　日本列島を乗せた大陸プレートの下に、海洋プレートが1年に数cmの速度で沈みこんでいる（図1）。このようなプレート沈み込み帯では、プレート内部の変形やプレート間での物質の移動が起こる。そのあらわれが、活発な地震や火山の活動である。少なくとも最近数十万年間は、日本列島は海洋プレートが沈みこむ方向に圧縮する力を受け続けており、多数の活断層や活褶曲といった変形構造が発達している。

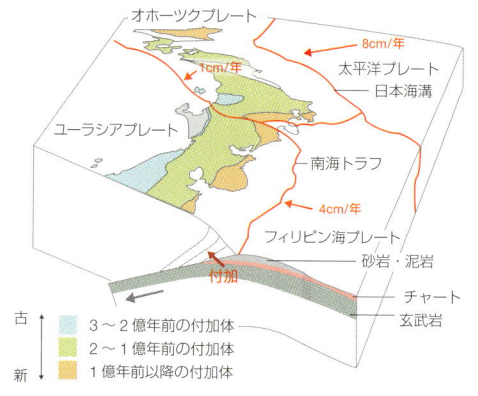

図1　日本列島の地体構造とプレート
日本列島は帯状に分布する付加体で構成されている。大陸プレートであるユーラシア・オホーツクプレートの下に海洋プレートであるフィリピン海・太平洋プレートが沈みこんでいる

海底の地層がなぜ陸上で見られるのか

　大陸プレートの表層はおもに花崗岩からなり、海洋プレートの表層はおもに玄武岩からなる。花崗岩は白っぽい岩石なので、風雨に浸食されて砂や泥となり、川を流れて海にたどり着くと白砂青松の海岸風景をつくる。さらに、海に堆積した砂や泥が押し固められると、砂岩や泥岩の地層になる。

　日本列島を構成する岩石も花崗岩が多い。しかし、海底で形成されるはずの砂岩や泥岩の地層も広く分布している（図2-a）。さらには、海洋プレートを構成しているはずの玄武岩や、深海底に堆積したプランクトンの殻でできたチャート、海洋島のサンゴ礁からできた石灰岩なども含まれている（図2-b）。なぜ海底の地層が陸上で見られるのか？　また海洋プレートをなす「異地

図2　付加体を構成する岩石
a）砂岩（明色部）と泥岩（暗色部）の互層。水平に堆積した地層が回転し、ほぼ直立している〈高知県室戸市〉
b）プレート境界付近で強く変形し、さまざまな岩石が混ざった「メランジュ」〈徳島県牟岐町〉

性」の岩石が、どのように日本列島に取りこまれたのか？　これらを説明するのが「付加体」モデルである。

表層が玄武岩からなる海洋プレートの上には、砂岩、泥岩、チャートなどの堆積岩が乗っている。海洋プレートが大陸プレートの下に沈みこむときに、大陸プレートがブルドーザーのように堆積岩や玄武岩の一部を剝ぎ取ることがある。剝ぎ取られて大陸プレートに付け加わった岩体が付加体である。

日本列島を成長させてきた付加体

日本列島は、約3億年をかけて次つぎに付加した岩体で構成されている（図1）。その証拠に、化石や放射性元素が示す堆積岩の年代は、日本海側から太平洋側に向かってしだいに新しくなる。たとえば京都には約2億年前の付加体が、太平洋に突きだした紀伊半島や室戸半島の先端には約1,500万年前の付加体が分布している。そして、南海トラフ付近の海底では現在も新しい付加体が形成され続けている。おなじ時代の付加体は列島に沿って、つまりプレート境界に沿って帯状に分布している。このような地体構造が、日本の地質の特徴である。

海溝型巨大地震の痕跡

付加体の一部には、海底下数kmまで海洋プレートとともに沈みこんでから「底付け付加」した岩体がある。それらはプレート境界付近で強く変形を受けて、さまざまな岩石が混在した「メランジュ」（フランス語で混合物のこと）になっている（図2-b）。

プレート境界は、地球の表層でもっとも速く岩石が変形する場であり、メランジュはそのような変形の情報を記録している。約7,000万年前のプレート境界断層の破砕帯を調べると、地震時の摩擦熱によって鉱物が溶融した痕跡を見ることができた（図3）。

現在、南海トラフ巨大地震の発生が危惧されており、プレート境界断層を調べる深海掘削研究がおこなわれている。しかし、得られる情報が直径数cmの掘削孔に限られるなど困難もともなう。いっぽう、陸上に露出した付加体では、過去のプレート境界断層を広く面的に調査できる。プレート境界にはたらく力やそこにある岩石の性質を知ることが巨大地震発生メカニズムの解明につながると期待され、深海底と陸上の両面から研究がさかんに進められている。

大陸成長史と数億年後の未来予測

付加体が形成されない海溝もある。たとえば、東北地方沖の日本海溝のほとんどの部分では付加体が形成されておらず、むしろ日本列島が太平洋プレートに削られて沈みこんでゆく造構性侵食作用が起こっている。プレート沈み込み帯は、大陸プレートの物質を地球の内部へ持ち去ってしまう入口ともいえる。

46億年の地球史を通じて大陸は成長し続けてきたのか、それとも減少傾向にあるのかは、いまだ解明されていない。数億年後に人類を含めた陸上生物の住処がどのくらい残っているのか——その予測のためには、日本列島に記録された過去数億年間の大陸の生産、削剝、付加、造構性侵食のようすを読みとく必要があるだろう。

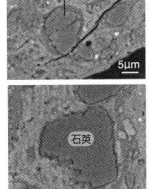

図3　地震時の摩擦熱によって鉱物が溶融した痕跡
a）過去のプレート境界断層〈徳島県美波町〉
b）プレート境界断層の破砕帯の電子顕微鏡写真。断層の摩擦熱で一部が溶融し、不規則なかたちになった鉱物

古海洋環境の変化を読み解く
京都の地質と海洋プレート層序復元の意義

一田昌宏（京都大学総合博物館）

　京都盆地は、西山・北山・東山などの山々に囲まれている。それらの山々に露出する岩石やその岩石から産出する化石の研究は、大正末期以後、多くの研究者によって進められてきた。その結果、京都盆地周辺の山々には、緑色岩（玄武岩）やチャート、砥石型頁岩、石灰岩、石灰岩礫岩、ケイ質泥岩、砂岩、そして泥岩などの「海の堆積岩」と花崗岩や変成岩が分布していることがあきらかになった（図1）。

京都盆地に、なぜ海の堆積岩が分布するのか

　これらの「海の堆積岩」は、陸源性の堆積物がとどかない遠洋深海および遠洋浅海域や半遠洋域、海溝など、海洋のさまざまな場所で堆積した岩石である。その海の堆積岩から産出する化石（図2、3）から、そのような海の堆積岩は、古生代石炭紀後期（約3億1,200万年前）から中生代ジュラ紀後期

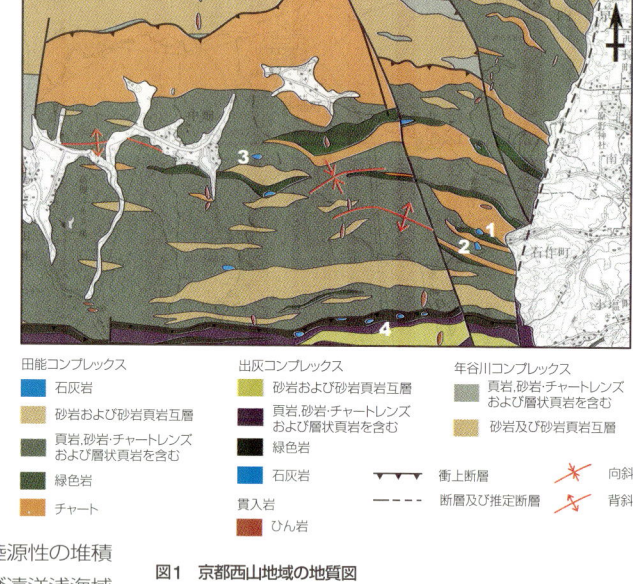

図1　京都西山地域の地質図

緑色岩やチャート、頁岩、石灰岩、石灰岩礫岩、ケイ質泥岩、砂岩、そして泥岩など多様な海の堆積岩が分布している

（宮地ほか，2005をもとに作成）

図2　京都西山地域から産出する古生代紡錘虫類化石の薄片写真

この紡錘虫類化石は図1の3の石灰岩体から産出した

1. *Profusulinella rhomboides* (Lee et al.)
2. *Fusulinella itoi* Ozawa
3. *Obsoletes obsoletes* (Schellwien)
4. *Montiparus montiparus*((Ehrenberg) sensu von Möller)
5. *Rauserites stuckenbergi* (Rauser-Chernousova)
6. *Jigulites jigulensis* (Rauser-Chernousova)
7. *Protriticites motsumotoi* (Kanmera)
8. *Triticites suzukii* (Ozawa)
9. *Quasifusulina longissima* (von Möller)
10. *Schwagerina satoi* (Ozawa)
11. *Daixina* cf. *biconica* Rauser-Chernousova and Shcherbovich
12. *Schwagerina toyamaensis* Suyari
13. *Pseudofusulina* cf. *vulgaris* (Schellwien and Dyhrenfurth)
14. *Sphaeroschwagerina pavlovi* Rauser-Chernousova
15. *Biwaella omiensis* Morikawa and Isomi

（Ichida et al, 2009．をもとに作成）

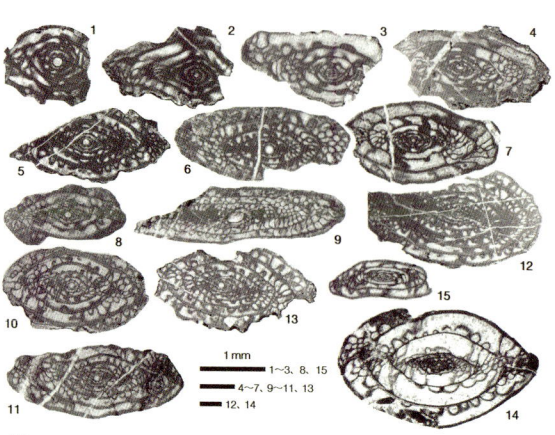

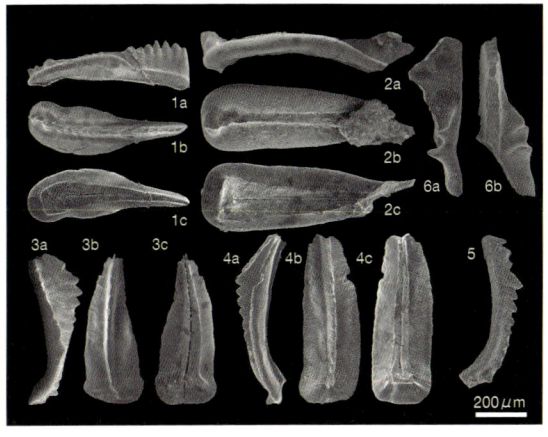

図3 京都西山地域から産出する中生代コノドント化石の電子顕微鏡写真

このコノドント化石は図1の4の石灰岩体から産出した

1. *Neogondolella polygnathiformis* (Budurov and Stefanov)
2. *Neogondolella navicula* (Huckriede)
3. *Neogondolella* sp. A
4. *Neogondolella* sp. C
5. *Gladigondolella tethydis* (Huckriede)
6. *Epigondolella* cf. *abneptis* (Huckriede)

(李・一田, 2009を改変)

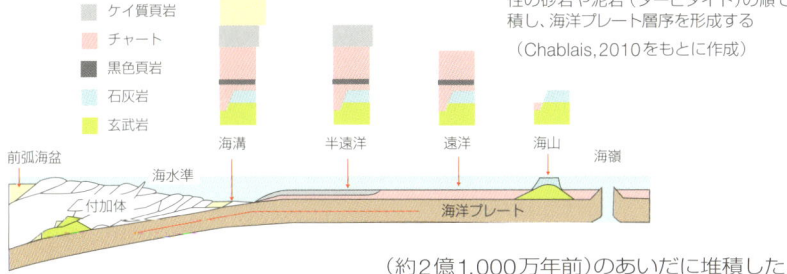

図4 ジュラ紀付加体の海洋プレート層序

海嶺で生産された海洋プレート上に、チャートもしくは石灰岩、ケイ質泥岩、陸源性の砂岩や泥岩(タービダイト)の順で堆積し、海洋プレート層序を形成する

(Chablais, 2010をもとに作成)

a) ペルム紀から三畳紀にかけてのチャート層の岩相変化。灰色チャートおよびケイ質頁岩部は、堆積した海洋深部の無酸素状態を示す。黒色頁岩部は海洋表層まで無酸素状態が及び、チャートを構成する放散虫が極端に減少したことを示す

(Isozaki, 2006をもとに作成)

b) 岐阜県犬山市の丈夫ペルム系チャート露頭写真。無酸素状態を示す黒色〜灰色チャートが観察される

図5 海洋プレート層序を構成するペルム紀末に堆積したチャート

(約2億1,000万年前)のあいだに堆積したこともあきらかになっている。

ではなぜ、現在は陸地である場所に海の堆積岩が分布しているのか。

京都盆地周辺に分布する海の堆積岩は、海洋プレート上に堆積した堆積岩が、プレートの運動によって日本付近で中生代ジュラ紀頃に付加したものである。このことから、ジュラ紀付加体ともよばれる。海洋プレートは玄武岩(火山岩)でできており、海嶺で生産されてプレート運動によって側方移動し、大陸プレートの下に沈みこむ。

その沈みこむまでの道すがら、海洋プレート上には、遠洋性の生物遺骸や半遠洋性の細粒砕屑物、それに陸から流れこむ砂泥が次つぎに堆積する。

海洋プレートの一部と海洋プレート上の堆積物は、沈みこみ時に剥ぎ取り作用もしくは底付け作用によって、付加体をつくる(図4)。その付加体が種々の構造運動に

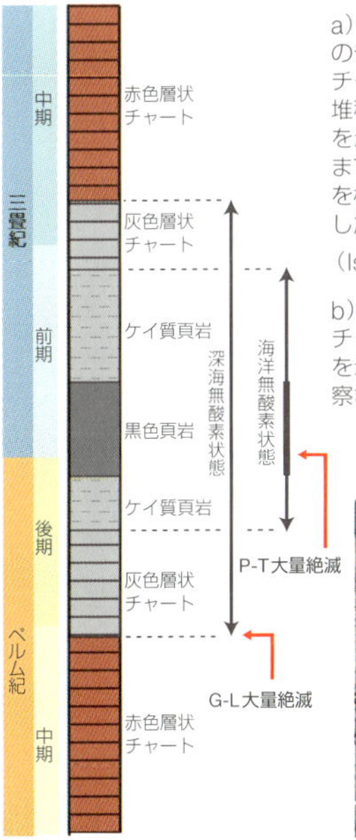

よって現在の京都付近に位置し、京都盆地周辺の山々になっているのである。

海洋プレート層序は環境変遷の記録媒体

海嶺で生産された玄武岩質の海洋プレートは側方に移動を開始するが、その上にはまず遠洋性のケイ質の殻をもつ放散虫などが堆積し、チャートを形成する。同時に、海洋プレート上の地形的高まりである海台や海山上には、炭酸塩の殻をもつ有孔虫などが堆積し、石灰岩などの炭酸塩岩が形成される。その後、比較的陸域に近い半遠洋域で、遠洋性の細粒砕屑物の量が遠洋性の生物遺骸の量より卓越するためにケイ質泥岩が堆積する。

このように、海洋プレート上には最初にチャートや石灰岩、次にケイ質泥岩が堆積する。そして最後に、付加直前の海溝で陸源性の砂岩や泥岩(タービダイト)が堆積する。かくして、海洋プレート上には下から上に遠洋性の堆積岩、陸源性の堆積岩が累重する。この累重関係を海洋プレート層序とよぶ(図4)。

この海洋プレート層序を構成する堆積岩は、プレート生産以後、付加までの間に連続的に堆積し続ける。このために、海洋プレート層序はプレート生産から付加までの長期間の環境変遷のよい記録媒体であるといえる。

日本は超海洋域の海洋環境を復元できる稀有な場所

海洋環境の変化は、溶存酸素量や生物生産量に大きな影響を与え、その影響は地層の色や厚さ、化石種の構成や化石含有量などを変化させる。このことから、海洋プレート層序を詳細に観察することで、堆積当時の古海洋環境が復元できる。

とくに、日本に分布するペルム紀やジュラ紀に付加された付加体を構成する堆積岩が堆積する海域は、パンサラッサ海*とよばれる古生代後期から中生代前期まで存在して地球表面の7割を占めていた超海洋域である。この超海洋域起源の堆積岩と海洋プレート層序は現在、付加体にだけ保存され、とくに日本に集中して分布している。日本は、超海洋域の海洋環境を復元するうえで稀有な場所であるといえる。

いっぽうで、日本のこの付加体は、その形成時に生じた多くの断層や構造運動によって海洋プレート層序の断片化が進んでおり、当時の古海洋環境記録として重要な海洋プレート層序の復元は困難である。しかし断片的ではあっても、保存されている堆積岩の上下関係や各堆積岩から産出する化石が示す時代を丹念に調査・検討することで、海洋プレート層序の復元は可能になる。

史上最大の絶滅事変、ペルム紀末の大量絶滅解明の糸口

丹念な調査・検討によって復元された海洋プレート層序から、多くのことがあきらかになっている。たとえば、復元されたジュラ紀に付加したジュラ紀付加体の海洋プレート層序には、地球史上最大の絶滅事変であるペルム紀末の大量絶滅の時期に堆積したチャートが含まれている。このような大量絶滅事変は、生態系を大きく変化させ、生物の劇的な進化を促す。ある種、生物進化のブースターのようなものである。

海洋プレート層序を復元し、この大量絶滅の時期に堆積したチャートを観察すると、次のことがわかった。まず、超海洋パンサラッサは、ペルム紀末の大量絶滅の少し前から、深海部で溶存酸素が極端に減る海洋無酸素状態が生じていた。ペルム紀末にはその無酸素状態が深海から浅海にまで拡大し、絶滅事変以後の三畳紀に徐々に無酸素状態が解消されたことがわかった(図5)。

このように、海洋プレート層序を復元し、それを構成する堆積岩を詳細に検討することで、長期間にわたる古海洋環境の変化を読み解くことができるのである。

---

* 後期古生代には当時の大陸が集合しC字に似た超大陸パンゲアを形成した。当時の海洋は、Cの内側の内海と外側の超海洋に分かれ、それぞれテチス海、パンサラッサ海とよぶ。

海、生命、そして地球システム

われわれヒトを含む地球の陸上生物は、おおよそ窒素が8割、酸素が2割の1気圧の大気のもとで生活し、これを当然のことと受けとめている。ところが、太陽系の「お隣さん」である金星や火星の大気は、二酸化炭素を主体とし、地球の大気組成とは大きく異なっている。地球大気に含まれる二酸化炭素の比率は、わずか0.03%あまりにすぎない。酸素のように文字どおり高い酸化能を備えた物質がこれほど大量に存在することじたい、異常とすらいえるのである。しかも、金星の大気圧は92気圧もある。

地球型惑星の誕生のプロセスと材料物質は、基本的にほぼおなじであった。つまり、誕生直後の地球は、ほかの地球型惑星同様、二酸化炭素が主体の重厚な大気におおわれていたはずである。なぜ、地球の大気にはこれほど二酸化炭素が少なくて、酸素が多いのであろうか。それは、いつから、どのようなプロセスをへた結果なのであろうか。

その鍵を握っているのが、今日も満々と水をたたえている「海」と、その海で誕生した「生命」である。以下にそのヒストリーをみてみよう。(松岡廣繁)

地球と金星の大気の比較

地球		金星	
大気組成 (主要なものから上位4種)／百分率			
窒素 (N_2)	78.1%	二酸化炭素 (CO_2)	96.5%
酸素 (O_2)	20.9%	窒素 (N_2)	3.5%
アルゴン (Ar)	0.9%	二酸化硫黄 (SO_2)	0.02%
二酸化炭素 (CO_2)	0.032%	アルゴン (Ar)	0.007%
大気圧			
1013.25 hPa (1気圧)		9321.9 kPa (92気圧)	
地上平均気温			
14℃		464℃	

1 生物がつくる地球の海と大気

松岡廣繁（京都大学大学院理学研究科地球惑星科学専攻地質学鉱物学分野）

地球において、生物が活動している範囲を「生物圏」という。生物圏は、気圏の対流圏、水圏、岩圏の一部に限られ、地球全体からすれば地表付近のごくわずかな薄っぺらい部分でしかない。しかしながら、この生物圏の存在こそが「地球らしい地球」をつくりだす要諦（ようてい）である。

地球最古の岩石類が残す「海」の記憶

地球が誕生したのは約45億年前と考えられている。誕生してから40億年前までを冥王代（Hadean）という。ギリシア神話の冥界の支配者ハーデスの名に由来する冥王代は、地質学的記録、すなわちその時代に形成された岩石はほとんどない、文字どおり暗黒の時代である。しかし近年の発見により、初期地球の姿がおぼろげながら見えてきた。

現在までに知られている地球最古の岩石（岩体）は、カナダ北東部のケベック州のハドソン湾東岸に位置するヌヴアギツック（またはヌブアギトゥック）緑色岩帯から報告された約44億年前の年代を示す変成岩の一種である角閃岩類である（写真1）。この年代値には異論もあるが、初期の地球の地殻が苦鉄質の火成岩類であった証拠として重要である。本緑色岩帯にはより新しい時代に形成された岩石類も存在し、冥王代から始生代初期の地球の情報源として注目される。

次に古い年代の岩体はカナダ北西準州のアカスタ片麻岩で、約40億年前に形成されたものである。ヌヴアギツック緑色岩類が苦鉄質であるのに対して、アカスタ片麻岩の特徴は花崗岩質（ケイ長質）部が存在することである（写真2）。このことは、当時すでに大陸地殻が存在したことを示している。同時に、花崗岩質マグマの形成には水が必要なことから、40億年前には地表に水、すなわち「海」が存在したことも意味している。

地球誕生から2億年でマグマオーシャンの時代は終了

「海」の最古の記憶は、約44億年前にさかのぼる。それは、オーストラリア西部ピルバラ地域ジャックヒルズの変成礫岩に含まれる砕屑性（さいせつ）ジルコン（ケイ酸塩鉱物の一種で、化学組成は$ZrSiO_4$）によってもたらされた。最古のものは44億年前にさかのぼり、地球で形成された物質として、最古のレコードである（写真3）。しかもそのジルコンは

図　海のはじまり（イメージ）
海をつくった豪雨がやみ、地球は「水と生命の星」のスタートをきった（作画・坂井 勇　京都大学大学院理学研究科地球惑星科学専攻修士課程）

写真1 ヌヴアギッツク角閃岩類の偏光顕微鏡写真
全体に存在する黄～ピンク色の干渉色を示しているのが、角閃石の一種、カミングトン閃石。灰や黒色部は長石類や石英であるが、変質していて不明瞭。視野の直径約5mm

写真2 アカスタ片麻岩（花崗岩質片麻岩）の偏光顕微鏡写真
灰色から黒く見える粒子はおおかた石英。派手な色彩の角閃石が卓越するヌヴアギッツクの薄片写真（写真2）との相違に注意。視野の直径約5mm

写真3 ジルコン粒子を含むジャックヒルズの変成礫岩の偏光顕微鏡写真
中央の青くぎらついた粒子がジルコン。このジルコンも年代を測定したら40～44億年前の値を示すはずである。視野の直径約5mm

酸素の安定同位体比から、当時すでに液体の水、すなわち海が存在したことを示唆したのである。約45億年前の地球誕生からわずか2億年のあいだにマグマオーシャンの時代は終了し、地表には海が拡がっていたのだ。海といっても高温で、地上はサウナのような環境であったと考えられている。

ジルコンの中からはさらに、微細な石英を内部に取りこんでいる粒子が発見された。石英は花崗岩に含まれることの多い鉱物であり、そもそもジルコン自体が花崗岩中に多く含まれる鉱物なので、ジャックヒルズのジルコンはもともと花崗岩質の大陸地殻中で形成されたものと推定されている。地球誕生から2億年のあいだに、大陸地殻さえも出現していたことになる。

初期大気が「海」を生んだ必然

液体の水をたたえる「海」。それは、地球の誕生と一連の産物であった（12ページ参照）。集積する微惑星の衝突エネルギーは地球を火の玉にし、重い金属元素は中心に沈んで「核」となる。そして岩石成分が「マントル」と「地殻」となって、地球内部の分化構造が誕生した。マグマオーシャンはまた、含水鉱物から水をはじめとする揮発成分を脱ガスさせ、熱く厚い大気が出現した。このと

き、地表は数百気圧にもなったと考えられる。

微惑星の衝突頻度が低下すると、熱エネルギーの供給も低下して、地表の温度が下がりはじめる。高熱で臨界状態にあった水は水蒸気になり、ついには雨となって地上に降り注ぐことになる。降り始めこそ「焼け石に水」であったであろうが、気化は地表の熱を奪い、急速に冷却が進んだであろう。そして文字どおりの底がぬけたような豪雨となったであろう。

海の水量を説明するため、地球の集積・形成過程の後期に水を大量に含む炭素質コンドライトや彗星が集中的に飛来する事件があったとする説もある（14ページ参照）。いずれにしても、「海」は地球誕生の初期に、いわば必然的に誕生したのであった。

マグマオーシャンの時代、大気成分としては水蒸気に次いで二酸化炭素が多く、ほかに硫酸ガスや塩酸ガスなどが存在したと考えられる。しかし、海（液体の水）の誕生によって水蒸気が大部分除去され、地上の気圧はいっきに数十気圧にまで下降した。

生まれたての海は、大気をさらに大きく変化させる。水には多様な物質を溶かしこむ特異な性質があるからだ。海水はまず、硫酸ガスや塩酸ガスなどによって強酸性となって、地殻を溶解した。ここに二酸化炭

生物がつくる地球の海と大気――松岡廣繁

素も溶けこむので、地殻由来のカルシウムやマグネシウムなどと結合し、無機的炭酸塩（$CaCO_3$、$MgCO_3$など）として沈積することになる。こうして、海の存在と地球の表層環境は、切っても切れない関係でスタートを切ったのである。

光合成生物の誕生が地球らしい地球をつくる

海に溶けこんだたくさんの物質から、アミノ酸類や核酸など、生命体の材料となるものも形成された。それが最古の生命へとどのような大きなジャンプを果たしたのかは、生命史上最大の謎である。およそ40億〜38億年前のことであったと考えられているが、実像は闇のなかで、ここでは立ち入らないこととする。

地球の海と大気にとって重要なのは、多様な初期生物のなかで、シアノバクテリア類（藍色細菌、藍藻とも）の出現である。シアノバクテリアは不思議な生物で、細菌でありながら光合成をする。光合成は、光エネルギーを使って二酸化炭素と水から炭水化物を合成する生化学反応で、同時に酸素を放出する。

遊離酸素は反応性が高く不安定であるので、惑星大気の原始状態ではほとんど含まれない。それが地球にはかくも大量に存在するのは、シアノバクテリアおよびのちになって出現した植物の産物なのである。言いかえれば、光合成生物の生息こそが、地球を地球らしくなさしめているのだ。

ストロマトライトと縞状鉄鉱層が立証するバクテリアの誕生

シアノバクテリアはいつ出現したのだろうか。その地質学的証拠が、ストロマトライトと縞状鉄鉱層とよばれる岩石である。

ストロマトライトとは、内部に木の年輪のような成長線が発達するマウンド状の炭酸塩岩のことである（写真4）。ギリシア語でベッドカバーを意味するstromaと石のlithを合成した岩石名で、1枚ずつ塗り重ねるように上へ上へと成長するようすを表現して名づけられた。マウンドの形状はほぼ平板状のものから、ドーム型、樹枝状など多様で、それらがおなじ層準に多数密集して産する特徴がある。

ストロマトライトは多くの場合、海中に繁殖するシアノバクテリアの活動で生成されたと考えられている。ストロマトライトの最大の特徴である内部の成長線は、光合成生物であるから日夜のサイクルで活動が制動されるなかで、水中に浮遊する砕屑物を巻きこむなどして形成されることを反映している。また、次のように、海中での炭酸系とカルシウムイオンのバランスにより、炭酸塩岩が形成される。

まず、光合成の材料となる二酸化炭素は、水中では消費されたぶんを炭酸水素イオンから供給される反応が起こる（式①）。

① $HCO_3^- \rightarrow CO_2 + OH^-$

このときpHが上昇するので、炭酸水素イオンが炭酸イオンとプロトン（H^+）に分解される反応が進む（式②：ここで生じるプロトンが①の水酸化物イオンと結合する）。

結果的に、光合成により炭酸イオンが増加するので、これが海中のカルシウムイオンと結合して炭酸カルシウムの晶出をもたらす（式③）。

② $HCO_3^- \rightarrow CO_3^{2-} + H^+$

③ $CO_3^{2-} + Ca^{2+} \rightarrow CaCO_3$

もう一つの「酸素の化石」が縞状鉄鉱層（BIF）である（写真5）。これは酸化鉄、とくに第二酸化鉄とケイ酸塩の細互層で、世界各地に大規模な堆積岩体が存在する。鉄鉱石として現代文明を支える存在でもあり、その場合は縞状鉄鉱床ともよばれる。

奇跡の惑星、地球を誕生させた二つの要因

シアノバクテリアの活動により海中に酸素が発生すると、当時の海中に大量に溶存

写真4　ストロマトライトの例

c) オーストラリアのノーザンテリトリー、Alice Springs地域産。約8億年前

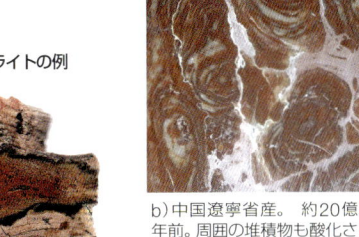

b) 中国遼寧省産。約20億年前。周囲の堆積物も酸化されて赤色になっている

a) 35億年前ころの「ストロマトライト」2点
これらはシアノバクテリアによるものではないとする見方が有力である。（上）オーストラリアのピルバラ地域 Strelley Pool産。（右）同地域 North Pole産

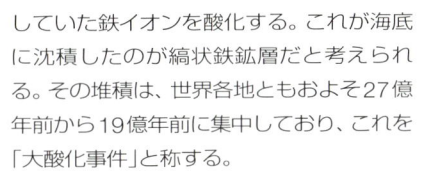

していた鉄イオンを酸化する。これが海底に沈積したのが縞状鉄鉱層だと考えられる。その堆積は、世界各地ともおよそ27億年前から19億年前に集中しており、これを「大酸化事件」と称する。

　ストロマトライトや縞状鉄鉱層の記録をたどれば、地球上にいつから酸素を出す生物が存在し、どのようなプロセスで現代的な大気になってきたのか、そのヒストリーが解明できるはずである。現在のところ、最古の縞状鉄鉱層はグリーンランドのイスア地域のもので、約38億年前の形成物である。最古のストロマトライト状堆積岩には、オーストラリアの西オーストラリア州のピルバラ地域の約35億年前のものがある。

　しかし、こうした古い年代のものがほんとうに生物活動によるものかどうかは議論が絶えず、むしろ懐疑的な意見が強い。大酸化事件の始まりの直前こそがシアノバクテリアの出現であり、ストロマトライトも真にシアノバクテリアの活動によって形成されたものはこれより新しいものだ、とする考えがある。いっぽう、それ以前の年代に形成された古い縞状鉄鉱層やストロマトライトも、やはり生物活動の証拠であると考える説もある。

写真5　縞状鉄鉱層の研磨断面
赤紫の縞（酸化鉄）と黄色や白っぽいレイヤー（ケイ酸塩に富む）の互層がとても美しい。オーストラリアのピルバラ地域産

　いずれにしても、大酸化事件をへて海洋中の鉄イオンはほぼ消費され尽くし、海水は現在の成分に近いものになった。また、大気中に直接放出されるようになった遊離酸素は、はじめは地表の岩石の酸化（赤色砂岩層の形成）に消費されるが、およそ10億年前以降はそれも終わり、いよいよ大気中で分圧を上げていくことになる。ストロマトライトの形成はまた、炭酸塩岩として、大気中の二酸化炭素を岩圏に固定する役割も果たす。二酸化炭素主体の分厚い大気は、その気圧すらも低下させることになる。

　地球では、ほかの惑星では起こらなかった、あるいは途中で停止してしまった現象を、液体の水「海」と、そこに発生した生物によって進行させてきたのである。

生物がつくる地球の海と大気──松岡廣繁

多細胞動物の出現と地球環境の変動

大野照文（京都大学総合博物館）

水族館や海岸でみかけるクラゲ、二枚貝、エビ、あるいは動物園のライオンなどは、すべて多細胞動物（後生動物）である（図1）。多細胞動物の特徴の一つは、細胞どうしをつなげて隙間のない細胞層（胚葉）をつくることで、体の内側で環境の影響を受けることなく重要な生理活動を行なえることである。多細胞動物は、この細胞層の数で大きく分類されている。あまり明瞭な細胞層をもたない海綿動物は側生動物とよばれ、明瞭な細胞の層をもつ動物たちは真正後生動物とよばれる。

単一の祖先から進化してきた多細胞動物

刺胞動物や有櫛動物のように2層の細胞層をつくるものは二胚葉性の動物、3層のものは三胚葉性動物とよばれる。二胚葉性の動物では、受精してから発生の途中で外の細胞層にできるへこみが深くなって消化管になる。へこみはじめた部分が口と肛門の両方の役割を果たす。三胚葉性の動物では、このへこみ（原口）がそのまま成体の口（あるいは口と肛門）になる旧口動物と、口が新たにできる新口動物とに分けられる。私たち人間も新口動物に含まれる。

遺伝子の解析から、これらの多細胞動物は、単一の祖先から進化してきたと考えられている。進化の最初のころ、プレカンブリア時代の終わりから古生代の始まりのカンブリア紀にかけてのようすについて化石記録をもとに述べてみる。

ガスキエース氷期の終焉が多細胞動物の時代の始まり

先カンブリア時代の後半には、氷期が何度も地球を襲った。カイガス氷期（7.5億年前）、スツルチアン氷期（約7.13億年前）、マリノアン氷期（6.36億年前）、ガスキエース氷期（約5.80億年前）などとよばれているが、スツルチアン氷期やマリノアン氷期は、低緯度地方までほぼ地球表面全体を氷床で被った（雪玉地球）と考える研究者もいるくらい大規模だった（図2、写真1）。

マリノアン氷期が終わってから古生代のカンブリア紀が始まるまでの時代（約6.2億年前～約5.42億年前）として定義されているエディアカラ紀のなかば、ガスキエース氷期が終わったころからエディアカラ化石生物群や陡山沱（ドウシャンツォ）の化石生物群など、多細胞動物の進化を知るうえで重要な化石が見つかりはじめる。

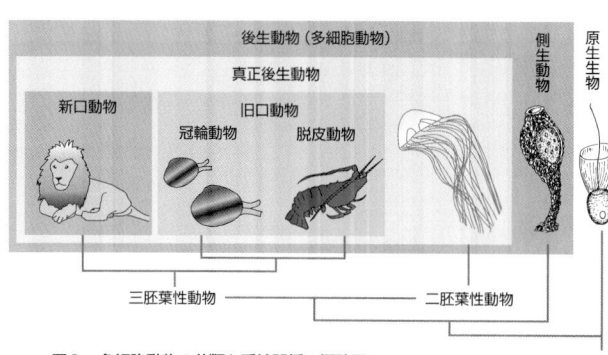

図1　多細胞動物の分類と系統関係の概略図
時間をかけて単純から複雑へと、動物は進化すると思われていたが、脊椎動物（といっても、まだ海に住んでいた）まで含めて、この図に示されている多細胞動物の分類群のどれもが、カンブリア紀に入って突然化石記録にあらわれた。これがカンブリアの大爆発である

エディアカラ化石生物群は最古の多細胞動物か

南オーストラリアのある丘にちなんで名づけられたエディアカラ化石生物群は、エディアカラ紀の後半（5.65億年前〜5.42億年前）にかけて繁栄し、絶滅した。この化石群については、最古の多細胞動物とする説と、それを否定する説とがある。

多細胞動物説の研究者のあいだで脚光を浴びているのがキンベレラ（*Kimberella*）である。モスクワの古生物学者ミハイル・フェドンキンが中心となってロシアの白海沿岸で25年以上にわたって困難な発掘調査を行ない、保存のたいへんよい化石を1,000点近く発見している（写真2）。

キンベレラの化石は最大10cmくらいになるが、中央に軟体動物の足に類似した構造があり、その周りにエラのように見える房状の構造がある。化石の周りには、熊手でひっかいたような長細い条線が末広がりに並んだ生痕化石をともなうことが多い。そこで、キンベレラは、海底に繁殖した微生物の層を細長い吻の先についた小さな歯でひっかいて食べていた軟体動物のような生きものと考えられている。ただし、口も肛門も見つからず、多細胞動物説を全面的に支持することはできない。

エディアカラ化石生物群の化石の多くに共通するのは、①最大1mくらいにもなるが、厚さはせいぜい数mmと極端に小さい、②二枚の薄い外皮のあいだに仕切りのはいった細長いエアマット状の構造が繰り返して形成されている、③左右のエアマット状の構造が中央で接する場合、互い違いに接している、という点である。

このような構造は現生の多細胞動物には

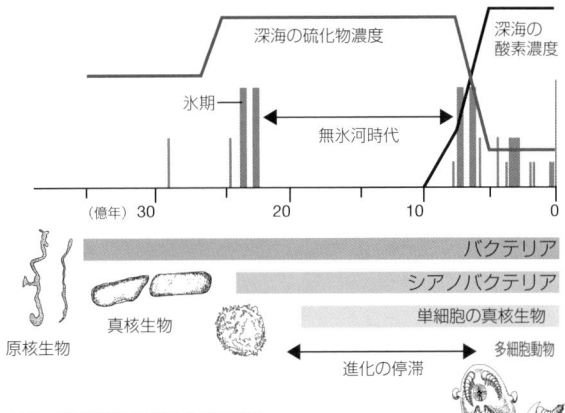

図2　地球環境の変遷と生物の進化
私たちの体をつくるのとおなじ真核細胞の出現から多細胞動物出現までの10億年以上の停滞期は、無氷河期と重なる。表層の酸素を含んだ海水は、深海の冷たい水にくらべて軽く、深海へと届かず、深海では真核生物が棲みにくい硫化的な環境が長く続いたらしい

見られないので、ドイツの著名な古生物学者、ザイラッハーは、エディアカラの化石生物群は、口や肛門その他の器官をもたずに皮膚を通じて海水に溶けた有機物を吸収するなどして生きていた生きもので、多細胞動物とは考えにくいと述べている。

中国南部の陡山沱累層とよばれる約5.8億年前の地層から、直径約0.5mmの受精した卵が細胞分裂をはじめた発生途中の多細胞動物と考えられる化石が見つかった。ヴェルヌアニマルクラ（*Vernanimalcula*）と名づけられた、さしわたし約1mmの化石は小さいながらも3層の細胞層があると解釈され、三胚葉性の動物がすでにエディアカラ紀に進化していたらしいことの証拠となっている。

「カンブリアの大爆発」の背景

続くカンブリア紀にはいると、多細胞動物が爆発的に化石記録に出現しはじめることが、中国の雲南省の澄江の化石動物群（約5.2億年前）や、カナダのブリティッシュコロンビア州のバージェス峠の化石動物群（約5.05億年前）の化石などから示される。いずれも、細粒の堆積物中にエラの繊維の一

本一本まで、軟組織の細かい構造が保存された化石群である。

これらの化石群には、側生動物の海綿、真性後生動物では二胚葉性の刺胞動物や有櫛動物が含まれる。さらに三胚葉性の真性後生動物では、旧口動物の三葉虫などの節足動物や、生きた化石とされるシャミセンガイ（腕足動物）が発見されている。

新口動物では、澄江から2001年に多数の化石が報告されたハイコウイクチス（*Haikouichthys*）には、脊椎の痕跡、筋節、背びれ、えら、さらには頭部から伸張した部分に目や嗅窩、あるいは耳殻と解釈される構造が保存されている。硬化した骨格こそもたないものの、脊椎動物がすでに存在したことがわかる。カンブリア紀には現生の多細胞動物の主要な分類グループに属するほぼすべてのものが出現している。多様な多細胞動物がカンブリア紀に忽然と化石記録に出現することは、「カンブリアの大爆発」とよばれている。

嫌気的で硫化的な環境が長くつづいた深海底

多細胞動物の体は、細胞に核をもつ真核細胞からできている。真核細胞をもつ単細胞生物の化石は、19億年前から知られている（図2）。真核細胞が集まれば多細胞動物も簡単に進化しそうに思われるが、多細胞動物の最古の化石の出現（5.8億年前）まで10億年以上かかっている。なぜこんなに時間がかかったのだろうか。

最近の堆積物の鉄の酸化還元状態をはじめとする研究で、18億年前〜8ないし6億

写真1　雪玉地球の証拠とされる堆積物
深海底の泥の中の巨大な礫。氷山に乗って遠洋まで運ばれて落ちたと考えられている。このような堆積物が当時の赤道付近にまで見られることから、雪玉地球説が唱えられた

年前ころまで、深海底は嫌気的かつ硫化的な環境だったらしいことがわかってきた。真核生物はみずから窒素を固定する能力をもたず、原核生物の窒素固定に頼って生きている。いっぽう、窒素固定を行なう酵素をつくるにはモリブデンや鉄が必要である。これらの元素は酸化的な海水には溶けこめるが、無酸素的かつ硫化的だとほとんど溶けない。そこで、原核生物の窒素固定は抑制され、それに依存する真核生物も長期に強い影響を受けたに違いない。

一転して海水中の酸素濃度が急激に上昇する

しかし、8〜6億年前以降には、海洋底が酸化的となった。そこで窒素固定を行なう酵素の形成に制限がなくなり、原核生物の生物生産量が増加し、それが間接的に真核生物の放散を促した可能性がある。海洋底が酸化的となったのは、地球史で最大とされる氷期の訪れた時代と一致する。氷期には、酸素を含んだ表層水が冷やされて密度

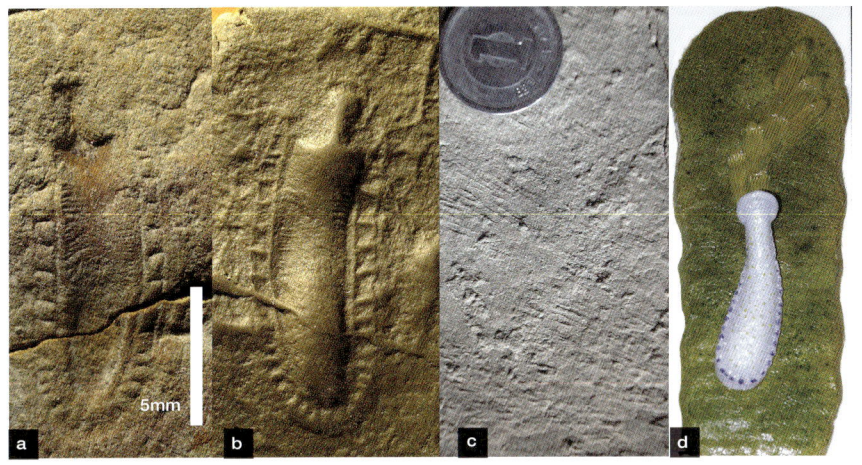

写真2　キンベレラ
a) 化石（ロシア科学アカデミー古生物学研究所蔵、スケールバー＝5mm）
b) aで示した化石の粘土型
c) キンベレラの化石の周辺で見つかる海底面をひっかいたような放射状の傷跡（ロシア科学アカデミー古生物学研究所蔵）
d) キンベレラの復元模型（ロシア科学アカデミー古生物学研究所A. Ivantsov博士制作）

が高くなり、深海底へと沈みこみ、海洋の垂直循環が活発になる。このようにして海洋底まで含めて酸化的な環境が拡がりはじめたのである。

この環境の好転によって、光原核生物や真核生物の生産量が高まったのだろう。当然、光合成による酸素の発生も促進されたに違いない。その結果、約24億年前から現在の10％前後どまりであった酸素濃度は、先カンブリア時代とカンブリア紀の境界、5億4,200万年前の直前には、ほぼ現在の濃度にまで急上昇したらしいと考えられている。

多細胞動物にとってもっとも重要な糖タンパク質であるコラーゲンは、酸素なしには形成されない。呼吸して活発に活動するにも、酸素を必要とする。そこで、多細胞動物の出現は、大気とりわけ海水中の酸素濃度がこの時代に急激に上昇したことが一つの大きな原因であると考えられる。しかし、酸素濃度の上昇は、多細胞動物の出現の必要条件ではあるが、カンブリア紀のはじめになぜ多様な多細胞動物が爆発的に出現したのかは説明しない。

多細胞動物の出現も
大量の宇宙線で説明できるのか

地球は、太陽系とともに銀河の赤道面を上下しながら公転をしている。最近、ヘンリク・スベンスマルクは、太陽系が銀河の赤道面付近を横切る時期には多量の宇宙線が地球に降り注ぎ、空気中の水分が凝結して雲が広汎に地球を被い、太陽光を遮るので、その結果として温度低下を招き氷期が訪れるという仮説を出している。また、大量の宇宙線は、生物の遺伝物質にも有害な、あるいは有益な変化をもたらすと考えている。そのなかには、多細胞動物特有の遺伝子群の形成につながるような変化もあったかもしれない。

彼の説に従うなら、先カンブリア時代末の氷期の到来も多細胞動物の出現も、大量の宇宙線で説明できてしまう。ただし、宇宙線量とできる雲の量の定量化など、この説の検証には多くの課題が残されている。

カンブリアの大爆発の原因は依然として地球生命科学の大きな謎であり、若い読者諸君の手によって解明されることを期待したい。

顕生代略史

唐沢興希（京都大学大学院理学研究科地球惑星科学専攻地質学鉱物学分野 博士後期課程）
松岡廣繁（京都大学大学院理学研究科地球惑星科学専攻地質学鉱物学分野）

生命の歴史をもとに地球の歴史を二分して、古い時代を「隠生代」、新しい時代を「顕生代」とよぶ。顕生代はPhanerozoicの訳語で、ギリシャ語の顕著な(phaneros)と生物(zoe)からなる。この時代の地層が、それまでの地層にくらべて量的にも形態的、多様性の面でも爆発的に化石を産出することに由来している。最新の年代研究によれば、顕生代の開始は5億4,100万年±100万年前である。

多様な生物が絡みあうエキサイティングな時代

三葉虫や恐竜をはじめ、われわれがイメージする「古生物」の多くは顕生代に現れ、そして絶滅していった生物である。ぎょっとするような異形の古生物も存在するが、それでもどこか親しみがもてるのは、顕生代が長い地球史のなかでは「ごく最近」のことであり、いわば「常識が通用する世界」だからなのかもしれない。

第1部前半で、地球創成からおよそ10億年前にかけての「地球の海と大気のヒストリー」を概観した。では、その劇的な変化史にくらべて、顕生代の地球は「つまらない」時代だったのだろうか。

そうではない。顕生代は多様な生物が複雑に絡みあった生態系を、その時代時代においてくりひろげ、ときには目を覆うばかりの大絶滅の事態も発生するなど、じつにエキサイティングであった。

顕生代は古い順に「古生代」、「中生代」、「新生代」に分けられる。そういう顕生代を概観するとともに、海・大気と生物とがかかわる重要な事件を追ってみよう。

藻類が生物として初めて地上に進出した古生代

近年では、陰生代の先カンブリア時代からも、エディアカラ化石生物群など大型生物の化石が発見されている。しかし、これらの生物は軟体質で特徴が保存されにくいこともあり、現在の生物との関係は不明である。これに対して、顕生代の生物は硬い組織で体をつくっており、現在の生物に直接つながる生物が多く含まれている。

カンブリア紀には短期間に多様な姿の生物が出現し、この現象を「カンブリア大爆発」とよぶ。もっとも有名なカンブリア紀の生物群は、カナディアン・ロッキーのバージェス動物群だが、近年は中国の澄江や、スウェーデンのオルステンなどでも保存状態の良い化石が発見されて、生物の系統分類に重要な情報を提供している。

古生代初期は動物が多様化して海洋生態系が成立した時代であるが、オルドビス紀末には大量絶滅事変が起こっている。気温や海水準の低下が原因とされる。絶滅は、生き残った生物には「チャンス」でもある。このとき干上がった淡水域からは、藻類が生物として最初に地上に進出した。

シルル紀中頃には最古の陸上植物が出現し、デボン紀に

写真　三葉虫を食べようとしているヒトデの化石（モロッコ産、オルドビス紀）
顕生代は、さまざまな生物が複雑な生態系を構成する時代である。この化石は、ヒトデが三葉虫を捕えた瞬間、水中土石流でもろともに生き埋めになってしまったものである。動物間の生態学的関係がそのまま化石化していて、きわめて珍しい。地層の堆積面を下からのぞくように見ている（さしわたし約12cm）

は維管束植物が出現して森林を形成した。その森には節足動物が放散し、さらにそれを追うように両棲類が出現するなど、生物の陸上進出がさかんになった。

酸素濃度の上昇がオゾン層を誕生させ生物は陸上に

大気中の酸素濃度が上昇してくると、酸素(O_2)が短波の紫外線のエネルギーにより光解離して酸素原子(O)になり、両者が結合してオゾン(O_3)が生じる。オゾンはまた、光解離で酸素分子と酸素原子に分解される。これをぐるぐるくり返す過程で、紫外線のエネルギーは吸収され無力化する。

成層圏中でそのような機構がはたらいている部分がオゾン層である。生物体に有害な紫外線エネルギーを上空でカットしてくれていることが、生物が陸上で生活できる条件の一つになっている。シルル紀からデボン紀にかけて、植物とそれを追って動物が陸上に進出するのは、このころにオゾン層が誕生したことが背景にあると考えられる。

デボン紀後期の中ごろにも大量絶滅事変が起こるが、絶滅の影響が小さかった陸上では広大な森林が維持された。この植物はのちに石炭として採掘されることから、デボン紀に継ぐ時代を石炭紀とよんでいる。

石炭紀後期は氷河期で、海水準が短周期で変動した。氷期には低地が出現して森林が発達し、それが間氷期の海水準上昇で埋積される現象をくり返し、膨大な石炭層が形成された。石炭層が発達することは、植物体として固定された炭素が岩圏にパックされるということでもある。地球誕生以来、大気の主役であった二酸化炭素は、石炭紀をへて、現世と同レベルに低下した。同時に、石炭紀の酸素濃度は地球史上最高で、35%に達したと考えられている。

石炭紀の森林では節足動物が繁栄したが、翼開長が70cm以上に達するトンボの仲間のメガネウラ(*Meganeura*)や、全長2mものムカデのアースロプレウラ(*Arthropleura*)など、空前絶後の巨大な生物が存在した。このような巨大節足動物の出現の背景には、高濃度の酸素があったと考えられる。

現代型生物が版図を拡げる中生代

古生代最後のペルム紀末に、顕生代最大の絶滅事変が起こった。影響は分類群や棲息域をとわず広範囲におよび、最大に見積もると当時の生物種の96%が絶滅する文字どおりのカタストロフで、生物相は一変した。

それでも生物は粘り強かった。古生代型の生物はほぼ根絶されたが、これを機に現代型の生物が版図を拡げる「中生代」が始まる。先の絶滅で破壊された生態系が復活するのは、三畳紀の中ころである。三畳紀の終わりには別の大量絶滅事変が起こるが、次のジュラ紀にはこの絶滅を乗り越えた爬虫類と哺乳類、恐竜類から進化した鳥類が繁栄した。海洋ではアンモナイト類が種類と数を増やし、二枚貝類も多様化した。

白亜紀末にも大量絶滅事変があった。この絶滅事変は隕石の衝突が原因であったとする説が有力であるが、中生代型の動物のなかには白亜紀後期の間にフェードアウトするように徐々に衰退したものも多い。瞬間的な隕石衝突だけが原因とはいえず、真相解明の議論はいまだ続いている。

*

新生代は現在も進行中の時代である。古第三紀と新第三紀とでは動植物相が大きく違うのは、古第三紀が比較的温暖だったのにたいし、新第三紀では寒冷化・乾燥化が進んだからである。この気候変動のもとで植生は変化し、馬や牛など有蹄類がイネ科植物の分布域拡大にともなって勢力を拡げるなど、植物食動物相も変化する。続く第四紀は氷河時代で、両極に氷床が発達している。

われわれ人類も、こうした地球史のなかで、たまたまいま、繁栄を誇っているのだ。

脊椎動物の二次的水棲適応
海から陸への進化、そして舞台はふたたび海へ

丸山啓志（京都大学大学院理学研究科地球惑星科学専攻地質学鉱物学分野 博士後期課程）

われわれヒトは、脊椎動物の一員である。脊椎動物は脊索動物の一グループであるが、他のメンバーの頭索類と尾索類とは異なり、神経管が頭部で肥大していて嗅覚、視覚、聴覚をそなえた「脳」を有することが特徴である。最古の記録は中国雲南省澄江から発見されたメダカほどの大きさの動物であり、明瞭に脳の痕跡が化石化している。

脳のある動物、脊椎動物は、本質的に機敏である。そのため、カンブリア紀の生命大爆発でほかの大型動物と同時にスタートをきった進化史は、ほどなく多様なニッチに放散し、動物界においてほかに類を見ないほど多彩な形態をとるにいたった。その進化史をかいつまんでふり返ろう。

魚類だった脊椎動物は
やがて陸に

脊椎動物のスタートはカンブリア紀の浅海に棲息した「魚類」であるが、はじめは頭索類に類似した濾過食者で、顎はなかった。シルル紀になって前方の鰓弓が変化して顎骨化し、このときから脊椎動物は「捕食者」になった。つづくデボン紀は「魚類の時代」とよばれる。デボン紀の放散は、上陸する脊椎動物、すなわち両棲類までも生み出した。

石炭紀の森林中で、両棲類の一部から爬虫類が進化した。爬虫類は卵の構造に大きな特徴があって、その胚が発生の過程で腹側の一部を伸張させ、背側で左右が合して、自身を包んでしまうような膜系をつくりあげる。鳥類と哺乳類は、爬虫類のなかの異なる系統からそれぞれ発展を遂げたグループであるが、卵の構造は同一である。3者を合わせて「有羊膜類」という。

有羊膜卵は乾燥に強く、魚類・両棲類が水中に産卵する（しなければならない）のとは根本的に異なる。ここに脊椎動物のライフサイクルは、陸上で完結するようになった。およそ3億年前のことである。以降、脊椎動物は陸上生態系に大放散する。

ふたたび海を選んだ
脊椎動物たち

陸を征服することが進化の方向性かと思わせる脊椎動物であるが、さまざまな有羊膜類は、「ふたたび」水棲生活へと適応する。その例として、爬虫類ではウミヘビや中生代の魚竜（イクチオサウルスなど）や首長竜（フタバスズキリュウなど）、モササウルスなどが挙げられる。鳥類では、ペンギンや白亜紀のヘスペロニスなどがある。哺乳類では、現生の鯨類（ク

A サメの一種
（現生種：軟骨魚類）

B ステノプテリギウス
（ジュラ紀の魚竜）：
爬虫類

C ベロノウステス
（ジュラ紀の首長竜）：
爬虫類

D アーケロン
（白亜紀のカメ）：
爬虫類

E ヘスペロルニス
（白亜紀の海鳥）：鳥類

F キングペンギン
（現生種）：鳥類

G フロリダマナティー
（現生種）：哺乳類

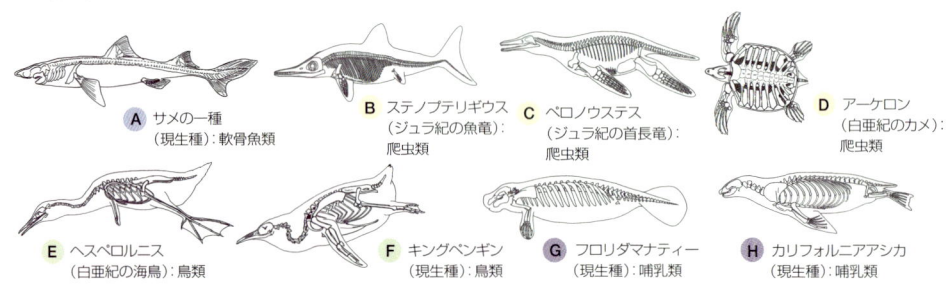

H カリフォルニアアシカ
（現生種）：哺乳類

図1　脊椎動物の二次的水棲適応
Aは魚類、C〜Hは二次的水棲適応した各グループを示している。鯨類については、図2参照。祖先が陸上生活であったグループも、水棲生活に適応すると、魚類に形態が類似する。①体形が流線型になる。②前肢が胸びれになり、尾びれや背びれが見られるようになる

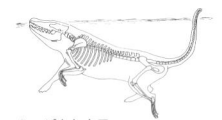

I パキケタス
（始新世のムカシクジラ）：
哺乳類

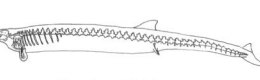

J バシロサウルス
（始新世のムカシクジラ）：
哺乳類

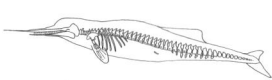

K ユーリノデルフィス
（中新世のイルカ）：
哺乳類

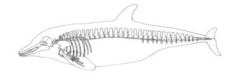

L ケントリオドン
（漸新世・中新世のイルカ）：
哺乳類

M セミクジラ
（現生のヒゲクジラ）：哺乳類

図2 鯨類の進化
I〜Mの順に時代が新しくなるように、四足歩行をしていたムカシクジラから現生種までを並べている。水棲生活への適応度が進むにつれ、骨盤と後肢が退化し、鼻孔の位置が吻部先端から頭頂部へと移動している

ジラ、イルカ）や鰭脚類（アシカ、アザラシなど）、海牛類（ジュゴン、マナティー）、中新世の束柱類（デスモスチルスなど）が知られている（図1）。

水棲生活に適応したグループでは、①体形が流線型に近くなる、②前肢が胸びれになり、尾びれや背びれも見られるようになる、③歯が円錐形に近くなるなどの現象が共通して認められる。このように祖先の異なる生物が類似の生活様式に適応することで、類似の形態的特徴をそなえるようになる現象を「収斂」という。

三つの大きな放散イベントを越えて進化した鯨類

現在もっとも水中生活に適応した哺乳類である鯨類の進化について紹介しよう。現生の鯨類は、歯を有する「ハクジラ類」と、ヒゲ板を有する「ヒゲクジラ類」の、二つに分けられる。これに古第三紀に棲息して絶滅した「ムカシクジラ類」を加えた合計3グループが存在する（図2）。

鯨類の進化には、三つの大きな放散イベントがあったことが知られている。第1のイベントは中期〜後期始新世（5,300万年〜4,500万年前）のことで、哺乳類史上初めて二次的水棲適応したものとして、ムカシクジラ類が出現した。現在のインドからアフリカ・ヨーロッパにかけて拡がっていたテチス海の縁辺の遠浅の海がその舞台であった。初期のパキケタスやアンブロケタスにはイヌと同程度の四肢があったが、生活の大半を水中ですごしたと考えられている。さらに時代が降ると、バシロサウルスやドルドンなど、後肢が退化した一方で尻尾を発達させたものも現れた。このイベントは、「機能的多様化」と位置づけられる。

現代型鯨類の多様化が起こった第3のイベント

第2のイベントは前期漸新世（3,500万年前ころ）のことである。ムカシクジラ類が衰退するいっぽうで、ハクジラ類とヒゲクジラ類の祖先が出現した。ただし、この段階では現生種とは様相が大きく異なるものもいた。たとえば、現生ハクジラ類の多くは歯が単根で円錐形に近い形状であるのに対して、この時代に棲息したハクジラ類は複根で鋸歯状であった。あるいは、初期のヒゲクジラ類にヒゲ板はなく、鋸歯状の歯の種が存在したことが知られている。現代型の鯨類の出現したこのイベントは、「生態学的多様化」と位置づけられる。

第3のイベントは中期〜後期中新世（1,200万年前〜1,000万年前）のことで、「分類学的多様化」が特徴である。ここで現代型鯨類の多様化が起こり、多様な科が出現あるいは衰退した。そのなかで、現在の鯨類相の多数を占めるマイルカ上科（マイルカ科、ネズミイルカ科、イッカク科）が出現した。いっぽうで、長い吻部を有するユーリノデルフィス科や、マイルカ上科の祖先といわれるケントリオドン科が絶滅している。

*

このような進化の変遷をへて、現在の鯨類相は形成された。海から陸へ、陸から海へとつづく進化の不思議を確かめに、博物館や水族館、動物園、棲息地へと足を運んではいかがだろうか。そのとき、「機敏」な脊椎動物の歴史と未来に思いをはせてもらえれば幸いである。

脊椎動物の二次的水棲適応 海から陸への進化、そして舞台はふたたび海へ──丸山啓志

化石が示す古環境

鎮西清高（京都大学名誉教授／京都大学大学院理学研究科地球惑星科学専攻地質学鉱物学分野）

化石は生物進化の記録であるだけでなく、地球の過去を知る主要な情報源となっている。生物は進化して時とともに新しい種類が現れ、古いものがいなくなる。これを利用して、化石は地球の過去の出来ごとの新旧を比較したり、いつの時代のことかを決めたりする基準、すなわち地球の過去をはかる時計とされてきた。

また、過去の地表環境を調べるうえでたいへん役にたってきた。過去の生物も現生生物とおなじで、特定の環境の場所や地域に限って棲息していた。これを利用してその地点の水深や水温などの環境条件を推定できる。同時にそこを流れる海流の特徴や、海洋の循環、気候変動の詳細など、多様な情報が得られる。そのうえ、これらを総合して過去の環境変化の歴史を調べることができる。以下に、新生代の二つの時代のおなじ環境、干潟（潮間帯）の化石群を例に古環境復元の実例を紹介しよう。

新第三紀の温暖期

日本の各地に分布する1,500～1,600万年ほど前（新第三紀中新世中期）の地層には、ビカリア（*Vicarya*）という塔状で大型の巻貝の化石が含まれていて、化石コレクターに人気がある（写真1）。

この巻貝はフィリピンやインドネシアなど、東南アジアの熱帯域のおなじ時代の地層に多く、ここに分布の中心があった。そして現在もこの地域のマングローブ干潟に棲むセンニンガイという巻貝や、二枚貝のヒルギシジミ類、ハイガイ類、オキシジミ類などとともにマングローブ林の泥底に生息し、熱帯の干潟に特徴的な貝類群集を構成していた。

写真1　岡山県勝央町産ビカリア
日本ではその時代が新第三紀中新世中期初頭に限られているが、分布の中心であるインド・西太平洋の熱帯では古第三紀から中新世末まで棲息していた（写真のビカリア化石は殻約9.3cm）

本州中部より西では、ビカリアとともに上のような貝類がそろって見つかることが多いので、当時は本州中部あたりまで熱帯的な海況であったといえる（図1）。だが本州中部以北では、ヒルギシジミやセンニンガイなど、熱帯域を特徴づける種類が1種また1種といなくなり、貝類群集の構成が貧弱になる。ビカリア自身も北海道南部までしか分布しない。

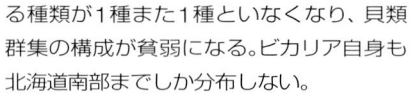

このような貝類群集の組成の地理的変化から見て、1,500～1,600万年前当時はいまよりずっと温暖で、日本のほぼ全域を暖流が流れ、本州の中部付近までが海中気候の熱帯、東北地方から北海道中部までは水温がしだいに低下する亜熱帯気候であったと結論されている。このような暖流の活発化は太平洋の反対側でも、また南半球でも同時に起こっている。

後氷期の温暖化

いまから1万5,000年前ごろよりも前は氷河時代で、大量の海水が氷河となって陸上に積もり、そのため海面が世界中で150mほども低かった。氷河時代が終わってから

現在までの時代を後氷期という。この時期は、氷河が融け海面が上昇し、水温も上昇した。南の海に棲息していた生物たちは北に分布を拡げて日本列島に進出し、新しい海に堆積した地層中に化石記録を残している。この地層に含まれる貝化石は、典型的には、最下部に潮間帯に棲むカキやハイガイがあり、その上には水深10〜20mほどの泥底に棲む二枚貝のイヨスダレ、ウラカガミなどを含む泥層が続き、上部にまた潮間帯に棲むアサリ、ハマグリ、ハイガイなどがみられる。このような時間的変化は、海面がはじめ急速に上昇して浅海となり、その後上昇が止まって海が埋め立てられた、と説明できる。

この地層には、上記のほかに、現在その地域には棲息していない種類の貝がいる。関東地方より西では、カモノアシガキ、タイワンシラトリなど、いまは台湾・フィリピンにいる熱帯・亜熱帯の貝(写真2)が含まれている。すなわち、1万年前以後の一時期に、いまより水温が高い時代があって、南方に棲んでいた貝類が分布を拡げて日本に達したことがわかる。

各地の地層と化石を調べて、これらの貝類がどこの地点で何年前の地層から発見されるかをグラフで示したものが図2である。この図で横方向には南から北へ場所を、縦方向には1万年前から現在までの時間を刻んである。図中の斜めの折れ線は、これらの貝が見つかる時間的および地理的限界を結んだ線である。

たとえば、タイワンシラトリは6,500年前ごろから4,500年前ごろまでの地層にだけ、関東・東海地方で発見される。ハイガイの場合はもっとも早く、九州南部に9,000年前ころに現れ、北ほど出現が遅く、青森南部に6,000年前ごろ短期的に現れ、姿を

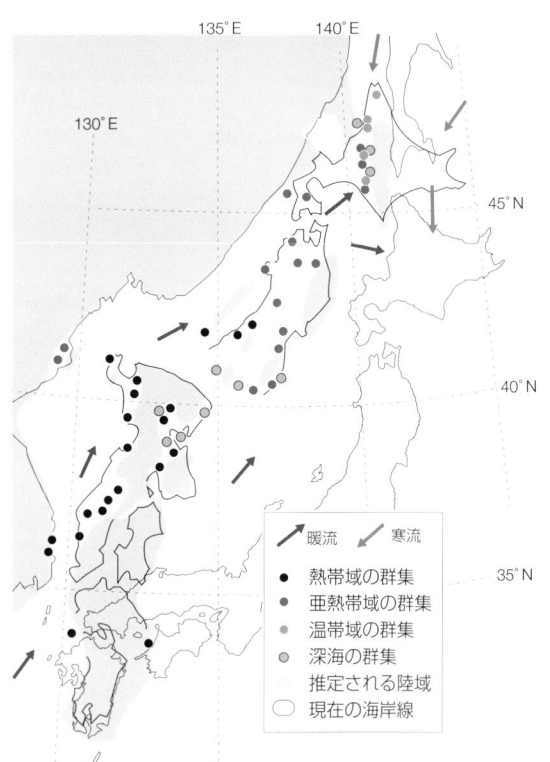

図1 1,600〜1,500万年前の日本列島(鎮西、1986)
この時期には日本列島はまだ大陸に近接しており、日本海は浅く、狭かった。黒潮の主流はその狭い日本海を流れ、北海道の北にまで達していた。日本海が拡大したのはこの直後

写真2 後氷期に日本列島に出現した熱帯種・亜熱帯種の例
ハイガイは、現在有明海など西日本各地の干潟に棲息する亜熱帯種。他の2種は熱帯域でマングローブ林に被われた潮間帯に棲息している(いずれも約×1/2)

化石が示す古環境——鎮西清高

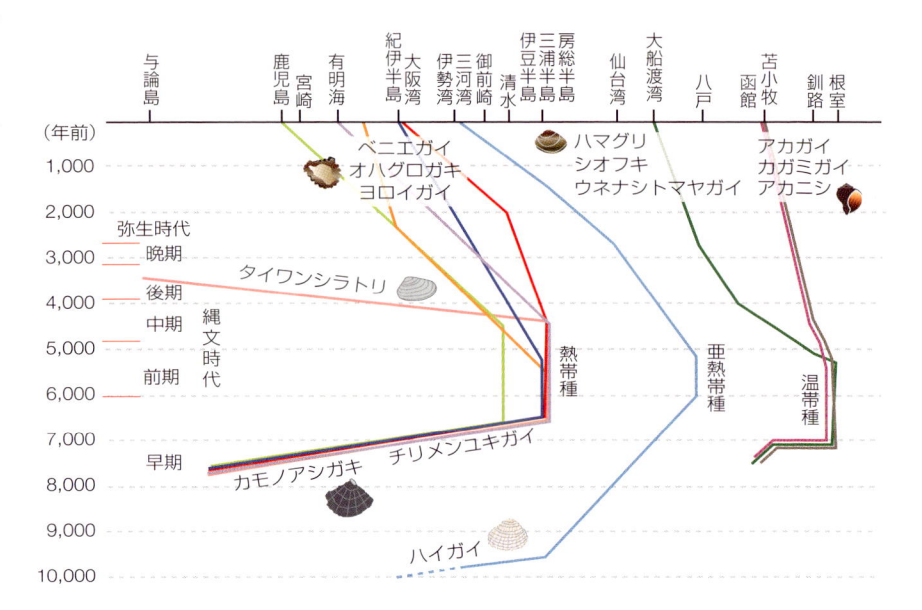

図2 後氷期における温暖種の地理的・時代的分布
分布の現在の北限が化石産地より南にあって、その産地付近にはいない種類を、その産地における温暖種とよぶ。この縄文時代前期の温暖期も世界的に認められている。(松島、1984をもとに作成)

消す。この貝は現在、有明海などに棲息している。南方の貝類がもっとも北まで分布を拡げたのは縄文時代前期で、そのころは気候がいまより温暖で、暖流が北海道のほとんど全域に達し、海面もいまより2〜3mほども高かったことがわかっている。

貝類群集の平行現象

ビカリアを含む中新世の貝類群集と後氷期の潮間帯の群集をくらべると、共通点があることに気づく。中新世のマングローブ湿地の群集はビカリアやヒルギシジミなど熱帯の特徴種を別にすると、後氷期の群集によく似ていて、どちらもハイガイ類やオキシジミ類が主要構成種となっている。

一般に貝類は、多様な種類がおなじ海底に棲息しているが、種類の違う貝はそれぞれ食べ物や棲息姿勢・生活様式が異なっていて、競争が起こらない。化石の貝類も、生きていたときには同様な群集を構成していた。違う時代の似た環境に棲息していた群集は、それぞれおなじ属あるいはおなじ種群に属するが、別の種で構成されている場合が多い。

属がおなじなのは生態が似ていることを意味する。種が違うのは時代が違うからである。このような群集の相似性（平行現象ともいう）は、おなじ環境が与えられたとき、その環境や資源をもっとも無駄なく分配した結果、生じたのではないかと思わせる。この関係は化石によって環境を復元するさいに役だつし、適応進化を論ずるさいにも有力な手がかりとなる。

　　　　　　　＊

近年、海洋に大量に棲息する微小なプランクトンの殻の化石を調べて過去の地球規模の水温分布、海流系の変遷や気候変動をあきらかにする研究が急速に進展している。このように、化石を調べると、その場所の古環境が知られるだけでなく、地球規模の古地理・古環境の問題にアプローチできる。

第 **2** 部

海のすがた

いくつかの衛星観測データをもとにつくられた地球の平円形イメージ（写真提供・NASA）

地球表面の約7割をおおう海の平均水深は約4km。人間一人の大きさとくらべて、海は数千倍も深く、1千万倍ものひろがりをもつ。圧倒的に深くて広い海のすがたを、人はどのように認識してきたのだろう。

*

船舶による本格的な海洋観測が始まったのは19世紀後半。それから100年あまり、人はさまざまな工夫を凝らし、海洋観測を発展させてきた。

地球科学の諸分野では近年、観測の技術革新がつづいている。エレクトロニクス技術やコンピュータ技術、通信技術の飛躍的進歩とあいまって、新たな観測手法が開発されている。

海洋分野では、無人の潜水ブイや水中グライダー、沿岸に据えた海洋レーダなどにより、これまでにない知見が得られつつある。人工衛星からの海洋観測は、大洋の状況を「均質にはかる」ことを可能にした。多種多様な観測データが得られ、海洋の動態についての認識が刷新されつつある。

*

観測における技術革新はどうじに、莫大な量のデータをもたらした。従来の解析手法ではまったく手におえないほどのデータ量だが、それを克服したのがコンピュータの飛躍的な進歩である。1940年代に最初のコンピュータが生まれて以降約70年のあいだに、演算処理速度は10年で2桁ちかい割合で高速化しつづけている。莫大なデータを解析することで、時々刻々と変動する海のすがたを浮かびあがらせることが可能になった。

コンピュータの飛躍的な進歩は、われわれの「海を知る営み」をも激変させている。かつては紙と鉛筆が唯一の理論的手段だったが、スーパーコンピュータのなかに海の模型をつくり数値実験をくり返すことで、現象の本質を理解できるようになってきた。また、数か月先の海洋のようすを予報できるようになりつつある。「海を知る営み」には、知的興味を満たす基礎学術のみならず、社会の役にたつ応用科学技術としてのはたらきもある。

*

海は気象や気候とも深くかかわっている。日変化から気候変動まで、海陸風から大陸海洋間のモンスーンまで、多重の時間空間スケールで、影響を及ぼしあっている。気候システムのなかにおいて海は、エネルギーを蓄積し輸送する媒体であるとともに、大気運動のエネルギー源として、あるいは水蒸気の補給源としても重要な役割を担っている。

*

いっぽうで海は、ときに過酷なすがたを示すこともある。プレート境界での巨大地震が大きな津波を発生させることがある。2011年3月の東北地方太平洋沖地震の折には、深海底から電離圏におよぶ先端的な地球物理学的観測によって、津波の多様なすがたがはじめてあきらかになった。「地震の巣」を探る海洋底掘削では、プレート境界断層からの岩石サンプルが採取され、地震時の摩擦状況の推定がはじまっている。

この分野でもまた、スーパーコンピュータを駆使して、プレート境界巨大地震サイクルや津波伝播に関するシミュレーションが進められている。（余田成男）

2-1

海をはかる

　海は大きな「水たまり」なんかではない。風が吹けば波立ちうねりが生じ、日々絶え間なく潮の満干を繰り返し、あるいは大洋をめぐる海流として流れ続けている。大小さまざまな海水の運動や流れを、人はどのように測り、認識してきたのか。南の島より流れきた椰子の実から黒潮の流れを想うこともあろうが、流体としての海水の運動状態（速度）や物理状態（密度、温度、圧力など）を、どのようにして科学的に測ってきたのだろう。

　10m潜るごとに1気圧ずつ圧力が高まるので、人が直接たどり着ける深さは限られている。平均水深約4kmの海洋底の温度をどのような手段で観測し、値を記録するのだろう。温度計を垂らすことはできても、水面に引き上げるあいだに値が変わってしまうではないか。人間の大きさを約1mとして、その1千万倍もの水平のひろがりをもつ大洋。そこに存在するであろう大小さまざまな運動や流れの3次元的なすがたや、時間とともに変動するようすを、私たちはどうすれば捉えることができるようになるのだろう。

　船舶による海洋観測がはじまって100年あまり、人の好奇心・科学的興味にかられて、近代海洋観測技術はめざましい進展をとげている。とくに近年は、エレクトロニクスやコンピュータ技術、通信技術の飛躍的進歩とあいまって、海洋観測の技術革新がつづいている。無人の潜水ブイや水中グライダーによる直接的な現場観測や、人工衛星搭載の観測装置や沿岸に据えたレーダなどによる遠隔観測（リモートセンシング）によって多種多様な観測データが得られるようになり、海洋の動態についての認識が刷新されつつある。さらには液体試料分析装置の高性能化により、海水の塩分濃度や微量成分の含有量の情報が高精度で得られつつある。私たちはまさに、海洋観測の革命期にめぐりあわせているのである。（余田成男）

海をはかる技術が海洋学を支えてきた
海洋観測の歴史

根田昌典 (京都大学大学院理学研究科地球惑星科学専攻地球物理学分野)

海は古来、人類に身近な存在であったが、海洋学という学問は比較的新しい学問である。海が地球表面の約7割の面積を占めることはいまや常識だが、世界の海がつながっていること、つまり地球が丸いことの実証は、16世紀初頭のマゼランの航海を待たねばならなかった。

その後、世界の海の状態を知ることは航路の開発の重要な課題となり、各大洋の水温や水深などの知識が地図情報として蓄積されてきた。海洋学がOceanography(海の記述)という名前でよばれる所以である。しかし、静的なものとしての記述が進むにつれ、海がアクティブに変動していることがあきらかになり、それをつかさどる物理過程をつきとめる学問分野が確立していった。このような海の捉え方の変遷は、観測する技術の発展と密接に関係している。

「チャレンジャー号」の地球一周航海の成果

本格的な海洋物理学が確立したのは、1872年12月にはじまる英国の観測船チャレンジャー号の地球一周航海による成果であるといわれている。英国学術協会が決議して行なわれたこの航海では生物学的な採集成果だけでなく、物理学的な意義も大きかった。

等深線図ができ、海底地形があることがわかったこと、600ft(約183m)以深の水温は季節によってあまり変わりないこと、底層の水温はほぼ一定で大洋ごとに特定の値を示すこと、そして海流、気象を調べたことなどもその成果である。

現在ではほぼ常識的に理解されていることが、この時期にようやく認知されたことには驚きを感じずにはいられない。それまで、海洋の物理学的性質は海面付近の情報しか得られていなかったのに対して、地球上に拡がる大洋が表面から深海まで3次元的な構造をしているという概念は、この時期にやっと人類のものとなったのである。

ナンセンの「フラム号」
北極探検航海

19世紀後半からは、観測機器の開発とともに、多くの観測研究が実施され、近代海洋学の黎明期をむかえた。なかでも、代表的な航海はフリチョフ・ナンセン(1861-1930)によるフラム号北極探検航海で、その冒険的な内容とともに、観測的な発見が力学的な理論をひきだした顕著な事例を示している。彼は、過去の北極海の漂流物記録から北極点に向かう海流の存在を予測し、それを確かめるには氷に乗って船ごと流されればよいと決断した(写真)。

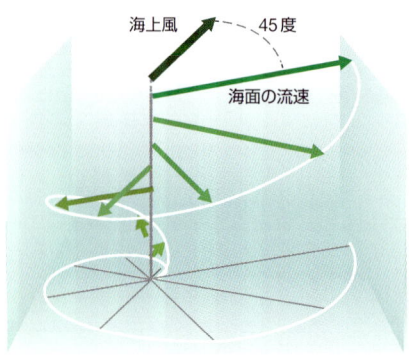

図1 V.W. エクマンが理論的に導いた、風によって駆動される海洋表層の流速の鉛直構造の概念図
海表面では風に対して北半球では右45度の方向に流れが生じる。流速を示す矢印の先を鉛直方向に結ぶと螺旋状になっていることから、この流速構造をエクマン螺旋とよぶこともある

フラム号は1893年の夏至に5年分の食糧を載せて出発し、9月25日にはシベリア沖で氷塊に閉じこめられたまま、ともに漂流するという凄まじい航海を開始する。その間、4時間交代で氷、生物、海洋、磁力の観測調査を実施した。これがそれまでの北極海の認識と海洋表層の流速構造についての知識を大きく変えることにつながった。

V.W.エクマンが発見した
メカニズム

彼はまず、北極海には大陸や島はなく、水深3,000m以上もの海盆があることを発見した。船はシベリア沖から北極点に向かって漂流し、けっきょく北極点には到達しなかったものの、彼の予想は的外れではなかった。

ほかにも多くの発見があるが、特筆すべきは、漂流中の船が風の向きから斜めにずれた方向に流されることを発見したことである。この事実は、帰国後のナンセンから研究を依頼されたV.W.エクマン（1874-1954）が、地球の自転の影響によって海面では風下に対して45度ずれた方向に流れが生じるメカニズムを発見することによって、1905年に理論的に証明された（図1）。

図2　海面温度分布

a)はCOADS（Comprehensive Ocean-Atmosphere Data Set）データから得た1901年1月の分布。b)はおなじく2001年1月の分布。c)は人工衛星NOAAに搭載された赤外放射計AVHRRから得た2001年1月の月平均海面温度分布。SSTは海面温度（Sea Surface Temperature）の略称。赤いほど水温は高いことを示す。
（データ提供・NASAジェット推進研究所）

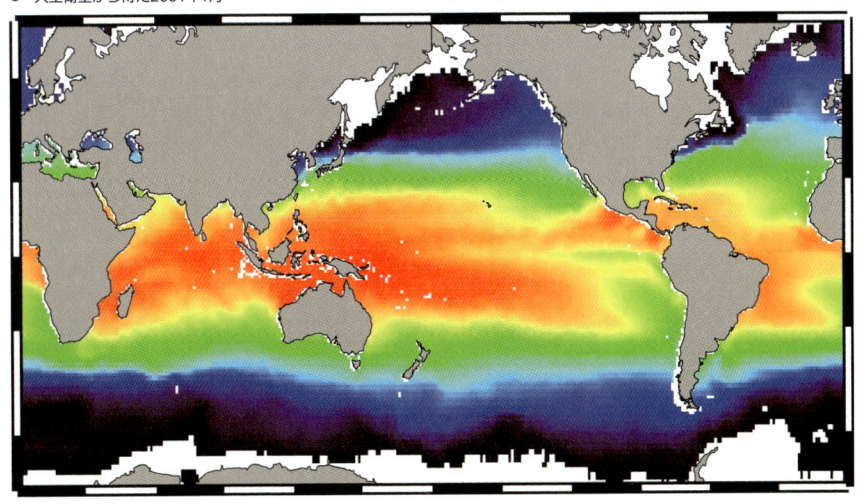

a　1901年1月

b　2001年1月

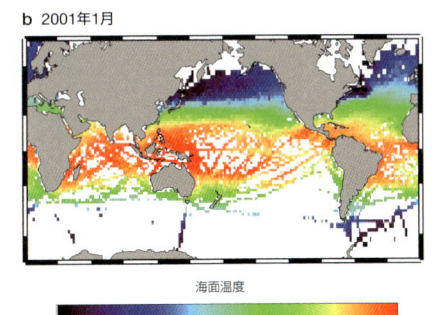

c　人工衛星から得た2001年1月

写真　氷塊に閉じ込められたフラム号（1895年1月10日）

1893-96年のフラム号北極探検航海のようすを記録したフリチョフ・ナンセン著『Farthest North』（全2巻、Westminster, A. Constable and Co.）。京都大学理学部中央図書館所蔵の貴重書。左は記録写真のうちの一枚

水銀柱を切断して記録する転倒温度計

　海洋の物理学的なふるまいについての理解が、その観測技術とともに発展を遂げるのはまさにこの時代からであった。ふつうの温度計を水中に沈めていた19世紀までの水温観測では、深海の温度は正確に計測できない。しかし、チャレンジャー号の時代になって、目的の水深まで沈むと本体を上下転倒させて水銀柱を切断することで、観測深度での水銀柱の表示位置を固定させる転倒温度計が出現し、1930年代まで主要な水温観測機器として利用された。

　それでも、この温度計も、空間中のただ1点の観測値しか得られないという弱点からは逃れることができない。現在は、温度を連続的に計測し、海水温の鉛直構造を分析する観測器が利用されるようになり、観測技術の向上は海洋の鉛直構造の詳細な把握につながっている。また、エクマン・メルツ流速計（75ページ参照）などの開発により、海水の性質と流動場がどのように関係しているかについての知見が得られた。これによって、海洋の鉛直構造はただ分子拡散によって形成されているのではなく、さまざまな時空間スケールの現象によって形成されることがわかってきたのである。

人工衛星観測によってもたらされた情報量の爆発的な増加

　しかし、このような観測にはいずれも膨大な労力を要する観測航海が必要であった。そのため、いまからみると時空間的に粗いデータしか得られず、十分な認識ができなかった現象も多くあった。

　図2-a、bは、世界の海洋観測データを取りまとめたCOADSというデータセットから得た、1901年と2001年1月の海面温度の観測記録を示している。一見して、定期航路上に観測データが集中していることがわかる。これに対して図2-cは、2001年1月に人工衛星から得た同時期の海面温度分布である。観測密度が格段に向上していることは一目瞭然である。

　熱帯太平洋の水温分布に注目すると、エルニーニョ現象に強く関連するペルー沖の低水温海域が明瞭に見えるのに対して、COADSデータではこの特徴がほとんどわからない。この例を見ても、観測技術の発展が海洋の理解にいかに大きな役割を果たしてきたかがわかるだろう。

＊

　人工衛星観測によって得られる情報の種類や解像度は、こんごも向上して、その地球観測における重要性はますます高まっていくことだろう。同時に、現場観測の精密化によって初めて取得可能になった観測データもある。まさにいま、伝統的な観測手法で得られた常識が新たな観測技術によって書き換えられつつある激動の時代に、私たちは生きているのである。

気候を左右する海洋の流速と物理構造を解明する　海洋観測技術の革新と未来

根田昌典（京都大学大学院理学研究科地球惑星科学専攻地球物理学分野）

海洋観測は、人間が直接行くことのできない場所のデータをも得る必要がある。そのため、まず離れた場所の観測値が保存されるシステムを考えることが最重要課題であった。とはいえ、伝統的な観測手法の概念は、直接観測地点に行って（水平方向の構造）、観測深度まで観測機器を降ろして（深さ方向の構造）現場の観測値を得る手法であり、いわば「点」の観測である。これに対して、最近の観測機器のキーワードは「線と面」であるといえる。

プロペラの回転で計測した
エクマン・メルツ流速計

海洋の運動を知るには、海流の速度分布とその時間変化を知ることが必要であるが、古典的な流速観測にもっとも広くもちいられたのは、1929年に誕生したエクマン・メルツ流速計であろう（写真1-a）。プロペラ部分が流れによって回転し、その記録から流速計深度での流速を算出した（写真1-a 回転数目盛盤）。

流向は、コンパス室とよばれる36方位ごとに小部屋に分かれた部品（写真1-b）に記録された。プロペラの一定量回転ごとに、真鍮の小球がコンパス室に落下し、コンパス室内部の方位磁石にそって磁北方向の小部屋に入るしくみであった。もし流向が西向きであれば、小球は流速計と90度の角度にある小部屋に入る。各小部屋の小球の個数の分布から流速計の主要な方向を算出するという合理的なシステムであった。

超音波ドップラー流速計（ADCP）の登場

エクマン・メルツ流速計は、3次元空間の中

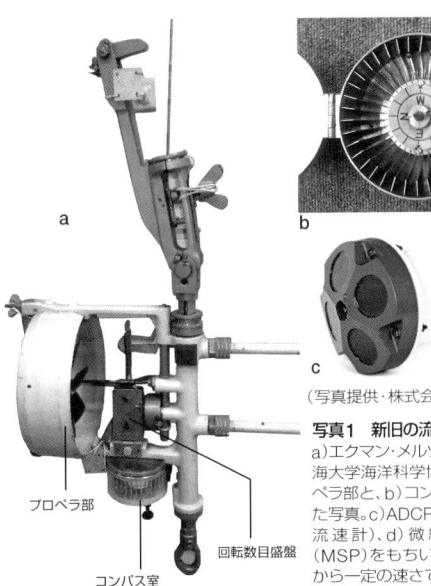

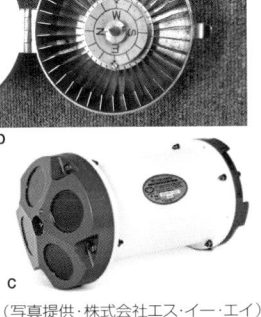

（写真提供・株式会社エス・イー・エイ）

写真1　新旧の流速計
a）エクマン・メルツ型流向流速計（東海大学海洋科学博物館所蔵）のプロペラ部と、b）コンパス室を上から見た写真。c）ADCP（超音波ドップラー流速計）、d）微細構造観測装置（MSP）をもちいた観測風景。船上から一定の速さで降下させて、微細な流速変化や温度塩分構造などを計測する

の1点での観測データしか得られない。これに対して現在は、音響や地磁気を利用した流速観測が可能になっている。超音波ドップラー流速計（ACDP：Acoustic Doppler Current Profiler）はその名のとおり、ドップラー効果（84ページ脚注2参照）を利用した流速計で、現在もっともよく利用されている（写真1-c）。

ADCPは、振動板（トランスデューサ）から超音波パルスを発信し、その反射音を計測する。反射音が返ってくる時間から反射源までの距離を同定し、反射音の周波数変化からその位置の流速を計算できる（図1）。設定にもよるが、数百mまでの3次元流速（水平2成分と鉛直成分）分布が得られる。さらに、船上から降下させることによって、海面付近から海底までの流速構造を連続的に知ることも可能になっている。

図2は降下式ADCPで深さ方向に50m間隔で流速を観測した例であるが、深さ方向に頻繁に流速変化があることがわかる。古典的な流速計は鉛直方向にたかだか数点でしか観測できないことを考えると、流速構造を把握するうえで、線としての流速観測の重要さがわかるだろう。

ほかに、地磁気を利用したシステムもある。海水は良導体であるので（130ページ参照）、水平流は地磁気の鉛直成分と流速に比例した誘導起電力を生じさせることから、その電位差を計測することで流速を得る。近年ではこの原理を応用して、船上から投下する鉛直降下する砲弾のかたちをしたセンサーをもちいて、流速の成分を鉛直方向に連続して計測する投棄式の流速観測装置（XCP）も実用化されている。

高精度化で塗り替えられる常識

じつは、もっと小さなスケールの流速構造が気候に対して重要な働きをしていることがわかっている。海洋が大気と直接的にエネルギーをやりとりする境界層は、深さ数十mから数百mくらいまで、風や冷却によって引き起こされた乱流によってよく掻き混ぜられており、混合層とよばれている。

図3は宮城県金華山島の東方約400kmで海洋研究開発機構が運用しているJKEOという係留ブイで観測された、表層200mまでの水温の季節的な変化を示している。観測データは、衛星通信でリアルタイムで陸上でも得ることができ、長期間にわたる無

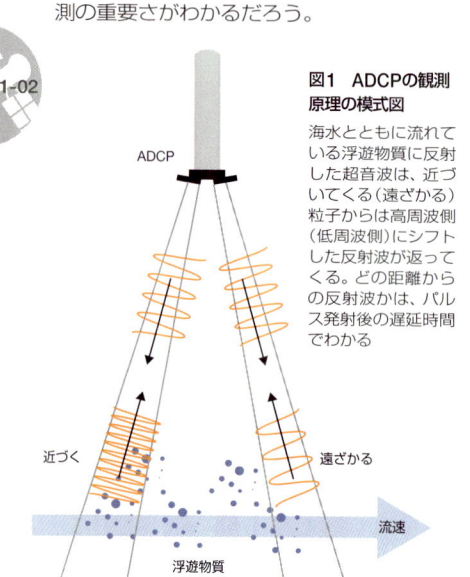

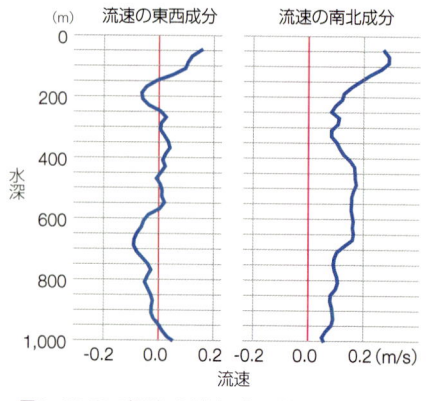

図1　ADCPの観測原理の模式図
海水とともに流れている浮遊物質に反射した超音波は、近づいてくる（遠ざかる）粒子からは高周波側（低周波側）にシフトした反射波が返ってくる。どの距離からの反射波かは、パルス発射後の遅延時間でわかる

図2　ADCPで観測した流速の東西成分（左）と南北成分（右）の鉛直分布の観測例
学術研究船「淡青丸」で2009年10月21日8時57分、北緯37°59′、東経146°30′で観測。データ補正は株式会社アクアサウンドによる

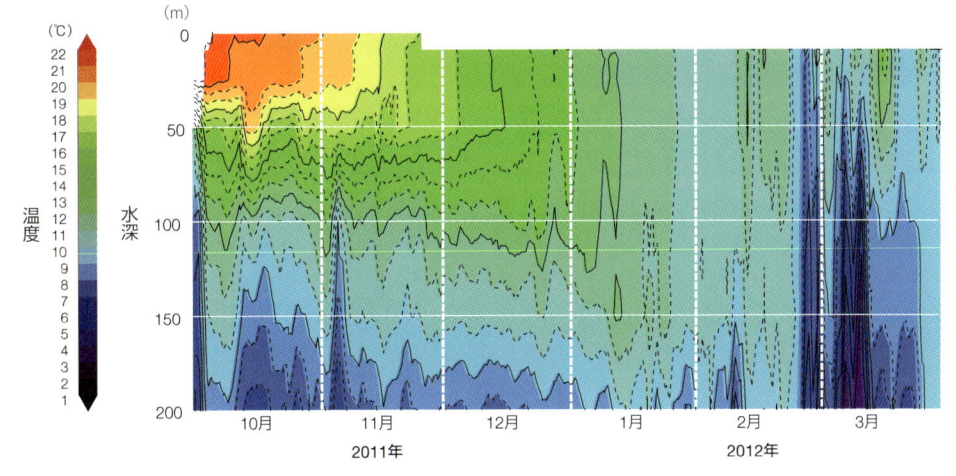

図3 JKEO(北緯38°、東経146.5°)における2011年秋季から2012年春季にかけての海洋表層の水温分布の時間変化
海洋研究開発機構地球環境変動領域から提供されたデータをもとに描画
(http://www.jamstec.go.jp/iorgc/ocorp/ktsfg/data/jkeo/)

人観測が可能な新しいシステムである。

図を見ると、秋から冬にかけての水温の低下とともに、表層100m以上がほとんどおなじ温度になっていることがわかる。このような変化は大気下層と海洋上層とが乱流状態にあるために引き起こされる。しかし、海洋中の乱流のスケールは数cm程度であり、これを観測することはたいへん難しい。

近年、流れの変化にともなう微小な圧力変化に電気的に反応する特殊な素子を利用した微細構造観測装置(MSP)が開発された。これによって、流速の微小な鉛直シア(鉛直方向の流速変化)を観測できるようになり、乱流構造の観測が可能になっている(写真1-d)。すでにふれたXCPやADCPで得られる流速変化も、間接的な手法をもちいて乱流強度を求めることができる。このような観測手法の高精度化によって、従来のような静的な「混合した層」という概念から、より動的な「混合している層」という概念へ、観測事実という側面でも常識が塗り替えられようとしている。

全球アルゴ計画を開始

海洋の3次元的な構造が海洋内部の流速の分布と密接に関わっていることはすでにのべた。物性の観測は航海に必要な情報として海洋の静的な状態の記述のために行なわれたが、現在では水温や塩分などの物理構造が気候に与える影響の重要さも認識されている。そのために、より詳細な海洋構造の把握が必要になっている。

現在、海洋の物理構造を観測する装置としてもっとも利用されているのがCTDである。船上からワイヤーで降下させて、水温、塩分、圧力の詳細な鉛直構造を観測する装置である。センサーの感度の時間変化などの補正が必要だが、温度は0.01℃、塩分は0.01‰ほどの高精度の観測値を1m間隔で得ることができる。この装置は、採水ビンなどといっしょに降下させることで、効率的な観測を実現している(79ページ写真)。

いっぽう、この観測手法では水平方向には1点の観測データしか得られない。74ページでのべたように、現在も船舶による現場観測データはグローバルな現象を捉えるにはまだまだ観測点が足りない。この問題を解決するために、2000年に全球アルゴ計画が開始された。世界中の海に3,000個の中層観測フロート(アルゴフロート、写真2)を投入して、無人でかつ連続的に海洋の物理特性を観測することが根幹である。

このフロートは通常は海中1,000m深にとどまり、海流に流されている。しかし、10日ごとにモーターでフロートの体積を変化させて浮力を調整して海上に浮上し、その途中でCTDセンサによって海洋の物理特性を観測する画期的なシステムである。浮上後は衛星通信でリアルタイムの観測データを送信し、ふたたび海中に戻るサイクルをくり返している。2013年4月中に稼働していたアルゴフロートの分布（図4）と、アルゴ計画以前の現場観測密度（73ページ図2-b）をくらべれば、このシステムによって海洋観測の空間密度がいかに爆発的に向上したか容易に想像できるだろう。

写真2 アルゴフロートの投入作業
（写真提供・独立行政法人水産総合研究センター若鷹丸）

新たな認識の世界に導く技術と手法

近年はさらにさまざまな観測装置が開発されている。そのひとつに水中グライダーがある。アルゴフロートは浮上・沈降時の観測しか行なわないため、全球に広く分布してはいるものの、得られるデータは1点観測の集合体である。これに対して、水中グライダーは、浮力を調節して浮き沈みをくり返す点はアルゴフロートとおなじであるが、水中翼の角度を調整することによって、まるでグライダーのように水中を3次元的に移動しながら観測するシステムである。従来の船舶観測では得られなかったような空間分解能の高い物性観測が可能であり、見すごされていた小スケールの海洋現象の重要性が、こんご新たに示されるかもしれない。

このように、観測手法は現在も海洋学の知識の基本である。同時に、海洋のふるまいの全体像をつかむために、点から線、線から面、さらに3次元空間へとその観測概念を拡げつつ、新たな認識の世界へと導いてくれるだろう。

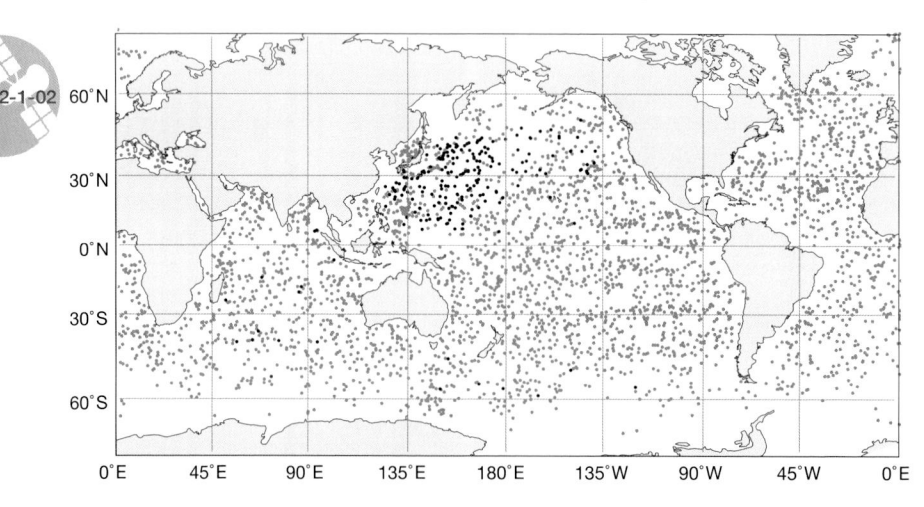

図4 2013年4月中にデータを送信したアルゴフロートの分布図
黒い点は日本の機関が投入したフロートを示す。この期間に全球で3,415台、日本の機関が投入したものは212台稼働していた

2 海水の微量成分を調べてわかること

宗林由樹（京都大学化学研究所水圏環境解析化学研究部門）

　海水には、地球上に存在するすべての元素が溶けている。海水が塩辛いのは、その主成分であるナトリウムイオン、マグネシウムイオン、塩化物イオン、硫酸イオンなどのためである。では、海水の味は海域によって違うだろうか？　じつは、現在の海洋はおよそ2,000年に一度の速さで全体に撹拌されている。そのため、水によく溶ける主成分イオンの濃度比は、世界中でおなじであり、味もおなじはずである。

海水の微量成分が語る40億年の歴史

　しかし、1ppm（1mg/L）未満の微量成分の濃度と分布は、元素、海域、深度によってさまざまである。海で光合成を行なう植物プランクトンなどは、鉄、亜鉛、モリブデンなどの必須元素を海水から吸収して成長する。これらの元素の濃度と分布は、40億年の海洋の歴史において大きく変化し、生物進化と密接に関係してきたと考えられている。

　いっぽう、人類の活動により、鉛、貴金属などが大量に海に放出されている。したがって、海水の微量成分をはかることは、海洋生態系、地球の物質循環、およびそれに対する人類の影響を考えるうえで重要である。

　植物プランクトンは、光合成色素であるクロロフィルaをもっている。このため、海洋表層に植物プランクトンが多いと海面が緑色を帯びる。人工衛星から海面の色を測定しても、クロロフィルa濃度を推定することができる。また、自律型無人潜水機、遠隔操作無人探査機などにセンサーを搭載すれば、海底熱水から大量に噴出するマンガンや鉄を検出することができる。しかし、海水の微量成分のほとんどは、このような方法では測定できない。

写真　白鳳丸のクリーン採水システム
12 Lの採水ボトルが24本装備されている。船上の操作者は、中央にあるCTD（伝導度、温度、深度）センサで海の状況を確認しながら、水深10,000 mから表層までの任意の深度でボトルのふたを閉めて、採水できる

深海の海水を汲みあげて観測する技術

　微量成分を測定するには、採水器で海水を採水しなければならない。このとき注意すべきは、汚染の問題である。たとえば、鉄は、地殻では4番目に豊富な元素であり、人類文明に多用されている。しかし、海水中の濃度は、海水1kgあたり50×10⁻⁹g以下という低さである。測定試料に塵や鉄さびの微粒子が混入することは許されない。微量成分の研究には、特別なクリーン採水システムが必要である。数千mの深海底の海水を汲みあげられるクリーン採水システムは、世界でも数台しかない。日本では、海洋研究開発機構の研究船「白鳳丸」がこのようなクリーン採水システムを装備している（写真）。

　海水の微量成分をはかるには、特別な分

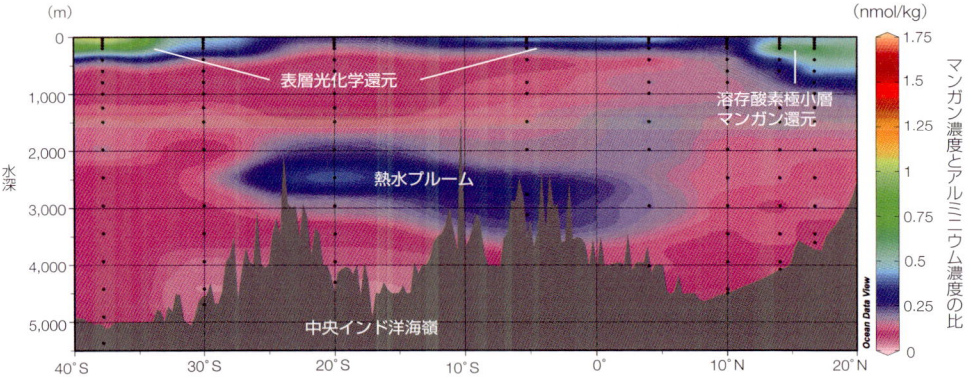

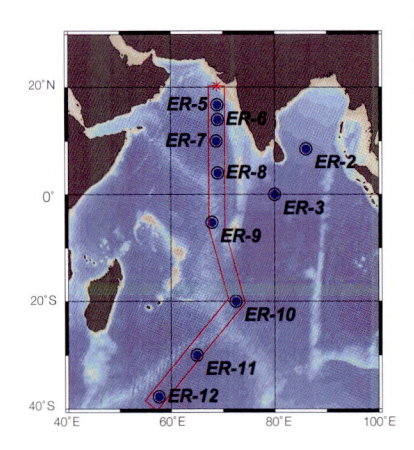

図 インド洋東経70°における海水中マンガン／アルミニウム濃度比の鉛直断面分布

マンガン／アルミニウム比は海洋の大部分で一様に低い（約0.1）が、還元反応でMn^{2+}が生じると著しく高くなる

析技術も必要である。ところが、高感度な測定法の多くは、海水の主要成分による妨害を受ける。測定にさきだって、主要成分の百万分の一以下しかない目的成分を分離・濃縮しなければならない。この分離・濃縮のさいにも、汚染しない細心の注意が必要である。以上のような困難さのため、海水の微量成分をはかることができるグループは、世界でも限られている。

世界の先端を走る京都大学の研究

京都大学には70年以上におよぶ海洋化学研究の歴史がある。現在も、海水中微量成分の多元素同時分析法[*1]、安定同位体比精密分析法[*2]などを開発し、世界トップレベルの研究を行なっている。世界ではじめて、海水中9元素（アルミニウム、マンガン、鉄、コバルト、ニッケル、銅、亜鉛、カドミウム、鉛）を同時定量する方法も開発した。

この方法をもちいて、これまでに、インド洋、ベーリング海、北極海などにおける微量成分の分布をあきらかにした。インド洋では、マンガン／アルミニウム比が、表層での光化学還元、酸素極小層でのマンガン還元、深層の熱水プルームなど、酸化還元反応[*3]と密接に関係するプロセスのよい指標となることを示した（図）。ベーリング海大陸棚海域は、マンガン、鉄、コバルトなどの微量元素がきわめて豊富であり、それが豊かな生態系を支えていることを示すことができた。さらに、北極海深層水にも人類起源の鉛が達しているらしいことを見いだした。

海洋微量成分の研究はとても地味であるが、海洋と生命の歴史、人類活動の海洋への影響、および地球以外の天体の海における生命の可能性を考えるうえで、かけがえのない情報を与える可能性を秘めている。

[*1] 多くの微量元素をキレート樹脂固相抽出で一度に濃縮分離し、ICP質量分析法で定量する方法。
[*2] おなじ元素の質量数の異なる同位体の比を精密に決定する方法。
[*3] 現在の海洋は、ほぼ完全に酸素が行きわたった酸化的状態であるが、特殊な環境でのさまざまな過程により還元反応が起こる。詳しくは成書で学んでほしい。

2 宇宙からはかれば、ここまでわかる

福田洋一（京都大学大学院理学研究科地球惑星科学専攻地球物理学分野）
根田昌典（京都大学大学院理学研究科地球惑星科学専攻地球物理学分野）

海洋学における人工衛星の観測は1970年代から試験的な運用がはじまり、さまざまな物理量に感度のあるセンサが開発されてきた。じつは、「感度がある」ということと、物理量として「正確に観測できる」こととは意味が違う。離れてはかっているために、目的とする物理量以外からも影響されるためである。これらの影響を軽減させて、いっそう実用的にするために世界中の科学者が努力を続けており、現在では1,000km上空の人工衛星から、海面の温度や海上風、海上の水蒸気量や海面の凸凹なども観測できる。

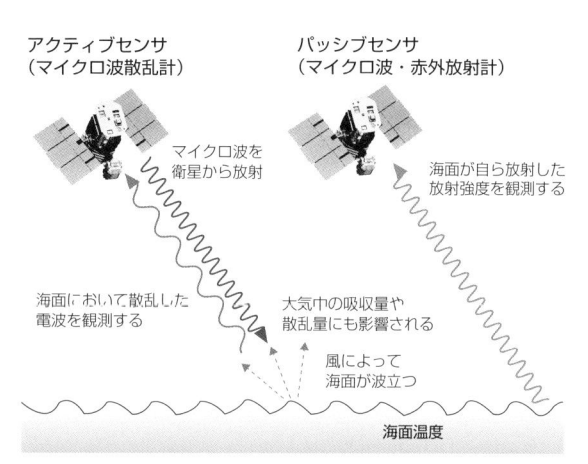

図1 アクティブセンサとパッシブセンサの概念図
アクティブセンサ（左）は衛星センサから射出した電波（光）が海面などでどのように散乱したかを観測する。パッシブセンサ（右）は海面などの対象物からさまざまな条件で射出された電波（光）をカメラのように観測する

二種類のリモートセンシング手法

地球観測衛星が利用する光・電磁波センサの帯域は、可視光（360nm〜830nm）から赤外線（7〜14μm）やマイクロ波（100μm〜1m）までの広い波長域におよぶ。これらのセンサは、電波を衛星から射出して海面や雨粒といった対象物からの反射散乱を観測するアクティブセンサと、対象物が自ら射出しているエネルギーを観測するパッシブセンサとに大別できる（図1）。

アクティブセンサの例としてマイクロ波散乱計がある。射出した電波の海面における散乱強度から、海上風によって生じた海面の波立ち具合を観測して海上風の情報を得る（図2）。パッシブセンサの例としては、赤外域やマイクロ波領域の放射計がある。空港の入国管理などでおなじみのサーモグラフィーは物体が射出する赤外線を計測して体温をはかる技術だが、衛星センサもおなじ原理を利用して、海面から射出される赤外線やマイクロ波の強度を観測することで海面の温度をはかっている（図3）。ある波長域では海面と人工衛星とのあいだの大気中の水蒸気量にも感度があり、大気中で積算した総水蒸気量を知ることもできる（図4）。

大気と海洋のフィードバック過程を捉える

図2から図4は、それぞれ2013年の1月3日に観測された日本周辺の海上風（m/s）、海面温度（℃）、積算水蒸気量（kg/m²）の分布である。海面温度では、20℃以上の黒潮の流路が駿河湾沖で蛇行しているようすが明瞭に見られる。この日は典型的な冬型の気圧配置で、大陸から冷たく強い風が日本列島に吹きだしていた。冷たい空気は乾燥しているが、日本海や黒潮によって温めら

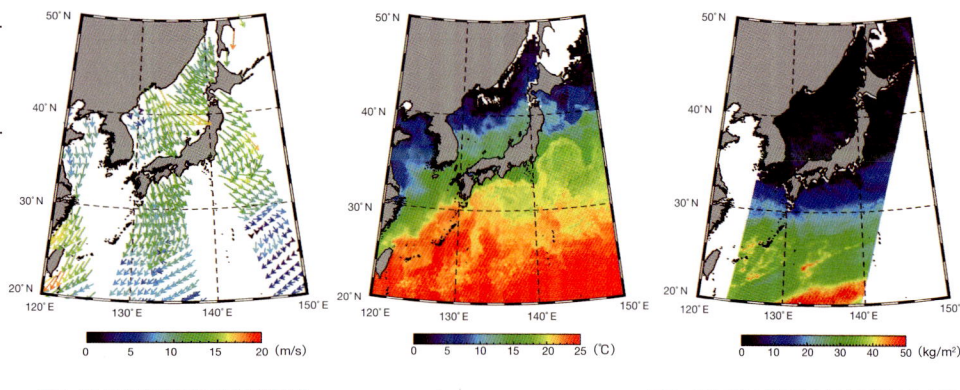

図2 2013年1月3日の日本周辺の海上風分布

カラーは風速（m/s）を示す。日本海から日本南岸にかけて緑や黄色などで示される強い北西風が吹いていることがわかる。欧州のMETOP衛星搭載のマイクロ波散乱計ASCATのデータをもとに描画

図3 2013年1月3日の日本周辺の海面温度（℃）の0.01°（日本周辺では約9km）間隔の海面温度の詳細な分布

赤外域とマイクロ波領域の放射計観測をブレンドして得た。白色は海氷を示す。NASAジェット推進研究所作成のデータをもとに描画

図4 2013年1月3日の日本周辺の海上積算水蒸気量（kg/m²）分布

日本の衛星であるGCOM-W衛星（しずく）搭載のマイクロ波放射計AMSR2による観測データをもとに描画（データはJAXA提供）。図2のように、大陸から乾燥した冷たい空気が吹きだしており、日本海などでは空気が乾燥しているいっぽう、太平洋などの水温の高い海上では湿潤な大気に変化しているようすがわかる

れ、徐々に水蒸気を含んで湿潤になるようすが見てとれる。

ジオイドの凸凹から地下の質量分布を知る

つぎに、海面高度計（以下、高度計）を紹介しよう。原理は簡単で、アクティブセンサであるマイクロ波のレーダで衛星から海面までの距離を測定する。地球の近似形である回転楕円体から軌道までの距離はわかっているので、高度計をもちいると楕円体から海面までの高さを1～2cmの精度で測定できる（図5）。

こうしてはかった海の高さについて考えてみよう。陸上での高さは海抜という言葉があるように、海面からの高さである。海のない陸では溝を掘って海水を引きこんだと考え、この仮想的な面をジオイドとよぶ。ジオイドからの高さが海抜である。

ジオイドはモノが落ちる方向に垂直なので、ジオイド上では水は流れないし、モノも転がらない。もし地球に陸も海もなく内部も均質だとすると、ジオイドのかたちは回転楕円体そのものになる。しかし、地下に重いものがあるとモノはその向きに落ちようとするのでジオイドはその方向を向こうとする。重力が大きいとジオイドは凹むのではなく盛り上がるのである。つまりは、ジオイドの凸凹から、重力の違い（重力異常）やその原因である地下の質量分布を知ることができる。

高度計データから海底地形をはかる

波も海流もない静止した海面を仮定すると、海面の海抜はどこでも0mである。すなわち静止した海面では、高度計で測定される高さ（海面高）は、楕円体からはかったジオイドの高さそのものである。

図6は、高度計で得られた日本周辺の海面高である。日本海溝では20m

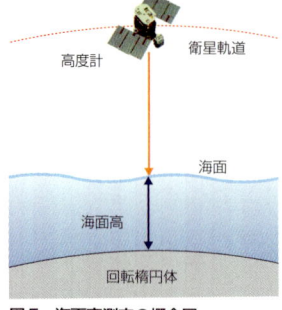

図5 海面高測定の概念図

衛星に搭載されたマイクロ波レーダで海面までの距離を測定する。楕円体から衛星軌道までの距離は軌道追跡により正確にわかっているので、そこから海面までの距離を引き算することで海面高が1～2cmの精度で得られる

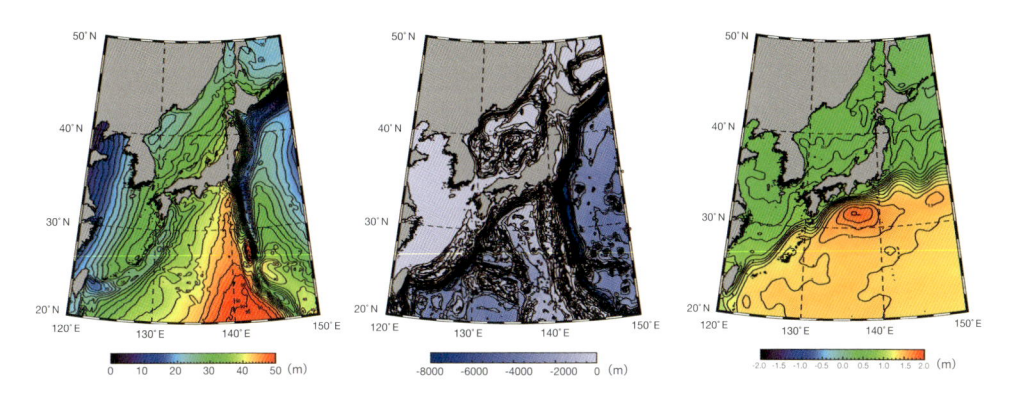

図6　海面高度計で測定された海面高

図7　海面高度計データから求めた海底地形

図8　海面高度計データと衛星重力データから求めた力学的海面形状

以上も凹んでおり、大型タンカーも隠れてしまいそうな深さだ。海水の密度が地殻の密度より小さいためで、海面高の測定は、間接的に海底地形をはかることにもなる。図7は、高度計データから計算した海底地形で、いまでは世界中の観測船が近づけないところでも、高度計データから詳しい海底地形がわかっている。

地球温暖化による海面上昇をミリ単位で

ここまで静止した海を考えたが、じっさいの海面は波や海流などでたえず変化しており、平均海面も、定常的な海流のためジオイドとは一致しない。このようなジオイドからずれた海面のかたちは、海流との力学的なつり合いで決まるので、力学的海面形状とよばれている。

力学的海面形状を知るには、高度計とはまったく別の方法でジオイドを決める必要があり、最近では、GRACEやGOCEの衛星重力データが利用されている。このような衛星データをもちいて、現在では力学的海面形状（図8）やその原因となる海流の強さや変動を知ることもできる。海面高は黒潮の南で高くなっており、海面温度の分布ともよく一致している。

長期間の高度計データは、地球温暖化にともなうグローバルな海面上昇の監視にももちいられている。高精度な海面高データが得られるようになったのは1992年に打ち上げられたTOPEX/Poseidon以降のことで、その後継であるJASON1/2のデータももちいることで、長期間の海面高変化が高精度で得られている。

現在の海面上昇は、図9に示すように約3mm/年と見積もられているが、その原因の大部分は地球温暖化にともなう海水の膨張によるものと考えられている。地球温暖化ではコンピュータを駆使したさまざまなモデル予測がなされているが、いっぽうで、モデルの改良や予測検証のためにも、現在の海面高を高精度に測定する衛星観測データが重要な役割を果たしている。

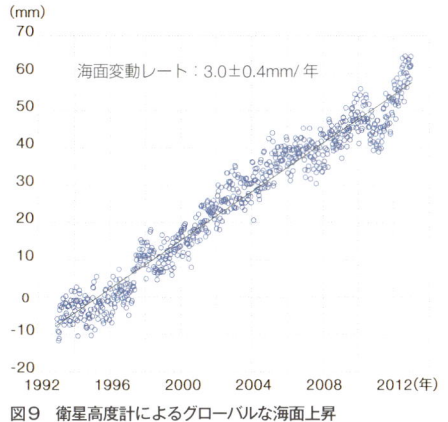

図9　衛星高度計によるグローバルな海面上昇

宇宙からはかれば、ここまでわかる――福田洋一／根田昌典

2 1-05 海をはかればなにがわかる？
地上リモートセンシング

吉川 裕（京都大学大学院理学研究科地球惑星科学専攻地球物理学分野）

　レーダとは電波を対象物にあて、そのようすを知るリモートセンシング技術である。これを海に適用して沿岸域の流れを広範囲にはかる装置が、海洋レーダである（写真）。

　沿岸域は、外洋域にくらべ海流の時間・空間変化が激しく、かつての係留観測や船舶観測のような「点・線」の観測では、実像のほんの一部しか捉えられなかった。ところが、「長期間・面的」な計測が可能な海洋レーダの登場により、沿岸域の海洋学はいまや新たな段階にきているのである。

**海流の速度を面的に
瞬時に推定する**

　測定の原理を簡単に説明しよう。まず陸上から海面に向けて電波を送信し、海面で散乱して戻ってきた電波を受信する（図1）。この散乱は特定の波長の海の凸凹（波）が引き起こすもので、ブラッグの法則[*1]で説明できる現象である。つぎに送信波と受信波の周波数の差を調べる。海の凸凹が動いているなら、ドップラーの法則[*2]にしたがって、その移動速度に比例して周波数に差が生じることになるからである。

　周波数の差から計算される凸凹の移動速度には、「海水の動き（＝海流）の速度」にくわえて、それと無関係な「波としての伝播速度」が含まれる。したがって、力学法則から計算される波の伝播速度を差し引いて、海流の速度を推定する。こうしてさまざまな方向に電波を送信すれば、長期間・面的に瞬時に流れを測定できることになる。

写真　海洋レーダの外観
アンテナ（手前から奥に並んでいる白い棒）により電波を送受信する（海に写真左側にある）。中央の白い建物は送受信機やコンピュータを格納するコンテナ。長野日本無線株式会社製、所有は九州大学応用力学研究所

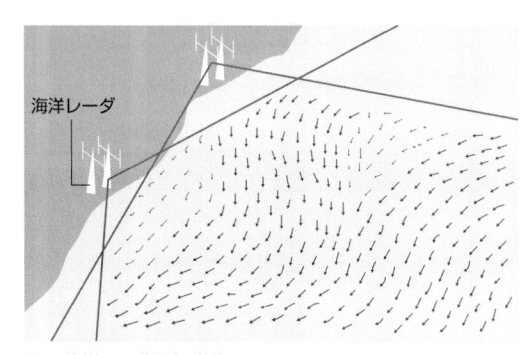

図1　海洋レーダ観測の模式図
陸上に設置したレーダにより、電波を海面に照射し、海面で散乱した電波を受信する。複数のレーダにより照射されている領域で流速が推定できる

[*1] 入射する波の波長と散乱がおこる物体の波長がある条件を満たすとき、位相が揃うため散乱する波の振幅が強まる現象。海洋レーダの場合、海面の波浪（散乱体）の波長が電磁波（入射波）の波長の半分のとき、散乱波の振幅が強まることを利用している。

[*2] 波を移動しながら受信する場合、または移動しながら波を発信する場合、波の振動数が移動速度に比例して変化する現象。救急車のサイレン（音波）の音色（振動数）が、救急車が向かってくるときと離れていくときとで異なるのは、後者の例。

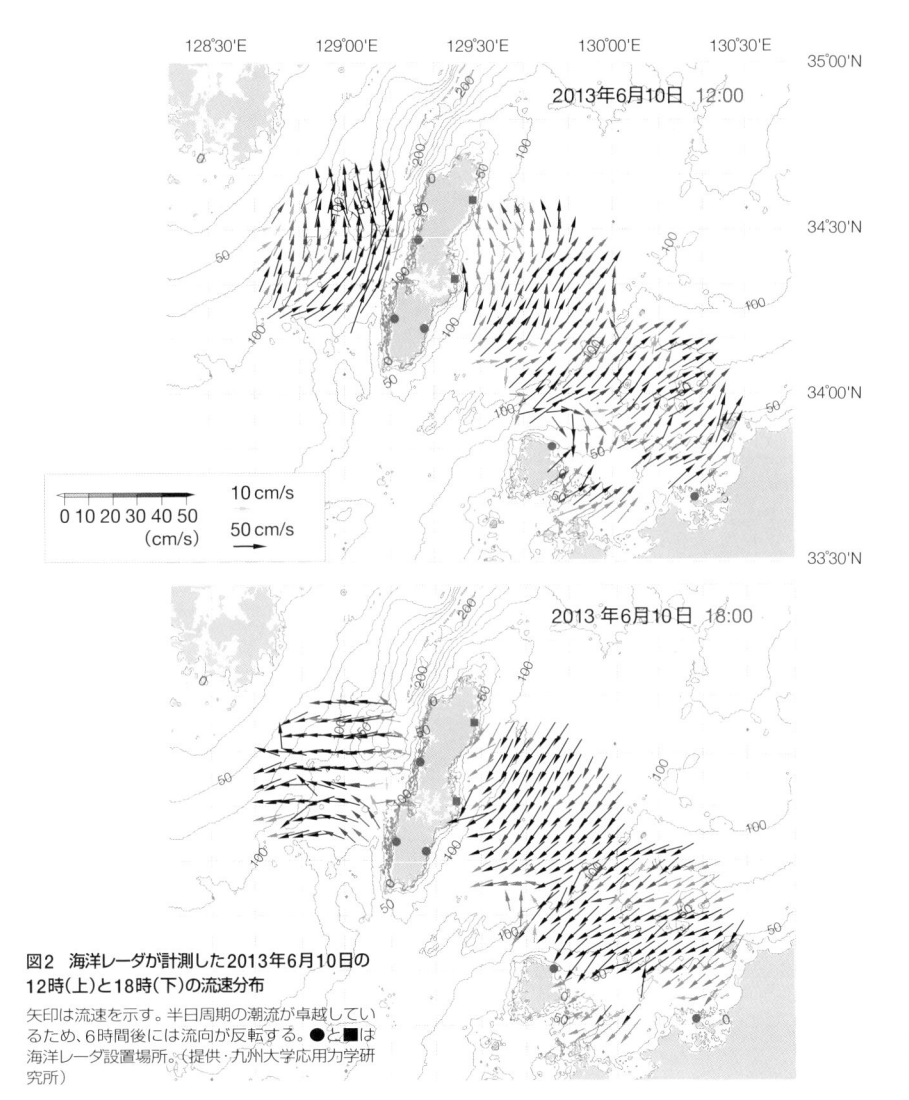

図2 海洋レーダが計測した2013年6月10日の12時(上)と18時(下)の流速分布

矢印は流速を示す。半日周期の潮流が卓越しているため、6時間後には流向が反転する。●と■は海洋レーダ設置場所。(提供・九州大学応用力学研究所)

直径が50kmにもおよぶ渦をも観測する

九州大学応用力学研究所が対馬海峡に設置している海洋レーダは、合計7基のレーダが常時電波を送受信し、1時間ごとに海流を計測している(写真)。毎時の海流を眺めると、東シナ海から日本海への流れと、その逆の流れが1日2回、交互に生じていることがわかる(図2)。月や太陽の天体運動により生じる、潮流とよばれる周期的な流れである。

潮流は周期的であるため、その周期(約12時間や24時間など)で時間平均するとほぼゼロとなる。海流には風などほかの要因で駆動する流れもあり、そのような流れは平均してもゼロとはならない。じつはその流れのようすは潮流とはまったく異なっている。たとえば、1日で平均した流れには反

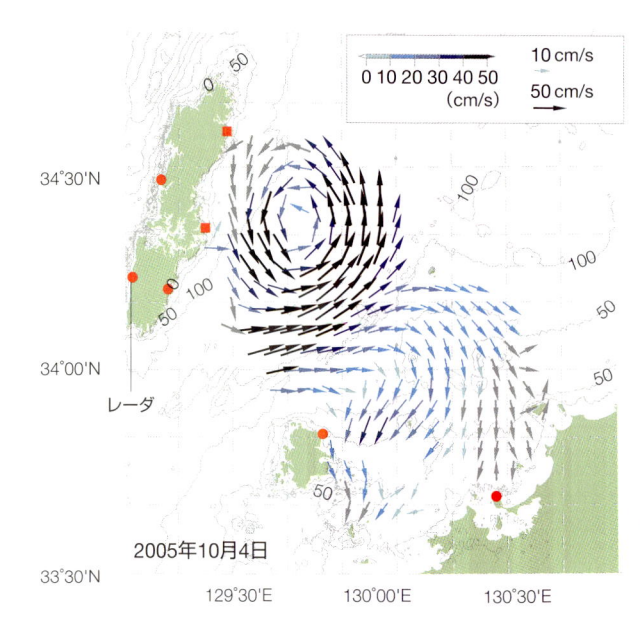

図3　2005年10月4日の日平均流速分布

北東向きに流れる対馬暖流が対馬（図の左側の島）の東側につくる反時計回りの渦を捉えた一例（提供・九州大学応用力学研究所）

時計回りの渦が対馬の東側で6月から12月上旬に見えることが多い（図3）。この渦は、東シナ海から日本海に向かう流れ（風に起因する対馬暖流）が対馬の島影に形成する後流渦[*3]の一種であり、鳴門海峡の渦潮と原理はおなじである。ただし、対馬海峡の場合、直径が50kmにもおよぶので目には見えず、また潮流のため1日平均しないと見えない。この渦をこれまでのように船舶で観測しようと思うと、数十隻の船を数日間停泊させる必要がある。海洋レーダで、毎時間面的に計測して日平均したから初めて見えたものであり、海洋レーダの能力の高さを示す好例である。

計測結果は理論と違ったエクマン螺旋

1か月で平均すると、また違うようすが見えてくる。たとえば冬には、九州沿岸に向かう不思議な流れが見える。海洋レーダや超音波ドップラー流速計[*4]などを駆使して観測を行なった結果、この不思議な流れはあのフリチョフ・ナンセンが北極探検で見いだしたエクマン螺旋（72ページ参照）に起因することが判明した。

1900年ごろにその存在が指摘されたエクマン螺旋であるが、計測が難しいため、観測で確認されたのはじつに1970年代であり、いまでも数例の観測例しかない。海洋レーダは世界的にも貴重な観測例を一つ増やすことに貢献した。

ところが、観測結果をよく調べると、100年前の理論とは矛盾する点も多かった。教科書ではエクマン螺旋の流向は風から45°傾くとされるが、不思議なことに海洋レーダがはかった流向は、冬はおよそ20°、夏はおよそ70°と、夏と冬とで大きな差があった[*5]。

このように、当初不思議に思えたことも、きちんとはかれば不思議ではなくなる。同時に、はかるとまた不思議なことが増えるのである。だから科学はおもしろい。基本はきちんとはかることである。

[*3]　流れが物体の背後に形成する渦のこと。
[*4]　水中で音波を送受信し、ドップラーの法則から散乱物体の移動速度（＝海流の流速）を推定する測器（75ページ写真1-c、76ページ図1、図2参照）。
[*5]　その後の調査により、この理論と実際の違いは夏と冬との海の暖められ（冷やされ）方の違いに起因することがわかった。

2-2

海をしる

　観測データの充実により、海洋の物理的化学的な状態の空間的な分布と時間的な変動をより詳しく認識できるようになった。湾内の潮の満干から日本をとりまく暖流・寒流のようす、さらには、グローバルコンベアーベルトとして知られる地球をめぐる海水の数千年にわたる旅まで、多様な空間的スケールと時間的スケールをもつ現象が複雑につながって時々刻々と変動する海のすがたが浮かびあがってきた。人がこれまで認識しえなかったことがらが、海洋観測の革命によって解き明かされつつある。まさに「海洋研究新時代」の到来である。

　海に流れができるおもな原因には、月の引力、海上を吹く風、海水の密度差があげられる。空間的スケールが大きい流れは時間的スケールも大きく、地球の自転効果が重要になる。さらに地球は回転する球体なので、自転の効果が緯度とともに大きくなり、その結果、大洋の西側の岸では強い海流となる。

　このような理解は、流れの状況を理想化し、それを支配する微分方程式を紙と鉛筆で解くことにより得られてきたが、さまざまな波や流れが相互に影響する現実的な状況を理解することは困難であった。しかし、コンピュータ技術の飛躍的発展により、スーパーコンピュータをもちいて方程式を「解く」ことが可能になった。コンピュータのなかで、物理法則にしたがって着目する現象を再現し、条件を変えて数値実験をくり返すことで、その現象の本質を探りだし、客観的に理解できるようにもなった。

　これにより、数か月先の海洋のようすを予報する「海の天気予報」も可能になりつつある。多種多様な観測データと最先端の数値予報モデルを融合させて、もっとも尤もらしい海洋の状態を推定し、そこから将来の状態を予測するのである。防災減災や経済活動に有用な予報情報を提供できる時代が到来しつつある。（余田成男）

2-01 潮の満干と海流
世界有数の海流「黒潮」の不思議

秋友和典（京都大学大学院理学研究科地球惑星科学専攻地球物理学分野）

日本はその四方を海に囲まれた「海洋国」であり、われわれは海から多くの恵みを受けるとともに、ときにはとりかえしのつかない災いを被ってきた。古くから海を通して人は世界とつながり、文化の交流を行なってきた。航空網・通信網が発達した現代においても、物流の多くは海上輸送が担っている。これら海の恩恵（災い）は、海に流れがあることがすくなからず関係している。

毎秒数mにも達する
瀬戸内海の潮流

われわれになじみ深い流れとしてまず思い浮かぶのが潮の流れ、すなわち潮汐・潮流である。海水浴や釣りで海の近くに長い時間いれば、海面の高さが時間とともに変化するのを見ることになる。月や太陽の「天体運行」にともなって起こる潮汐という現象である。そのしくみは93ページで説明しているが、地球規模で生じる潮汐は海水の移動、すなわち潮流を生む。潮汐・潮流によって、およそ半日の周期で海面は上下し、流れの方向や強さも変わる（85ページ図2参照）。

潮汐の波はおよそ2万kmの波長をもっているが、日本列島のように複雑な海岸・海底地形がある海域ではその空間規模は小さくなり、流れは強くなる。なかでも瀬戸内海には狭い海峡が多く、毎秒数mにも達する潮流が観測される。「鳴門の渦潮」はこのようにしてできる数十m規模の渦巻きである。

暖かい黒潮と栄養塩
に富む親潮

潮流以外にも、「海流」とよばれる1年をとおしてほぼおなじ方向に流れる流れが日本近海にはいくつもある。主なものとして、黒潮（日本海流）、親潮（千島海流）、対馬海流、そしてリマン海流があげられる（図1）。

このうち黒潮と対馬海流は南から北へむかう暖流であり、親潮とリマン海流は北から南へむかう寒流である。日本はちょうど暖流と寒流とが出合う緯度帯に位置している。暖かい黒潮系の海水と栄養塩が豊富な親潮系の海水が出合う房総半島沖から三陸沖では、プランクトンの生育に好都合な環境が生まれ、世界的にみても絶好の漁場となっている。

ちなみに、われわれ日本人になじみの深いウナギは、グアム島近海で生まれ、北赤道海流（94ページ図3参照）と黒潮を乗り継いで日本にやってくることが最近の研究であきらかになっている。

海流は日本の
自然を育む

海流の恩恵は豊富な水産資源にとどまらない。そもそも日本列島の自然環境の形成には、海流が深く関わっていると考えられる。黒潮や対馬海流は暖かい海水を太平洋沿岸

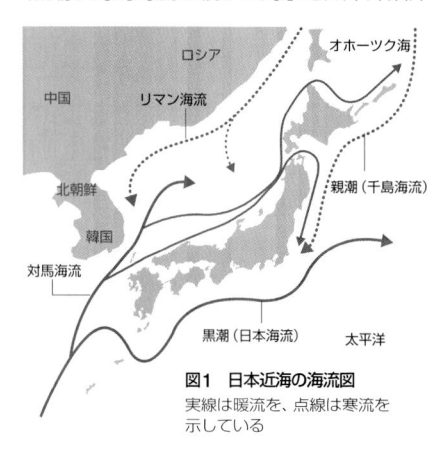

図1　日本近海の海流図
実線は暖流を、点線は寒流を示している

や日本海沿岸に運んでいる。このため、夏の南東季節風は湿気を含んで蒸し暑い気候を生み、冬の北西季節風は日本海側に多くの降雪をもたらす。これらはわれわれ人間にとってかならずしも快適なものではないし、大きな災害を引き起こすこともある。

　しかし、緑豊かな日本列島の自然を育む水分を供給するという大事な役割も果たしている。地球規模でみると、日本が位置する緯度帯には亜熱帯高圧帯（中緯度高圧帯）があって（94ページ図3参照）、雨の少ない地域・海域が拡がり、多くの砂漠もこの緯度帯にある。こう考えると、海流が育む緑豊かな日本の自然は、驚くべきことといえるだろう。

黒潮の流量はアマゾン川の数百倍

　黒潮や親潮は北太平洋上を吹く風が原因で生じている。詳しくは次節で説明するが、地球上でもっとも広い海盆である太平洋では風から受ける影響も大きく、黒潮は世界でも有数の海流である。日本南岸沖の黒潮は約100kmの幅、約1,000mの深さがあり、その流量は毎秒3,000〜5,000万m³にも達する。これを世界最大のアマゾン川の流量とくらべると、その数百倍である。このこと一つとっても、黒潮をはじめとする海流の巨大さ、重要さが想像できる。

　黒潮の流れは海面に近いほど強く、場所によっては毎秒2mを超えることもある。海上を吹く風にくらべればはるかに弱いが、船舶の運航には少なからず影響する。

　ちなみに黒潮は英語で、Kuroshio Current、親潮はOyashio Currentとよばれている。

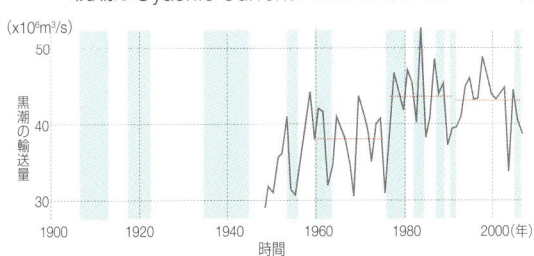

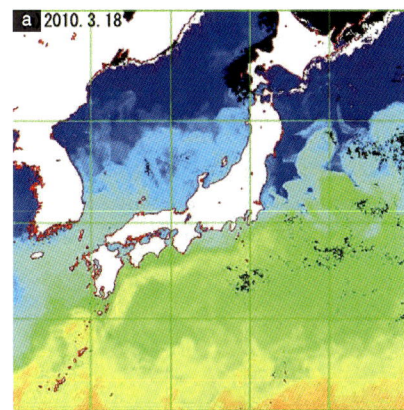

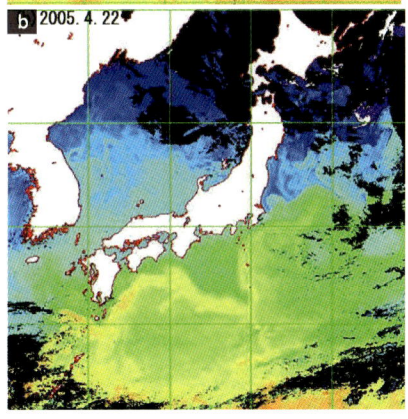

図2　NOAA衛星が観測した海面水温が示す黒潮の（a）接岸流路と（b）蛇行流路

暖色（寒色）は水温が高い（低い）ことを示している。日本南岸の黄色の帯が黒潮の流れに対応する（海上保安庁ホームページ掲載の画像から一部引用）

「黒潮の大蛇行」

　黒潮の名を世界的にしらしめた理由の一つに、「黒潮の大蛇行」という現象がある（図2）。東シナ海からトカラ海峡を通って太平洋に流れでた黒潮は、房総半島沖で日本列島から離れるまでに、あるときは九州東岸から日本南岸に沿って東進し、またあるときは紀伊半島から遠州灘にかけて大きく南へ蛇行して流れる。蛇行して流れ

図3　過去100年あまりにおける蛇行期間（水色）と接岸期間（白）の変遷

折れ線グラフは風の強さをもとに見積もった黒潮の流量、赤い点線は各期間の平均値を示す。風が強いと流量は多くなる

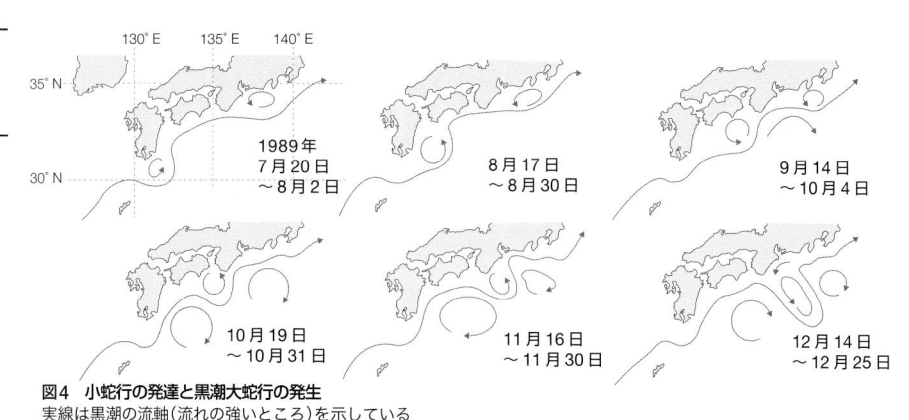

図4 小蛇行の発達と黒潮大蛇行の発生
実線は黒潮の流軸（流れの強いところ）を示している

る状態は、古くから黒潮の異常、異変として記録に残されている（図3）。

大蛇行が発生すると、黒潮と日本南岸とのあいだには深いところから冷水が湧きあがって反時計回りの渦が形成され、この海域での漁場が変化する。このため、漁業者をはじめとして大きな社会的関心事になる。ごく最近、統計的にみると黒潮が蛇行して流れている期間のほうが東京での降雪頻度が高いという研究結果が報告された。日本列島の気候にも影響していることがわかってきた。

大蛇行は世界のほかの海流にはみられない黒潮特有のものであり、海洋物理学的にも大きな関心をよんだ。日本だけでなく世界の研究者がその実態と原因の解明に取り組み、多くの観測や研究によって、おおよそ次のような理解が得られている。

日本南岸に沿って流れる接岸流路と沖を迂回する蛇行流路は、ともに安定に存在し、前者が正常で後者が異常というのは正しい認識ではない。このようなことは自然界にしばしば見られることで、二次方程式にはふつう二つの解があることを思い浮かべるとわかりやすいかもしれない。黒潮が蛇行するのかは風が強い（流量が大きい）ときと考えられてきた。しかし、データが蓄積されてくると、風が強いときにかならず蛇行するとも言いきれなくなってきた（図3）。

流路が一方から他方へと変化するときは、直径数百kmの渦をはじめとする時間・空間規模のより小さな現象がそのきっかけをつくっている。図4に示すように、接岸流路から蛇行流路への遷移に先だっては、かならず鹿児島県種子島から宮崎県都井岬沖にかけて「小蛇行」とよばれる反時計回りの渦が発生し、数か月をかけて日本南岸を東進したのち「大蛇行」に成長することがわかっている。流路の遷移を起こす小蛇行は周期的に生じるわけではないので、蛇行期間と接岸期間の交替もけっして周期的に起こるわけではない。

長期で大規模な気候変動の可能性

近年は蛇行流路が継続して現れることが少なくなった。2004年に14年ぶりに発生した大蛇行も1年ほどで終息し、2013年の現在に至るまで起こっていない。これにはより長い時間、より大きな規模での気候変化が関係していることが考えられる。われわれは、近年しばしば報告される地球規模での成層強化に注目している。数値モデル実験によれば、海洋表層の高温化にともなって成層が強化されると大蛇行が起こりにくくなることがわかった。現実にもそのようなことが起こっているかどうかは、こんごの研究の進展を待つべき興味深い問題である。

地球をめぐる海水の旅
グローバルコンベアーベルト

秋友和典（京都大学大学院理学研究科地球惑星科学専攻地球物理学分野）

これまで日本列島周辺の海についてみてきたが、ここでは世界の海に視野を広げ、地球規模での海水循環のようす、そして、それが日本の海あるいは北太平洋とどのような関係にあるのかについて考える。

2,000年をかけた海水の旅

図1は、1980年代後半に発表された地球をめぐる海洋大循環の模式図である。この図によれば、北大西洋で冷やされて重くなった海水は、底・深層に沈んで南にむかう。赤道を越えて南極環海に達した海水は、そこを流れる東向きの南極周極流（94ページ図3参照）に乗って南極の周りを流れながら、新たに南極で沈みこんだ海水の一部とも混じって、やがて太平洋やインド洋へと入る。

二つの大洋に入った海水は徐々に暖められて軽くなり、表層まで上昇すると、太平洋の海水はインドネシア多島海を通ってインド洋に入り、インド洋で上昇した海水と合流してアフリカの南から大西洋に戻る。この海水が表層を北上して最初の沈みこみ海域に戻り、地球をめぐる海水の旅が一巡する。一巡にかかる時間は2,000年ていどと見積もられている。このような海水の動き（循環）は、それをベルト状にあらわした提案者にちなんで、ブロッカーのコンベアーベルトとよばれている。

地球気候を決めるコンベアーベルト

この模式図は実際の流れを極端に簡略化しているとはいえ、北大西洋で沈みこんだ海水が主要な深層水として世界の海を巡るようすを端的に表現しており、広くもちいられている。海洋の熱容量は大気の約1,000倍あるため、弱い流れであっても多くの熱を運ぶことができる。現在の地球気

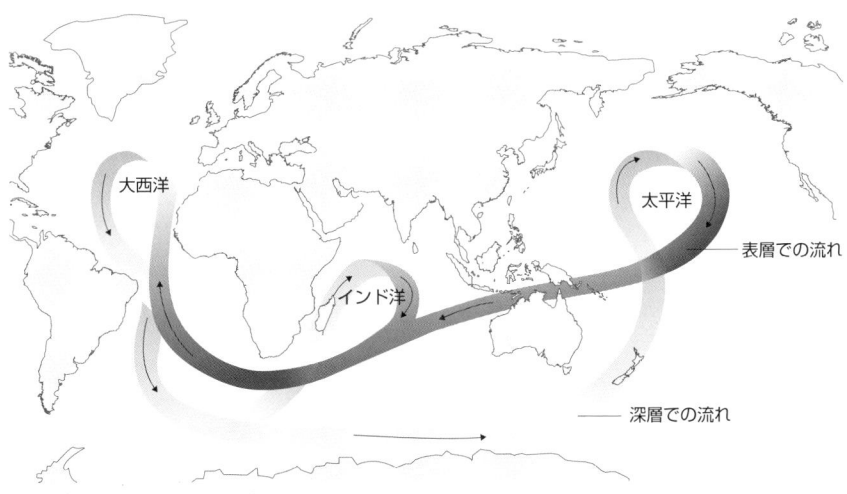

図1　ブロッカーのコンベアーベルト
薄い部分が深層での流れ、濃い部分が表層での流れをあらわしている（Broecker, 1987をもとに作成）

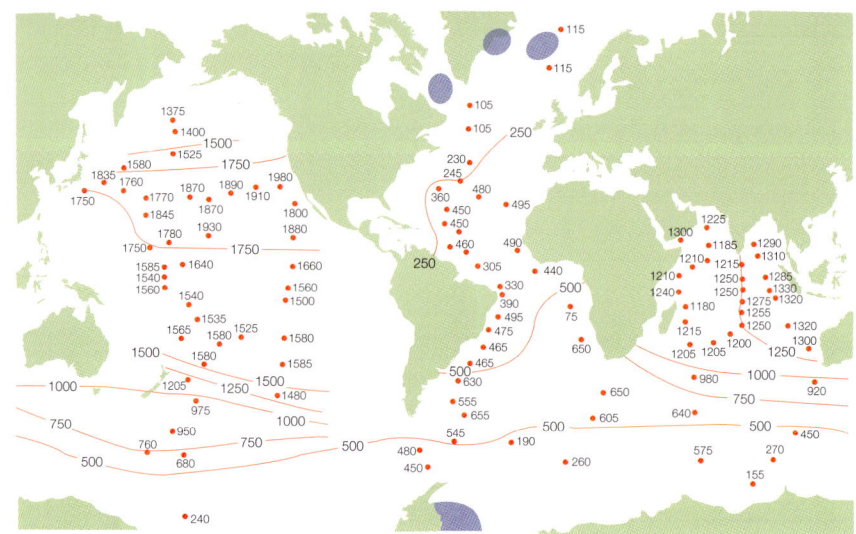

図2　放射性炭素にもとづく海水の年齢（年単位）
青色の部分は主要な底・深層水形成海域を示す
（ブロッカー著、『なぜ地球は人が住める星になったか？―現代宇宙科学への招待』講談社、1988年をもとに作成）

候は、このコンベアーベルトが担う熱輸送によって安定して維持されていると考えられている。

　その恩恵をもっとも受けているのがヨーロッパである。沈みこみが生じる海域にむけて暖流のメキシコ湾流（北大西洋海流）が北上し、高緯度まで熱を運んでいる。このため、ヨーロッパの気候はその緯度のわりに温暖なものとなっている。

　いっぽう、このコンベアーベルトが変化するとヨーロッパや北アメリカでは大きな気候変動が生じると予想されている。1万数千年前のヤンガー・ドライアス期に起こった寒冷化現象は、その変調が原因であったと考えられている。

　現在行なわれている100〜1,000年の気候変動予測では、このコンベアーベルトが地球温暖化にともなってどのように変調するのかをあきらかにすることが重要なミッションの一つとなっている。

海水の年齢が教える
コンベアーベルトの動き

　日本のある北太平洋はというと、コンベアーベルト上の位置関係でいえば、北大西洋の沈みこみ海域とはちょうど反対側の端にあたる。沈みこんだ海水がたどりつく深層水の終着駅ともいえる海域である。

　図2は、海水が最後に大気と接してからの経過時間を示している。この海水の年齢は、深海での放射性炭素量と全炭素量の比を計算して見積もられた。この図によれば、沈みこみが生じている北大西洋での海水の年齢がおよそ100年であるのに対し、インド洋北部では1,200年以上、北太平洋では1,900年以上とはるかに高くなっている。このことは、北大西洋で深層へ沈みこんだ海水が、1,900年あるいは1,200年をへて北太平洋やインド洋の深層に到達したことを意味している。これらの数字から、地球を巡る海水の旅はおよそ2,000年続くことが理解できる。コンベアーベルトが動く平均の速さを見積もってみると、毎秒1mmほどである。黒潮などの海流にくらべるとはるかに弱く、その流れだけをはかることは難しい。

2-03 海に流れができるわけ
潮汐、風、熱と淡水が引き起こすしくみ

秋友和典（京都大学大学院理学研究科地球惑星科学専攻地球物理学分野）

これまで日本や世界の海に種々の流れがあることをみてきたが、ここではそれらの流れができるしくみをまとめて説明する。

海の流れを起こす原因は大きく分けて三つ。すなわち、潮汐、風、および熱や淡水による海水密度の変化である（図1）。

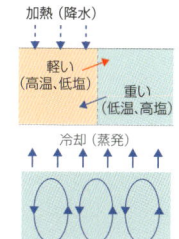

図1　海に流れを生む三つの要因

月や太陽が生みだす流れ——潮汐、潮流

潮汐は、海水にはたらく月や太陽の引力にくわえて、公転にともなう遠心力が原因となって起こっている。ここでの遠心力は、地球と月（または太陽）を一体とみたとき、その重心（共通重心）の周りをそれぞれが公転（回転）しているために生じる力である。

ニュートンはその著書『プリンキピア』のなかで、はじめてこのしくみを説明した。二つを合わせた力を起潮力とよぶが、図1に示すように、その方向は月（または太陽）との位置関係によって変化し、地球の中心にむかう方向になったり、遠ざかる方向になったりする。

起潮力が地球から遠ざかる方向になる地域で満ち潮が、逆に中心にむかう方向になる地域では引き潮が発生する。それぞれが2か所ずつできるので、自転する地球上ではおよそ1日に2度ずつの満潮と干潮が観測される。ただし、地軸の傾き、月と太陽の位置関係、公転軌道が楕円であることなどの要因によって、1日あるいはそれ以上の周期で変化する潮汐も起こる。また、起潮力に応答して海水が移動するのに時間がかかるため、実際の満潮と干潮は図1に示したよりも少し遅れて発生する。

潮汐にともなって起こる海水の運動が潮流である。大洋上では体感しにくいが、複雑な地形の海峡部などでは強い流れや渦として観測される。

図2は、コンピュータで再現された潮汐にともなう海面昇降の、ある瞬間の分布である。数十cmの海面高低差が数千〜1万kmの規模で生じていることがわかる。

風が生みだす流れ——吹送流、風成循環

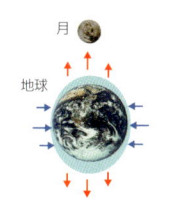

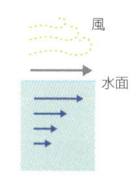

二つめの原因は、海上を吹く風である。風が吹けば、風下に水が引っ張られて流れが起こることは日常生活でも体感できるが、おなじことは

図2　潮汐にともなう海面昇降
赤い部分が平均海面より高く、青い部分が低い。海面の凹凸は時間とともに形を変えながら伝わる。等値線は10cmごと。NAO.99b（Matsumoto et al., 2000）にもとづく

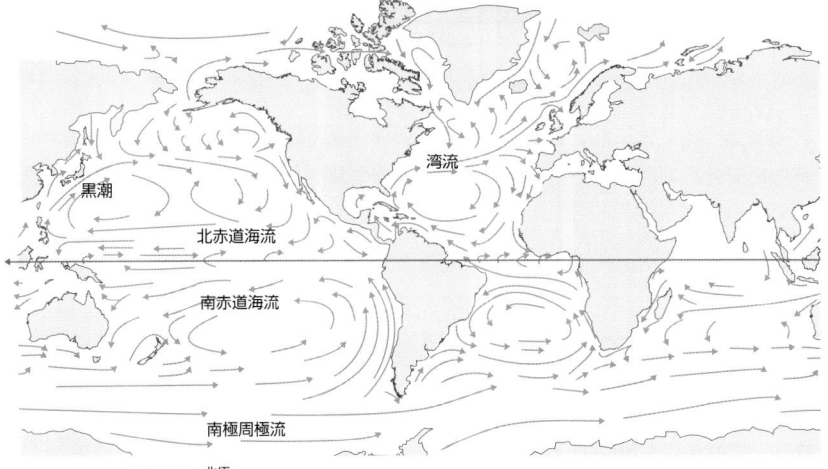

図3 地球上を吹く風(左)と海流図(上)
太平洋、大西洋には閉じた循環があり、南極の周りには東向きに地球を一周する南極周極流がみられる。多様な海流分布には大陸の分布が深く関係している

地球規模でも起こっている。

図3に示すように、地球上の風は赤道から高緯度にむかうにつれ、東寄りの風(貿易風)、西寄りの風(偏西風)、東寄りの風(極偏東風)が吹いている。その分布は季節・経年変動をともないながらも、大きくは変わらない。このような風系によって引き起こされる大洋規模での海水運動(海流)は、北極海や南極環海を除けば大洋が大陸で東西に遮られているので、閉じた循環、すなわち風成循環を形成する。

日本列島周辺の黒潮と親潮は、それぞれ北太平洋の亜熱帯と亜寒帯に形成された循環の西端部分にあたる。北大西洋のメキシコ湾流(湾流)も黒潮と同様な流れである。詳しくは96ページで説明するが、風によって大洋規模で起こる流れのしくみは、池の水が風とおなじ方向に流れるしくみとは異なる。地球の自転の影響を受けるからである。また、黒潮や親潮のように大洋の西端に強い流れがみられるのも、海流が自転する地球の表面(球面上)を流れていることに起因している。風による流れは、おもに1,000mよりも浅いところにみられる。

密度差が生みだす流れ
　　──密度流、熱塩循環

最後に、熱と淡水の役割についてみる。海水の密度はその温度が低くなるほど、また塩分が高くなるほど大きくなる。塩分とは海水に含まれる塩類イオンの量を重量千分率(‰やg/kg)であらわした数値であり、海水の塩分はおよそ35‰である。

水温は海面をとおした加熱・冷却によって、塩分は降水・蒸発・結氷あるいは河川水の流入によって変化する。ふつう、海水は低緯度で加熱されて軽くなり、極域で冷却されて重くなる。重くなった海水は底・深層へ沈み、それを補うように軽い水が表層を低緯度から高緯度へ移動する。

このように、海水密度の場所による違いは地球規模での流れを生む要因として働く。身近なことで考えれば、お椀のみそ汁が表面から冷やされて対流することや、海に流れこんだ川の水が海水の上を沖へむ

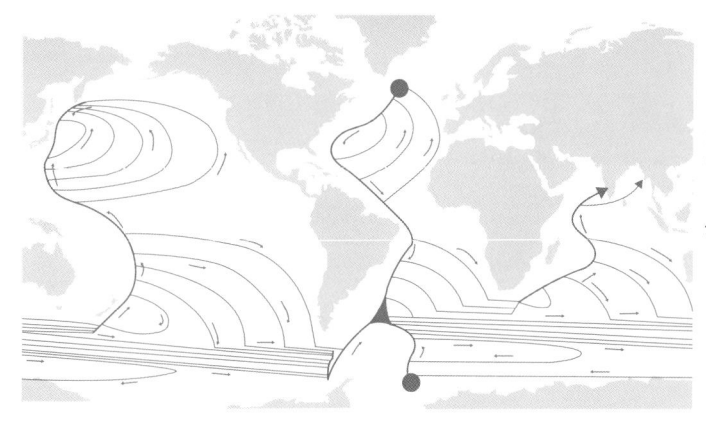

図4 海洋深層の流れの概念図
海水は丸印のところで深層へ沈みこみ、その後、曲線に沿って矢印の方向に流れる
(Stommel、1958の図をもとに作成)

かって拡がっていくことも密度の違いが関係している。これらの流れを総称して密度流とよぶ。

地球規模での密度流（熱塩循環）を示したのが図4である。極域で沈みこんだ海水がその後、深層をどのように移動するかが模式的に描かれている。北大西洋で沈みこんだ海水は西岸に沿って南極まで南下し、太平洋やインド洋では逆に南極から北上している。これらの特徴は91ページで説明したブロッカーのコンベアーベルトの深層部分と符合している。全体としては弱い流れだが、各大洋の西岸付近では流れが強くなる。これは、風成循環の場合とおなじである。

潮汐、風、熱（淡水）が「三位一体」で支えるコンベアーベルト

海の流れを起こす三つの要因それぞれについて説明したが、現実にはこれらの要因が複雑に絡みあって海水の動きを決めている。その代表的なものがブロッカーのコンベアーベルトで説明される地球規模大循環である。

北大西洋での沈みこみは、上でのべたように密度流の一種である対流として起こり、その後の深層の流れも広い意味で密度の空間的変化に起因している。いっぽう、上層では風に起因する流れが重要な役割を果たす。もっともわかりやすいのは、コンベアーベルトの最後に北大西洋の表層を北上して沈みこみ域まで戻る流れは、風によっ

て生じているメキシコ湾流（北大西洋海流）の一部として流れているという事実である。また、極域で沈みこんだ海水がふたたび表層まで戻ることに、南極の周りを吹く風が重要な役割を果たしていることもわかってきた。

コンベアーベルトを動かすもう一つの部品として、潮汐を忘れるわけにはいかない。93ページの図1には直接描かれていないが、潮汐は深層に沈んだ冷たい海水を暖めて軽くする役割を果たしている。これはエアコンで部屋を効率良く暖める方法を考えるとわかりやすいだろう。

エアコンは天井や壁の高い位置に設置されることが多い。そのため、吹きだし口から出る軽い暖気は部屋の天井付近に溜まり、人が生活している床付近を効率よく暖めることができない。そこで、よく推奨されるのが扇風機などで部屋の空気を撹拌することだ。空気を撹拌することで、天井付近に溜まった暖気が低いところに降ろされ、床付近が効率的に暖められるのである。

この扇風機とおなじ役割を、海の中では潮汐が果たしている。日々くり返される潮汐は海嶺などの海底地形にぶつかって内部波とよばれる波を発生させ、海水を効率良く撹拌・混合している。これによって、表層の熱は深海へと輸送されて海水を暖める。暖められた海水は表層まで上昇し、北大西洋へと戻っていく。

このように、コンベアーベルトは、潮汐、風、熱（淡水）が、まさに「三位一体」となって支えている海洋の大循環といえるだろう。

海に流れができるわけ　潮汐、風、熱と淡水が引き起こすしくみ──秋友和典

2-04 地球自転が海におよぼす影響
海は大きな水たまりなんかではない

石岡圭一（京都大学大学院理学研究科地球惑星科学専攻地球物理学分野）

みなさんは「圧力」というものにどんなイメージをもっているだろうか。天気予報などで、「台風の中心気圧は……」というようによくもちいられているため、大気の圧力をさす気圧という言葉にはなじみがあるだろう。それでも、気圧を肌で感じることはなかなか難しい。いっぽう、水の圧力をさす水圧は、プールや海に潜ればすぐに感じられるし、イメージもつかみやすいかと思われる。

では、場所によって圧力が違っていたらなにが起こるかを考えてみよう。たとえば、満員電車で比較的人の密集度が高い場所と低い場所があれば、密集度の高い場所から低い場所に人が押しやられる傾向があることを経験した人は多いと思う。

圧力傾度と見かけの力としてのコリオリカ

水や大気の圧力も同様で、圧力が高い場所と低い場所とがあると、高い場所から低い場所に向かう力がはたらく。これが圧力傾度で、水中ではたらく浮力もこの一種と考えることができる。管の中の水の流れのように、摩擦力とこの圧力傾度とがつりあっているような状態の場合、圧力が高いほうから低いほうへの流れが生じることになる。

いっぽう、地球上のように回転している系（回転系）の上では、様相が大きく異なってくる。回転系では回転の中心から外側に向って遠心力という見かけの力がはたらくが、もう一つの見かけの力として「コリオリ力」とよばれる力がある。コリオリ力について簡単に説明すると以下のような感じにな

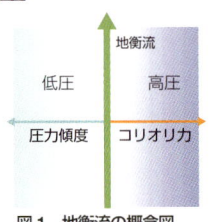

図1 地衡流の概念図

る。たとえば、上から見て反時計まわりに回転しているメリーゴーラウンドの上で、回転の中心から外側に向かってボールを投げたとしよう。ボールの動きをメリーゴーラウンドに乗っている人間から見ると、だんだんと右側にずれていくように見えることになる。すなわち、運動方向に対して、右向きの力がはたらいているように見えることになる。この見かけの力がコリオリ力である。もう少し正確にいうと、コリオリ力は、系が上から見て反時計まわりに回転している場合には、運動している物体に対して直角右向きにはたらき、その大きさは運動速度に比例する。系の回転の向きが逆なら、力の向きも逆になる。

圧力傾度とコリオリ力とのつりあいが決める地衡流

つぎに、コリオリ力がはたらく地球上で、圧力傾度によってどんな流れが実現するかを考えてみよう。管の中の流れでは圧力傾度とつりあうのは摩擦力であるが、大気中や海洋中の大規模運動の場合、摩擦力は相対的に弱く、圧力傾度とつりあうのはコリオリ力である。地球の北半球では、上から見ると地表は反時計まわりの回転をしていることになるので、コリオリ力は運動の方向に対して右向きにはたらく。これと圧力傾度がつりあうので、北半球では図1のように、圧力が高いほうを右に見る向きの流れが実現することになる。

このように圧力傾度とコリオリ力とのつりあいによって決まる流れを「地衡流」という。地衡流の向きがこのように決まるため、

北半球では、高気圧の周りでは時計まわりの、低気圧の周りでは反時計まわりの流れが生じることになる。

地衡流の性質を示す
テイラー・ブラウドマンの定理

　地衡流は、圧力傾度に対する向きが日常生活の直感と異なっているだけでなく、もう一つ不思議な性質をもっている。地衡流の向きと流速は、上にのべたように水平方向の圧力傾度によって決まる。

　いっぽう、任意の深さでの水の圧力は、基本的にその上に載っている水の重さで決まる。そのため、水平方向の圧力傾度は、水の密度が一定なら深さ方向に変化しない。結果として、地衡流の向きと流速は深さ方向に一様、すなわち水平方向のみに依存し、2次元的となる。地衡流がこのような性質をもつことを示す定理は「テイラー・ブラウドマンの定理」とよばれ、回転系の流体に対するもっとも基本的な定理である。

　テイラー・ブラウドマンの定理によって地衡流が2次元的となることはさらに不思議な現象を引き起こす。水底に障害物がある場合を考えよう。この場合、もし流れがあれば、この障害物のある深さでは水はもちろんこの障害物を迂回して流れなければならないが、地衡流が2次元的となる性質によって、障害物の直接の影響を受けない上方でも、障害物の上を迂回するような流れが生じることになる。

　けっきょく、水底に障害物があると、その影響は上方にもおよび、障害物の上の領域全体が柱状の障害物のようにふるまって流れに影響を与えることになる。この柱状の領域は、「テイラー柱」とよばれている（図2）。

低気圧はなぜ
上昇気流をともなうのか

　ここまでの地衡流の話では、圧力傾度とつりあう力としてコリオリ力のみを考えていたが、大気における地表付近や海洋にお

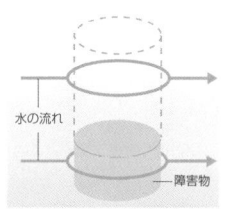

図2　テイラー柱の概念図

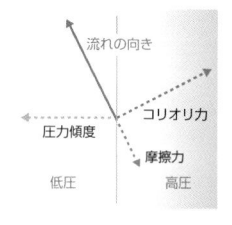

図3　摩擦による地衡流からのずれ

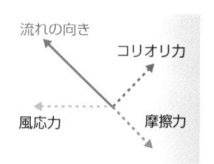

図4　風応力とコリオリ力と摩擦力の関係

ける海底付近では、摩擦力の影響が無視できない。このような場合コリオリ力、圧力傾度および摩擦力の三つの力の釣りあいを考える必要があり、流れは地衡流の場合にくらべて圧力の低いほうを向くようにずれる（図3）。この結果、大気下層においては、低気圧では中心に向けて吹きこむ流れが生じ、これによって、低気圧は上昇気流をともなうことになり、高気圧ではこの逆になる。

　海面ではさらに状況が複雑になる。海上に吹く風によって、海面では風下側に向かう力（風応力）が加えられる。圧力傾度がない場合、この風応力とつりあう力は、コリオリ力と摩擦力である。このとき、このつりあいで決まる流れは、北半球では風下側から右にずれることになる（図4）。

　このように、風の向きと海面での流れの向きがずれる現象は、ナンセンの北極探検のさいの氷山の動きの観察から発見され、その原因が図4のような力のつりあいによっていることはエクマンによってあきらかにされた（72、73ページ参照）。海洋表層全体で平均すると、摩擦力の影響は上下でキャンセルして、コリオリ力と風応力とのつりあいで流れが決まる。したがって、平均された流れは、北半球では風応力の向きから直角右向きになる。この流れは「エクマン流」とよばれている。

メリーゴーラウンドと
コーヒーカップの関係

　さて、太平洋上や大西洋上において、低緯

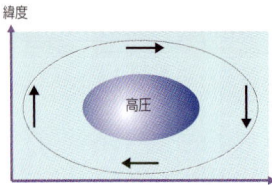

図5 風による大洋表層の循環 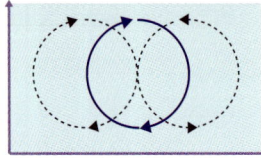　　図6 ベータ効果の概念図 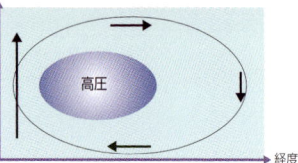　　図7 西岸強化の概念図

度では貿易風の東風、中緯度では偏西風の西風が吹いていることを思いだそう。この風によって、低緯度では北向き、中緯度では南向きのエクマン流が生じることになる。

この結果、亜熱帯ではエクマン流が収束して海面高度が上がって圧力が高くなり、対応する圧力傾度につりあうように低緯度では西向き、中緯度では東向きの流れができて、大洋全体の循環は図5のようになる。このとき、風向きと流れの向きは一致しているが、風が直接海水を押して流れができているわけではないことに注意してほしい。

ところで、太平洋における黒潮や大西洋における湾流のように、強い海流は海洋の西の端にある。この原因を理解するには、地球の回転の効果だけでなく、地球の丸さの効果を考える必要がある。地球の回転軸（地軸）と鉛直方向との角度は緯度によって変わるため、各緯度での地球回転効果は緯度によって違ってくる。

結果として、鉛直方向まわりの回転効果は、緯度が高いほど大きくなる。場所によって回転効果が違うことはまた新たな効果を生む。メリーゴーラウンドの中にあるコーヒーカップとよばれる回転する乗り物に乗ったことがある人も多いと思うが、メリーゴーラウンドが回転している場合、コーヒーカップがメリーゴーラウンドに対して静止しているように見えるには、コーヒーカップは地面に対してメリーゴーラウンドとおなじ回転角速度で回っている必要がある。したがって、もし、コーヒーカップに摩擦がはたらかなかったとすると、メリーゴーラウンドが回転しはじめると、コーヒーカップはメリーゴーラウンドから見て相対的に逆回転しているように見えることになる。

海洋の西岸で強い海流が生じるわけ

地球上でもこれと同様のことが起こり、低緯度から中緯度側に海水が動かされると、低緯度側の海水は中緯度側にくらべると回転効果が弱いために、動かされた先では周囲とは逆の回転をしている、すなわち上から見て時計まわりの回転をしているように見えることになる。中緯度側から低緯度側への移動ではこの逆になるから、もし亜熱帯に時計まわりの流れがあると、図6のように、その西側では時計まわりの流れが生じ、東側では反時計まわりの流れが生じることになるので、時計まわりの流れのパターンは西にずれていくことになる。このように、地球の丸さによって地球回転の効果が緯度依存性をもつことによって、流れのパターンが西に動く性質をもつことになる。この効果は「ベータ効果」とよばれ、この効果によって西に動いていくパターンのことは「ロスビー波」とよばれる。風によってつくられた時計まわりの流れがロスビー波の西進効果によって海洋の西側に押しつけられ、図7のように海洋の西側で強い海流が生じる。これが黒潮や湾流の基本的な成因であり、このように海洋の西側の岸で強い海流が生じることは、「西岸強化」とよばれている。

地球に流体力学を応用する醍醐味

以上のように、海はたんなる大きな水たまりではない。ましてや、その中で生じている流れの成因を理解するには、地球自転の効果、地球の丸さの効果、風の効果、圧力の効果、等々の複雑な絡みあいを考える必要がある。そのことがまた地球への流体力学の応用の醍醐味でもある。

コラム②
海に隠された縞模様？

石岡圭一
(京都大学大学院理学研究科
地球惑星科学専攻地球物理学分野)

　人工衛星による最近の観測データを組み合わせることで、海水がどのように動いているかを広範囲かつ詳細に知ることが可能になった(74ページ参照)。図1は、そのようにして得られた1993年から2002年までの10年間のデータを平均し、さらに小規模の変動を取りだすフィルター操作を加えて作成した、東向き流速の分布図である。したがって、東向きが正、西向きが負の値を示している。

　この図を見ると、海洋のいたるところにおもに東西に伸びる縞状の構造があることに気がつく。この縞模様から木星の雲のパターン(写真)を連想する人も多いだろう。縞模様の成因はいくつか考えられているが、「ベータ効果」の影響によって乱流から東西に引き伸ばされた構造が生みだされた結果であるというのが有力な説の一つである。これは「ラインズ効果」とよばれる。

　この効果を「数値モデル実験」(100ページ参照)でみてみよう。図2は、回転している球面上に薄い流体の層を考え、その時間発展を数値計算したものである。回転がない場合は、初期の乱流状態(図2-a)から孤立した多数の渦が形成される(図2-b)。しかし、回転があると東西に引き伸ばされた縞状の構造が出現する(図2-c)。さらに、回転が速いほど縞模様が細かくなる(図2-d)。

　このように仮想的な設定を自在に行なうことで現象への考察を深めることができる点が、数値モデル実験の強みである。

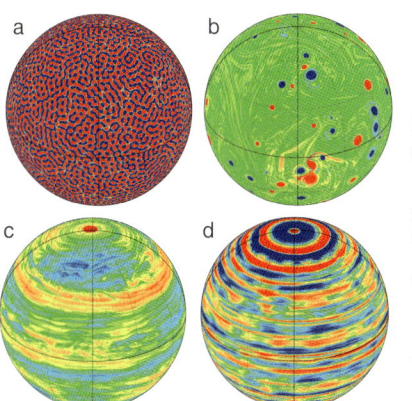

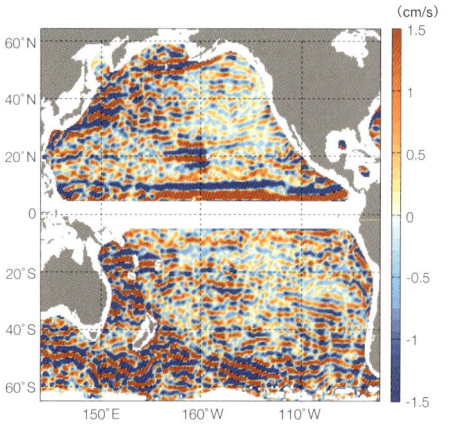

図1　人工衛星観測データをもとに算出された東向き流速の分布
地球上では長らく、木星のような縞状構造は見られないと思われていたが、衛星による観測データから、地球にも木星とおなじような縞模様が隠されていたことが、近年(2008年)の研究ではじめてあきらかになった。原図はMaximenko et al., 2008(図版提供・Nikolai Maximenko, ハワイ大学国際太平洋研究センター)

写真　カッシーニ探査機によって撮影された木星
望遠鏡が発明されて以来300年以上にわたって、木星や土星に縞模様があることは広く知られていた。その成因は謎のままだったが、1975年以降、「ラインズ効果」が一つの有力な候補とみなされるようになった(画像提供・NASA)

図2　回転球面上の2次元乱流の数値計算例
a)初期の渦度。ここで、渦度とは、流れの回転の強さをあらわす量である。暖色系が反時計回りの回転、寒色系が時計回りの回転をあらわす。
b)時間経過後の渦度場(球の回転がない場合)。
c)時間経過後の渦度場(球の回転が遅い場合・地球を意識した実験)。
d)時間経過後の渦度場(球の回転が速い場合・木星を意識した実験。木星の半径と自転角速度の積と平均的な風速との比が、地球のそれにくらべてたいへん大きいことを考慮している)。
すべて、北緯30°の上空から見て描いている

仮想の「現実」の価値と未来
コンピュータによる数値モデル実験

秋友和典（京都大学大学院理学研究科地球惑星科学専攻地球物理学分野）

　海水にかぎらず、流体の運動は確立された数学の微分方程式によって記述することができる。しかし、方程式の複雑な性質のため、その解を求めることは容易ではない。

　研究者はこれまで、問題を理想化したり、方程式を近似したりして流れのメカニズムの解明に取り組んできた。また、水槽模型をもちいた実験を行ない、流体現象を観察して、流れのしくみを考察・解明してきた。

　そのいっぽうで、第二次世界大戦後に実用化されたコンピュータの発展は、方程式を数値的に解くことで複雑な問題の取りあつかいを可能にした。もとの微分方程式を四則演算だけで近似した方程式（差分方程式）をもちいて数値模型（数値モデル）とよばれる仮想現実をつくり、その解をコンピュータで求める。このような作業を「数値モデル実験」というが、現在では有力な研究手段の一つとして幅広い分野でもちいられている。

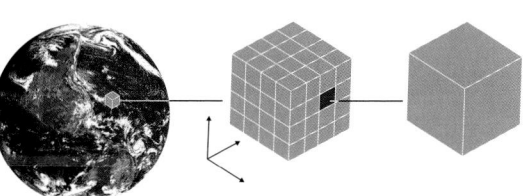

図1　数値モデルの構築

変化する海をコンピュータで捉える

　海の流れを数値モデルで再現するには、おおまかには以下のような手順をふむ。

　まず、図1に示すように、海を緯度、経度、深さについて、ある幅ごとに区切って格子状の小さな領域に分ける。たとえば、緯度1°、経度1°、深さ100mごとに区切ると、地球表面の70%を占め平均水深が4,000mの海は、360×180×40×0.7≒180万個の領域に分けられる。それぞれの領域内では、流速、水温、塩分などの物理量が変化しないものと考え、各領域での物理量の値を変数（未知数）とする。変数間の関係およびその時間変化は、微分方程式を近似した差分方程式で記述される。

　適当な境界条件（海上風や加熱・冷却の強さなど）と初期条件（実験をはじめるときの状態）のもとで、これらを数値的に解く。そうすれば、時間とともに変化する海の流れや水温、塩分の分布をコンピュータで求めることができる。

　ただし、最初に区切った領域よりも小さな規模の現象はモデルの中に再現できない。対象とする現象の規模が小さければそれに応じて小さな領域に区切らねばならず、現在のコンピュータ性能でも不十分な場合がある。

日本近海の海流をシミュレートする

　上の例でも、解くべき方程式の数は180万個×（物理量の種類）と膨大なものとなる。ところが、現在の最先端の研究では、さらに緯度、経度方向に0.1°から0.01°の幅（距離にするとおよそ10kmから1kmの幅）の領域で区切ったモデルでの実験が行なわれるようになっている。そのような数値モデル実験の例として、黒潮をはじめとする日本近海の海流のシミュレーション結果を図2に示す。

　緯度と経度は0.02°ごとに、深さ方向を74

層に分割した超高解像度実験で得られた海面水温の分布である。暖流の黒潮と対馬海流、および寒流の親潮、リマン海流が、水温の違いとしてはっきり現れている。しかも、人工衛星による海面水温分布（89ページ図2）に見られる細かな変動までが、ほぼ忠実に再現されている。このように、対象とする海洋現象を解像できるだけの細かな領域に分割したモデルをもちいると、現実に似た状況をコンピュータの中でつくりだすことができる。

数値モデル実験の再現性の限界

数値モデルは、その解像度が十分であれば、現実に似た状況をコンピュータでつくりだすことはできるが、まったくおなじ状態を再現することはできない。観測には誤差がつきもので、境界条件や初期条件が完全にはわからないからである。はじめは小さな誤差であっても、実験を進めるうちに現実との乖離がどんどん大きくなって、結果を大きくゆがめてしまうのだ。これは数値モデルによる天気予報の限界が1～2週間とされるのとおなじである。最近では、できるだけ現実にちかい状態を再現するため、観測データでモデル実験の結果を修正する「データ同化」という手法がもちいられるようになっている（103ページ参照）。

現象の本質にせまる

これまで説明してきたのは、数値モデル実験のなかでも、できるかぎり現実の状態を再現することをめざすものである。これとは別に、流れのしくみに焦点を当て、なるべく実験条件を簡単にして行なう実験もある。

現実の海洋現象は種々の要因によって起こっている。そのため、複雑な流れをそのまま再現・観察しても、そのしくみを理解することが難しい場合も少なくない。そこで、特定の要因や状況に特化した実験を行ない、現象の本質的なしくみをあきらかにしようというのである。このような目的で行なわれた数値モデル実験の例を紹介する。

図3は極海域で発生する対流の特性を調べるために行なわれた実験の結果である。極海域は地球規模で循環する底・深層水が形成される重要な海域である。しかし、対流が発生する冬季の観測は困難で、その詳細な状況はいまだ十分にはわかっていない。対流現象自体は実験室でも簡単に発生させられるし、みそ汁の中にもできる。しかし、海水の密度には、水温、塩分、圧力（深さ）に関係して複雑に変化する性質がある。このため、深層まで沈みこむ極海域の対流を実験室で再現することは難しく、数値モデル実験が有効な手段となる。ちなみに、大気圧のもとで真水が約4℃でもっとも重くなる性質は、密度と温度の複雑な関係を示す一例である。

対流を知って地球環境の将来を予測する

冬季の極海域は海氷におおわれるので、深層に達する対流は海氷の下で発生することが多い。対流発生直前には、海面下100m深付近までの海水は結氷点（約-1.9℃）まで冷やされている。深いところでの塩分が表層より高くて重いので、海面が凍ってもすぐには対流が発生しない。さらに冷却がくわわって表層の海水のほうが重くなると、深くまで沈みこむ対流が発生する。

個々の対流の大きさはせいぜい100mと小さく、図2で説明した2km格子の数値モデルでも解像できない。現実の海洋でも観測が難しい対流は、どのような条件が満たされれば発生し、またその規模や深さはどれくらいで、どのように決まるのかなど、数値モデル実験によってあきらかになったことは多い。なかでも、海水密度と水温、塩分、圧力との複雑な関係がこの対流の性質を決めていることは、もっとも大きな発

見の一つである。

　一つひとつは小さなものだが、極海域での対流は地球規模での海洋大循環にも密接に関係する。その性質とメカニズムを正しく理解することは海洋環境の、ひいては地球環境の将来予測のために欠くことのできない課題である。

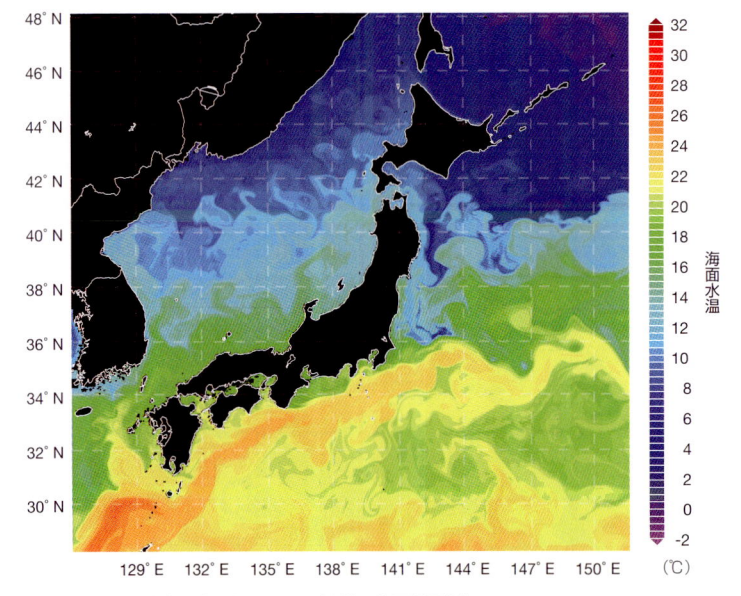

図2　超高解像数値モデルで得られた日本近海の海面水温分布

(提供・黒木聖夫)

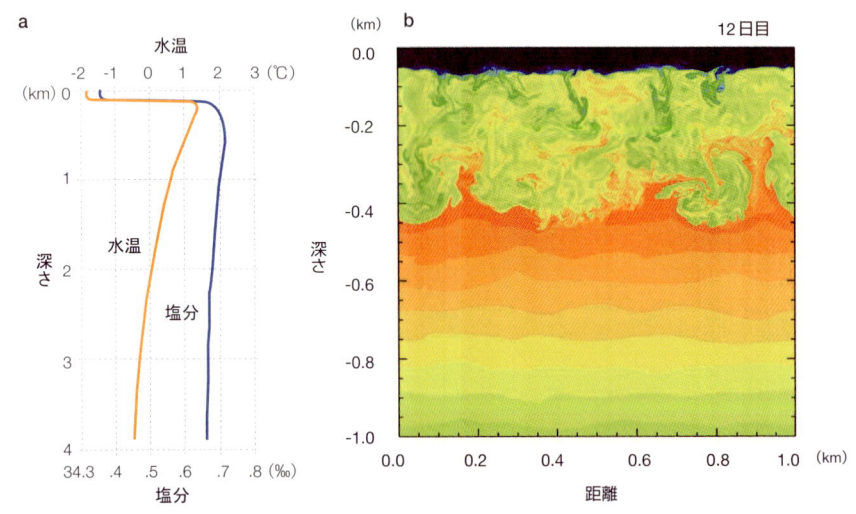

図3　冬季の南極ウェッデル海で観測された水温と塩分の鉛直分布(a)と、観測結果にならって単純化した水温・塩分分布を初期の状態(初期条件)としてはじめた数値モデル実験の結果(b)

　(b)は実験開始後12日めの水温の鉛直断面分布を示している。対流発生とともに、表層の冷たい海水(寒色系)が暖かい深層(暖色系)へ沈みこむようすがわかる

2-06 コンピュータの中に海の模型をつくる
データ同化の手法が拓く世界と可能性

淡路敏之（京都大学理事）
石川洋一（独立行政法人海洋研究開発機構）

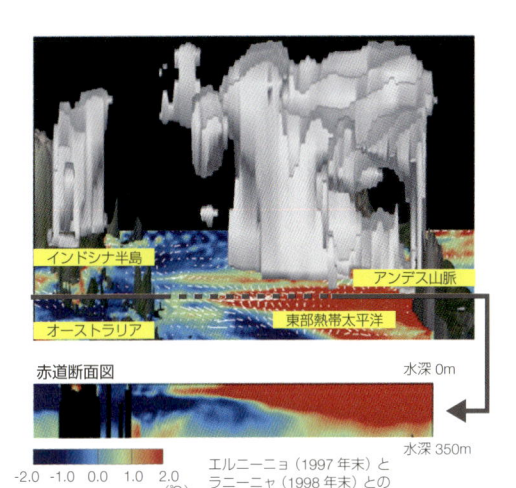

図1 大気海洋結合のデータ同化システムによって再現された20世紀最大のエルニーニョ
エルニーニョ発生時には東部熱帯太平洋暖水域が出現し、平年よりも多く雨が降るようすがよく再現されている

海を理解するには観測によって海の状態を把握することが基礎となる。しかし、揺れ動く広大な海の観測は容易ではなく、そのデータ量には限りがある。しかも、時間的・空間的に偏りがあるため、観測データだけから海の状態を総合的に理解するのは簡単ではない。

いっぽう、数値モデルをもちいたシミュレーションは、熱エネルギーや運動量の保存則などの物理法則をもとに計算をして、海洋現象を調べる有力な方法である。とはいえ、海洋の現実の姿を正しく再現できるレベルにはまだ達していない。さらに、数値モデルをもちいて予測を行なうには、正確な初期条件が必要となる。

現実海洋を構築して変動メカニズムを解明する

そこで、観測データと数値モデルを組み合わせてコンピュータを使って海を表現する「データ同化」という新手法が開発され、海の構造や現象の詳しい理解や変動予測の向上などに利用されるようになった。データ同化というのは、数値モデルをプラットフォームにもちいて観測データを統融合するシステムである。観測データからみれば数値モデルの物理過程を利用して内挿／外挿を行ない、解析が可能な統合データセッ

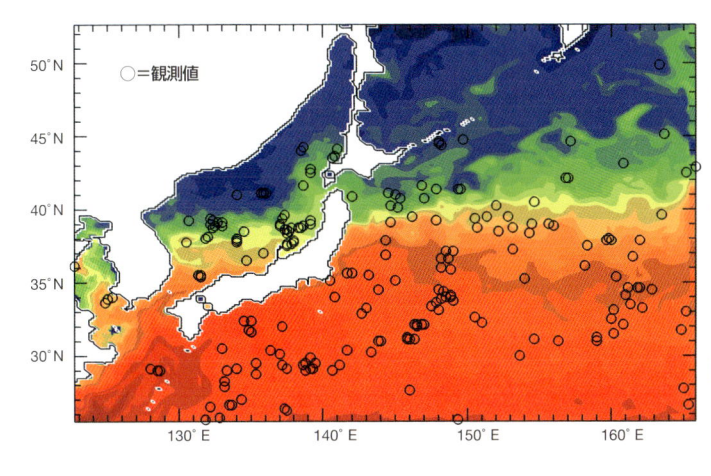

図2 2003年4月の水温観測データとデータ同化によって得られた100m深水温分布
丸印で示した観測データはまばらに分布しているのに対し、データ同化で得られた結果はまんべんなく分布している。その結果、水温の空間分布をわかりやすく見ることができる

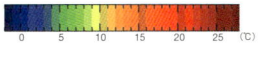

103

トを作成することに相当する。数値モデルからみれば、初期条件等の入力パラメータを観測データで最適化し、より現実的なシミュレーション結果を求める一連のプロセスだといえる。

このようにデータ同化をもちいて作成された統合データセットは、現実の海の動態を再現し、かつ数値モデルの物理法則を満たしている。現象の本質を解き明かすうえで有力な材料を与えるものだといえる。すなわち、得られたデータセットは数値モデルをベースにグリッド化され、高度な解析が可能な「現実海洋」として利用できる。これにより、時間空間的に偏った従前の観測データでは難しかったエネルギー解析やフラックス解析＊ができるようになった。この結果、高次の物理量の状態も理解できるので、変動のメカニズムの解明はおおいに進んだ。

海洋と大気との相互作用によって生じる気候変動に適用できるようデータ同化システムを拡張することを「海洋大気結合データ同化」という。これにより、たとえば地球気候の顕著現象であるエルニーニョ現象の一連のプロセスを再現することで、そのメカニズムを統合的に理解することに役だつデータセットを作ることができるようになっている。

図1は、観測史上最大といわれる1997-98年に発生したエルニーニョの予測可能性について調べたモデル結果である。通常のシミュレーション予測よりも海面水温の推定精度は倍増した。これにともない、東部赤道域での大きな暖水域の発生がうまく予測されるようになった結果、直上の大気中に大量の雲が生じ、平年値を上回る降水が起こるようすなどがうまく再現されているだけでなく、1.5年以上の先行予測が可能であることがわかった。

読みとる資料から目で見てわかる地図に

図2は、水温観測の分布図とデータ同化の結果を示している。水温観測の分布図は1か月間のデータをあわせても空白域が多いが、データ同化では均一な分布のデータセットが作成されていることが明瞭にわかる。

データ同化手法は、歴史的には数値天気予報のための初期条件を作成する技術として発展してきた。海洋分野においても同様に、数値予報にあたって、多種多様な観測データを統合したデータセットを初期条件として使っている。

生態系モデル構築に有効なパラメータ値推定

データ同化は、数値モデルそのものの性能を向上させるためにも使うことができる。正確な数値シミュレーションのためには、モデルの解像度よりも小さなスケールの現象の影響を考慮する必要がある。通常はいくつかの仮定から導かれた関係式をもちいてパラメータの値を設定する方法がもちいられている。これをパラメタリゼーションとよぶが、その多くは経験的で不確実性が存在する。

これに対し、数値モデルの結果が観測データに近くなるよう、データ同化をもちいてパラメータの値を逆問題として求めることができる。このようなパラメータ推定法は、近年発展が著しい海洋生態系のデータ同化においてさかんに利用されるようになった。というのも、生物活動にともなう植物・動物プランクトンや栄養塩の量の変動の再現を目的とする生態系モデルには、物理現象を対象としたモデルとくらべて未知の不確定パラメータが多く含まれている。したがって、このようなデータ同化を利用したパラメータの推定は強力な手法といえる。

＊海洋の流れによって運ばれる熱や海洋中の物質の収支を調べる解析であり、海洋の変動が物質輸送や気候変動等に与える影響を見積もることができる。

データ同化をもちいた観測システムの最適設計も興味深い応用例である。具体的には、同化実験にもちいられる観測データの量、分布、変数の種類などを変えつつ、それぞれについて統合データセットを作成し、そのインパクトを評価する。このような実験によって、いつ、どこで観測すれば統合データセットの質をどのていど改善できるかがわかる。さらに、人工衛星の軌道を複数の候補から選んだり、重点的な観測海域を設定したりするなどといった観測システムのベストデザインに役だつ情報が得られる。

海洋変動の原因解明に有効な感度実験

最後に、データ同化手法の一つであるアジョイント法をもちいた感度解析例を紹介しよう。四次元変分法ともいわれるこの方法は、時間をさかのぼって観測情報を伝えることができるモデルを作成して、海洋変動の原因解明に使用するものである。

このような感度実験例として、北太平洋の深層4,000m以深で観測された地球温暖化にともなう昇温現象をターゲットとした研究がある。北太平洋の北緯47°線に沿って1985年と1999年に観測された水温を比較した結果、1,000分の3℃から100分の1℃くらいの昇温域が4,000mよりも深い海域に拡がっていた。4,000m以深の海域ではほとんど水温変動がないと思われていたので、最大で100分の1℃の上昇は想定外に大きな変動であった。

この深層昇温現象の原因を調べるために、アジョイントモデルをもちいて北太平洋の深層から逆追跡したところ、およそ30年前に南極大陸沿岸（とくにアデリー海岸）沖での海面冷却が弱くなったことによって生じたことがわかった（図3）。深層の流れはとても遅いため、このような変動は流れによって伝わったのではなく、南極沿岸の深層にまでおよぶ30年前の変化が、波動として海洋深層を伝わったこともわかった。

＊

以上のように、データ同化は現実的な海洋の姿を解き明かす強力な手法である。観測技術の発達にともない急速に新しい種類の観測データも増え、また数値モデルもスーパーコンピュータの発展にともない改善改良がくわえられている。これらを高度かつ多様に活用できるデータ同化によって、コンピュータの中により現実的でとても詳細な海洋モデルをつくることができるようになってきている。これにより、海の構造、変動の原因解明や将来予測に大きな貢献をすることができるであろう。

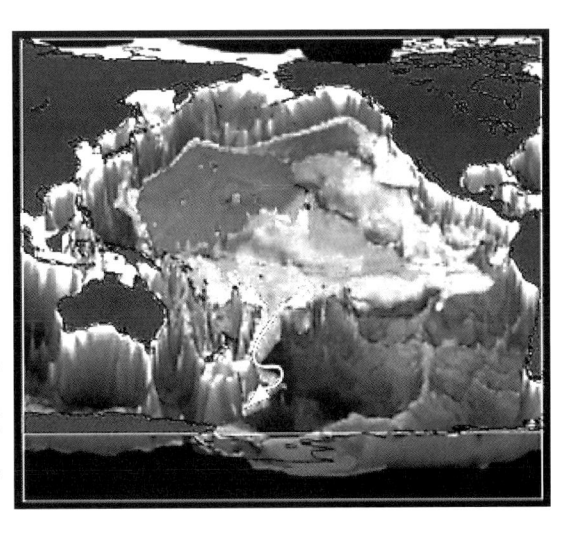

図3 水温の変動シグナルを北緯47°N、東経160°E、5,500mから逆追跡した結果

北太平洋の深層にシグナルが拡がるとともに、南太平洋の西、ニュージーランド沖から南極沿岸にもシグナルがみられる。これはシグナルを時間をさかのぼって追跡した結果なので、実際の変動は南極の沿岸から大洋の深層を西側の縁に沿って伝播してきたと考えられる（Masuda et al., 2010をもとに作成）

海の天気予報の現在と将来
データ同化の手法を活用する

石川洋一（独立行政法人海洋研究開発機構）

多種多様な観測データをデータ同化という技術で統合し、数値モデルの初期条件として活用すれば、海洋学分野でも数値天気予報と同様な将来予測ができる。このような「海の天気予報」は、流速データを利用した最適航路の決定や、水温・栄養塩分布データにもとづく最適な漁場推定や資源量変動の管理等、海事産業や水産業などに有益であろう。

海の天気予報は1〜2か月先まで可能に

そのような将来予測の重要な対象として、黒潮とその続流域の変動予測が注目されている。黒潮とその続流域では蛇行や渦の発生、発達、移動など、いわゆる中規模変動が卓越している。このような現象は大気の高低気圧の変動に相当していることから、その予測は海の天気予報とよばれる所以ともなっている（図1）。

最新の予測システムをもちいると、黒潮の蛇行や黒潮・親潮混合水域にみられる中規模渦をターゲットとした海の天気予報は、1か月から2か月ていど先まで可能である。天気予報にくらべて予報可能期間が一桁ていど長いのは、大気にくらべて外海の変動はゆっくりとしているためである。

いっぽう、変動の激しい内海や沿岸域では変動の時間スケールは短く、それに応じて予測可能期間も短くなる。加えて、沿岸域などでは海上風の変動にともなって誘起される流速変動の影響が無視できないので、その予測期間はいまのところ数日から1週間ていどである。

エルニーニョの発生を予測できるまでに

では、さらに長い時間スケールの変動、たとえば季節変動やエルニーニョなどの経年変動の数値予測はどうであろうか。じつは、季節変動よりも長い時間スケールの変動には、大気と海洋間の相互作用が重要な役割を果たしている（115ページ参照）。したがって、大気モデルと海洋モデルとを結合させたモデルで予測を行なう必要があり、そ

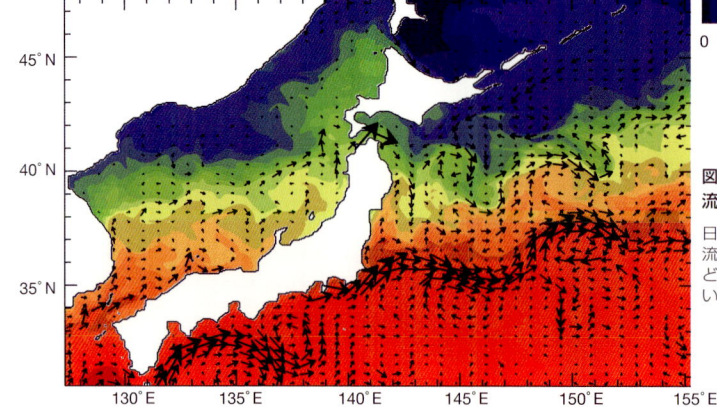

図1　2013年4月の海面水温と流速場の予測結果

日本付近の黒潮や親潮の強い流れ、黒潮続流域の渦や蛇行などの中規模変動が予測できている

のための初期条件も設定しなければならない。なかでも大気よりも貯熱量が圧倒的に大きい海洋表層／亜表層の変動は季節変動から経年スケール変動に与える影響が大きいので、海洋モデルの初期条件の設定は予測のためにとても重要である。

このような大気海洋結合モデルを用いたエルニーニョの予測実験では、1年ほど前からエルニーニョの発生を予測できるようになっている（図2）。最近では、さらに長い時間スケールの変動である太平洋の「10年スケール変動」の予測も試みられている。

詳細な予測で社会のニーズに応える

季節から経年変動スケールの予測は不確定性が大きいため、1回の計算によって決定論的に予測するのではなく、数値天気予報と同様に初期条件などを少しずつ変えて多数の計算をし、その平均や分散を調べるアンサンブル予測という方法がもちいられるようになった。これは予測結果を確率的にあつかうということである。初期条件に含まれる誤差を考慮して予測の不確実性を見積もることができるため、アンサンブル平均を計算することで予測精度の向上が期待できる。しかも、予測の正確性についても知ることができるので、実用上たいへん有益である。

季節から経年スケールの変動予測を行なう大気海洋結合モデルに対しては、計算機性能の制約からそれほど高分解能のモデルを使用できない。しかしながら、詳細な予測結果を求める社会のニーズに応える必要もある。そこで、モデル中に特定の海域を設定して高分解能の領域モデルを組みこみ、その境界条件に以上の予測結果をもちいて現象を細かく再現しようとするダウンスケーリングも行なわれるようになっており、効率的な船の運行、漁場形成域の予測、洋上漂流物のシミュレーションなど、いろいろな目的に利用されるようになっている。

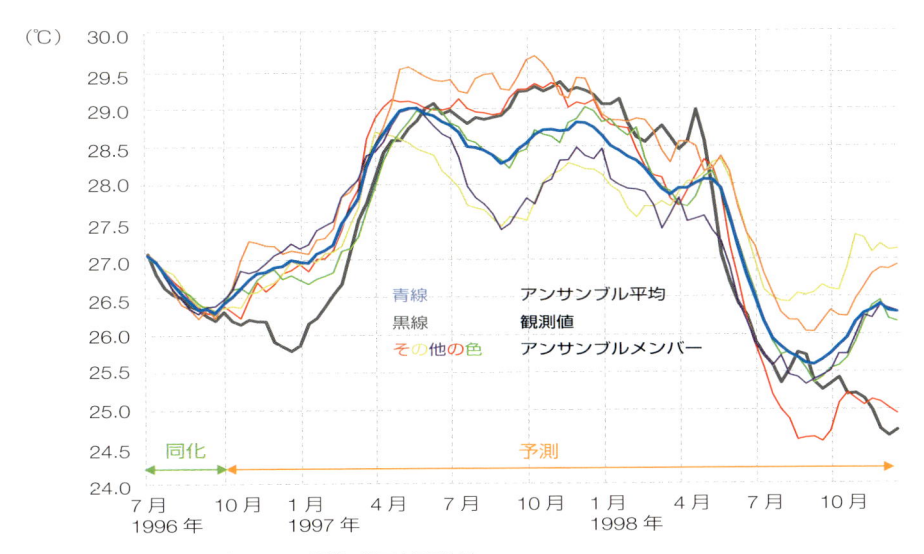

図2　赤道の中東部(NINO3.4領域)の海面水温平均値
1996年以降の予測の結果と観測値。エルニーニョにともなう赤道中東部の海面水温の上昇がよく予測できている。また、各アンサンブルメンバーには予測結果にばらつきがみられ、予測の不確実性を示している

海と気象・気候

　日本の気象や気候は四周の海と結びついている。温まりやすく冷えやすい陸面と熱を貯める海とが接するところでは、海陸の温度差が昼夜で逆転し、日中は海風、夜間は陸風という海陸風が卓越する。いっぽう、大陸と海洋のスケールでは、海陸の温度差が季節で逆転する。その結果、夏には小笠原高気圧が、冬にはシベリア高気圧が出現し、海洋―大陸間の季節風、モンスーンが卓越する。日本の四季はアジア・モンスーンの支配下にある。

　海上を吹く風は、海から補給された熱と水蒸気を遠くまで運ぶ。冬の脊梁山脈に降る雪の多くは日本海で蒸発した水を起源とし、梅雨時の豪雨はベンガル湾で蒸発した水を起源とすることもある。台風のおもなエネルギー源もまた、海面からの水蒸気だ。それが凝結して雲粒になるとき、凝結熱をだしてまわりの空気を温める。温められた空気は上昇し、さらに周囲の空気を引き寄せて、海面からのエネルギー補給を促進することで、台風の循環を維持している。

　熱帯太平洋域に目を転じると、「エルニーニョ・南方振動」とよばれる、大気と海洋が結びつき相互に影響しあう数年規模の変動現象がある。南極域では、オゾンホール出現による成層圏寒冷化が、対流圏の偏西風ジェット気流や海洋表層の南極環流に影響し、さらに海洋深層におよぶ炭素循環にまで影響しうることが、観測と気候モデルシミュレーションにより指摘されている。いっぽう、北極海では夏季の海氷がここ数十年にわたり急激な減少傾向にあることが、人工衛星からの観測によって検知されている。

　長い時間スケールでの気候変動の観測的証拠は、世界各地の樹木の年輪や鍾乳石の成長縞、海底・湖底堆積物や氷床のボーリングコアなどの地質学的試料から得られてきた。試料分析の高精度化によって、年々変動から氷期・間氷期サイクルまで、さまざまな時間スケールでの気温や降水量の推定が進んでいる。（余田成男）

2 海洋と大陸が生みだす気流と気候のダイナミクス 日本の天候と四周の海

3-01

石川裕彦（京都大学防災研究所気象・水象災害研究部門）

写真 インド洋上に発生する積雲群　インド洋で蒸発した水蒸気の一部は、モンスーンの流れに乗って日本付近までやってくる（撮影・高村奈央）

　日本は周りを海に囲まれている。このため日本の気象や気候は、周囲の海からさまざまな影響、恩恵や脅威などを受けている。ここでは、海と気象、気候との関わりについて考えてみよう。

熱を運ぶ海が気候を決める

　パリ、ロンドン、アムステルダムなど、西ヨーロッパの主要都市は、じつは北海道よりも北にある。にもかかわらず、これら諸都市の1月の平均気温は2℃から5℃の範囲にあり、日本の最北端稚内市の1月の平均気温-4.7℃よりもはるかに暖かい。

　北緯50°を越える西ヨーロッパに暖かい気候をもたらしているのは、カリブ海に端を発し、はるばるスカンジナビア半島まで流れる暖かい海流だ。この海流が熱帯・亜熱帯で地球が受けた太陽エネルギーを中高緯度へ運び、その上を吹く西風が海面から熱をもらい、その熱をヨーロッパ諸国に運ぶ（94ページ図3参照）。

　暖かい海面は大気に熱を与えるだけでなく、水蒸気をも供給する。水蒸気は海から大気中に蒸発するときに海面から蒸発熱をもぎとる（潜熱＝隠れた熱）ので、このときも海から大気に熱が移動することになる。

暖まりやすく冷えやすい陸面と熱を貯める海

　地表面は、日中は日射で加熱され、夜間は宇宙に熱を放射して冷却する。乾燥地帯では、地表面温度の日較差が数十℃に達する場所もある。いっぽう、海では海面温度の日変化は1℃あるかないかていどである。陸面では地表面のごく薄いところで太陽エネルギーを吸収するが、海では日射は海中まで透過しつつ徐々に海水に吸収され、深さ10mくらいまでを少しずつ暖めるからだ。夜間は海も熱を放射して海面温度は下が

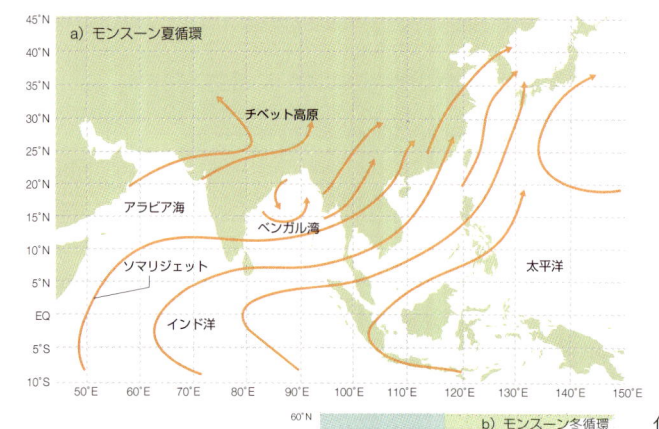

図1 アジア・モンスーン
（夏循環と冬循環の概念図）

夏循環（a）では、水蒸気をたっぷり含んだ暖湿な海洋上の大気が陸地に降水をもたらす。梅雨前線はベンガル湾から日本まで延々と横たわり、中国ではメイユと呼ばれる。冬循環（b）では大陸の乾いた冷たい空気が海洋上に吹き出す。南シナ海で水蒸気をたっぷり得た空気がインドネシアに大雨をもたらすこともある

るが、冷却した海面付近の水は密度を増すので、下向きの対流を引き起こしてすぐに混合する。したがって海面温度はほとんど変化しない。さらに、海面付近の加熱や冷却は、波にかきまぜられる効果により、水深約20m～100mの海洋混合層とよばれる層に拡がる。海は、太陽による加熱の影響や放射による冷却の影響を「貯めこむ」機能があるのだ。

　海面の熱エネルギーは海洋混合層内に輸送・蓄積されるいっぽうで、必要に応じて熱伝導や海水蒸発にともなう潜熱として海面から大気に供給される。海面と大気との温度差が大きいほど、また海上風速が大きいほど、大量の熱が海面から大気に供給される。

大気の流れの駆動力は
海陸の温度差

　海に面した地域では、日中には海から陸に吹く風、夜間には陸から海に吹く風が観測されることが多い。この風は海陸風とよばれる。海と陸の温度差が駆動する大気の流れである。このしくみは、こうだ。

　海陸の境目付近では、日射により陸側の温度だけが上昇し、海面温度はほとんど変化しない。すると、地表から大気に熱が供給され、陸面上の大気がわずかに膨張する。この膨張により陸側の大気に浮力が生じて上昇流が生じると、これを補うために海から陸にむかう風（海風）が吹きはじめることになる。夜間は逆に、陸面が冷却されて海面よりも温度が低くなり、陸から海にむかって風（陸風）が吹く。

海陸の温度差が
生みだすモンスーン

　世界の海洋で、海面温度が30℃を超える地域はわずかであり、海氷で覆われた海域以外は海水の凝結温度である-1.8℃より低くなることはない。いっぽう、陸面の温度は、夏と冬で大きく季節変化する。砂漠の陸側の温度は60℃を優に超えるし、冬のチベット高原では地表面温度が-40℃以下に下がることもある。

　このように地球規模でみると、大陸と海洋とのあいだには広域にわたる温度差が生じ、これが季節変化している。そういう大陸スケールの海と陸の温度差により広域的に吹く風が、モンスーン（季節風）である。

　世界各地にさまざまな名称のモンスーン

が存在する。日本の気候は、このうちのアジア・モンスーンの影響下にある（図1）。北半球では、夏になるとユーラシア大陸のほうがインド洋にくらべて高温となり、南北の温度コントラストを生じる。この温度コントラストにより大陸側の気圧が少し低くなり、これとバランスするために大規模な大気の流れが生じる。インド洋西部を北上し、北インド洋を東進し、東アジア域に達する大規模な暖湿大気の流れである。

ベンガル湾の水まで日本に運ぶアジア・モンスーン

地球の回転の影響（コリオリ効果という）があるため、北半球では空気の流れは直接低圧部にむかわず、気圧の低いところを左側に見るむきに流れる（96ページ図1参照）。暖かいインド洋上で蒸発した水蒸気はこの流れに乗って南アジア、東南アジア、東アジア諸国に運ばれ、それぞれの地域で降水として地上を潤し、ときには洪水など災害の原因となる。

アジア・モンスーンの東端で、日本の梅雨は発生する。中国の静止気象衛星と日本の「ひまわり」の画像をつないで眺めると、梅雨前線に対応する雲の帯が、はるかベンガル湾から日本の南海上まで続いているのがしばしば見られる。はるばる流れくる空気の帯は、途中で雨を降らせたり海面から水蒸気を補給されたりしながら日本付近まで到達するのである（図1-a）。梅雨期に西日本で降る雨がどのあたりで蒸発した水蒸気かを試算すると、西太平洋起源が約20％、中国大陸南部（華南）と南シナ海起源がそれぞれ9％余、ベンガル湾起源が5％強の順で上位を占める。さらに、南インド洋起源の水蒸気も4％強は含まれているらしいことがわかった。

暖流にふれた寒気は熱と水蒸気を含んで雪雲に

冬期には、ユーラシア大陸を起源とする地表面付近の寒冷な大気が東アジアに流れだしてくる。1日中日射の届かない極夜の影響で強烈に冷却されたこの冷たい空気は、やがて日本海に吹きだす。その日本海には、黒潮（暖流）の分流である対馬海流が流れている（88ページ図1参照）。ユーラシア大陸内部でたっぷりと冷やされた季節風が、その暖かい海上に流れこむことになる。

冷たい大気は、まず海面から熱（暖かさ）をもらう。海面からは熱だけではなく、水蒸気として潜熱も得る。冷たい空気が暖められると、空気が水蒸気を含む能力（飽和水蒸気量）も増加する。日本海を渡って日本に到達するあいだに、季節風は日本海の暖かさと水蒸気をたっぷりと取りこむのだ。

下側から暖められた空気層には対流が発生し、日本海上にはさまざまなかたちの雪雲（積乱雲）が発達する（図2-a）。この雪雲は、奥羽山脈、越後山脈、飛騨山脈などの脊梁山脈に沿って大量の降雪をもたらす。日本の積雪の大部分は日本海で蒸発した水蒸気を起源としているのだ。日本海で発達する雪雲は大雪をもたらすだけでなく、雷や突風による被害、ときには竜巻を冬の日本海沿岸地域にもたらすことになる。これらのメソスケール現象＊の観測や予報は、気象学の最先端分野の一つとなっている。

冬期のモンスーンは、ときとして南シナ海から赤道近くまで寒気を運ぶことが最近知られてきた。この寒気は赤道を越えてインドネシアに洪水をもたらす場合もある。寒気吹きだし時に、ボルネオ島付近に明瞭な渦が形成されることも最近わかってきた。

黒潮とその続流域は気候ホットスポット

話を最初に戻そう。西ヨーロッパ諸都市

＊おおむね10kmから100kmの拡がりをもつ現象をいう。積乱雲とそれにともなう、竜巻、ダウンバーストなどの現象、スコールライン、集中豪雨を引き起こす楔形の雲、海陸風、山谷風ほか、およそ気象災害の直接要因となる激烈な現象は、この範疇に入る。

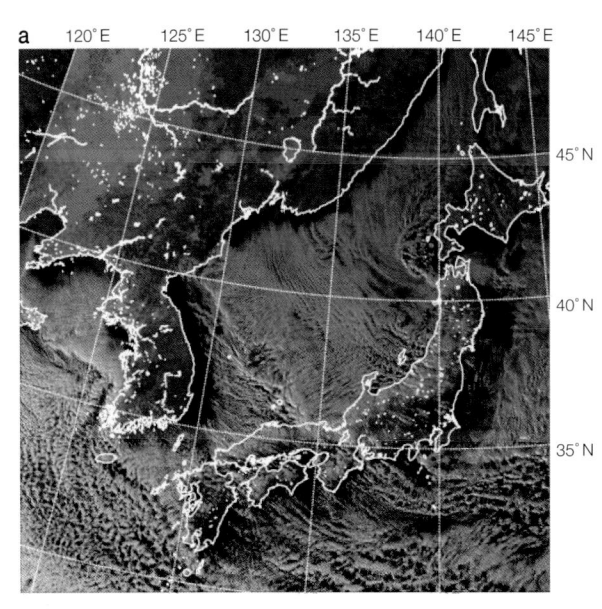

図2 ひまわり衛星画像でみる日本周辺の雲

a) 冬にシベリア高気圧から吹き出す寒気により海上に形成される雪雲列。日本海上ではほぼ北西の風が吹いているが、雲列を詳しく眺めると風向とおなじ向きの雲列と、風向に直角な向きの雲列があることがわかる

b) 日本の東の太平洋上で急発達する温帯低気圧にともなう雲域。ストーム・トラックに沿って急激に発達する温帯低気圧は爆弾低気圧（Bomb）とよばれることもあり、冬から春にかけて日本各地に大きな気象災害をもたらす

にくらべて日本の北海道はなぜ寒いのか。それは、オホーツク海や北太平洋を南下するリマン海流、親潮などの寒流の影響があるからだ。この寒流の存在が北日本に総じて冷涼な気候をもたらす要因の一つである。

北上する黒潮と南下する親潮は、関東沖から東北沖にかけての太平洋上で合流し、東に流向を変える。この流れは黒潮続流域とよばれ、黒潮、親潮がそれぞれの特性を失いつつ周囲の海洋環境に馴染んでいく地域である。

この黒潮とその続流域が、最近注目されている。日本の東海上から北東方向のアリューシャン列島をへてアラスカに至る地域は、温帯低気圧が頻繁に通過する領域（ストーム・トラック）とよばれる（図2-b）。温帯低気圧は南北の気温差をエネルギー源として発達するが、この海面温度の南北差が気温の南北差に影響し、ストーム・トラックの位置変動や低気圧活動度に影響を与えているらしいことが最近わかってきた。また、黒潮の海水温上昇が、ほかの海域にくらべて近年顕著であることもわかってきた。

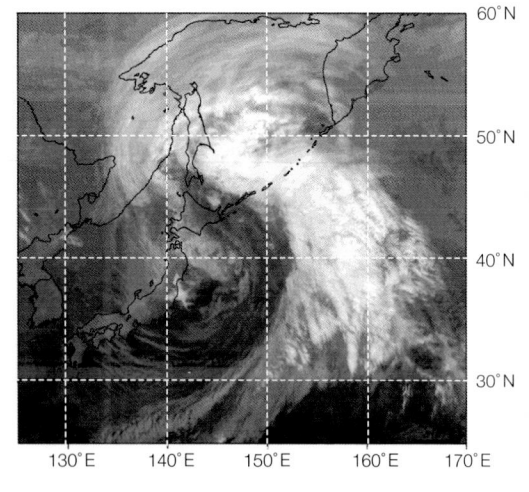

このような寒暖の境目が地球温暖化などの気候変化の影響に鋭敏に反応するのであれば、これらの地域を集中的に研究すれば気候変化の影響をほかの地域にさきがけて捉えることができるのではないかと期待が高まっている。海面温度や海が蓄える熱量の分布は、台風の強さや進路にも影響を与えることから、ここしばらくは海の変動から目が離せない時代が続くだろう。

海は台風のエネルギー源
積乱雲がエンジンでガソリンは海水

竹見哲也（京都大学防災研究所気象・水象災害研究部門）

　台風とは、最大風速が17.2m/s以上に発達した巨大なエネルギーを内包する熱帯低気圧のことをいう。熱帯の海上で台風が発達するのは、多数の積乱雲が巨大な渦巻状に集団化するためである。積乱雲内では、上昇気流にのった水蒸気が水や氷になり、凝結や昇華のさいに放出される大量の熱（潜熱）によって空気が暖められる。すると上昇気流はますます強まり、積乱雲への水蒸気の供給も増大する。

　このようなサイクルで、台風のエネルギーはますます強まる。積乱雲は台風を発達させるエンジンの役割を果たしているのである。その積乱雲の源である水蒸気は、海の水が蒸発することで供給される。海は、台風のエネルギー源なのである。

**海面水温と海水の
エネルギー供給で成長する**

　熱帯海域は年間を通じて海面水温が高く、なかでも西太平洋、西大西洋、インド洋は海面水温が27℃以上ととくに高く、熱帯低気圧の発生源となっている。逆に、熱帯でも海面水温が27℃に達しない東太平洋ペルー沖などの海域では、熱帯低気圧は発生しない。海面水温は、台風の発達を左右する要素の一つなのだ。

　海面水温が高い状態では、一般に気温も高い。気温が高いと、空気が含むことのできる水蒸気量（飽和水蒸気量）も多くなる。したがって、水温の高い海面付近の空気は、水蒸気をどんどん取りこんでいる。しかも、強い風のもとでは、風の効果で海面での蒸発は促進される。

　このように海水の蒸発量は、気温の高低と風の強弱により決まり、単位時間・単位面積あたりの量（フラックス）として定量化される。海面での水蒸気フラックスも台風発達の大きな要素なのである。

　では、海面水温が高ければ高いほど台風は強くなるのだろうか。マサチューセッツ工科大学のケリー・エマニュエル教授は、「台風は海面フラックス（エネルギー源）と積乱

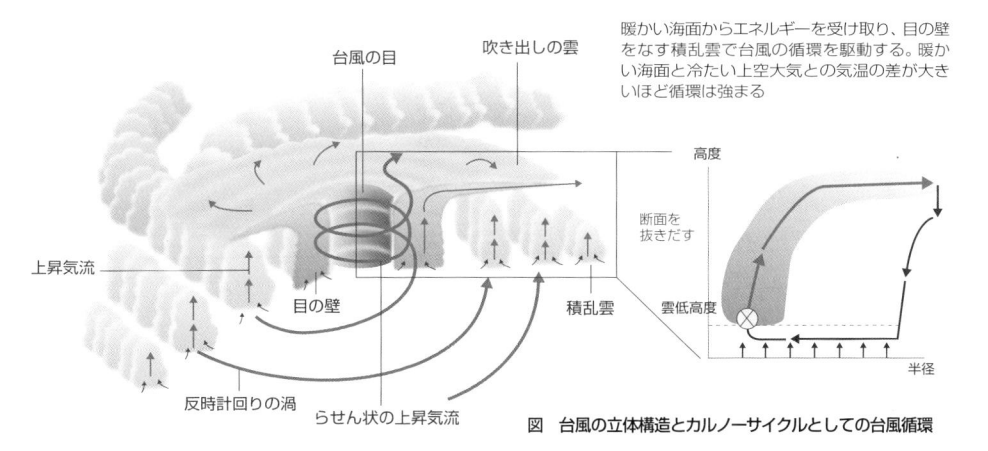

図　台風の立体構造とカルノーサイクルとしての台風循環

暖かい海面からエネルギーを受け取り、目の壁をなす積乱雲で台風の循環を駆動する。暖かい海面と冷たい上空大気との気温の差が大きいほど循環は強まる

113

雲という対流（エンジン）とから構成されるカルノーサイクル*とみなせる」という理論を提唱した（図）。海面水温だけでなく上空の低い気温も台風の強さを決定づける大きな要素として位置づける理論である。対流活動の強弱は、高さ方向の気温の違いに依存するためである。

この理論では、海面での水蒸気フラックスだけでなく、つぎにのべる海面での摩擦の効果も台風発達の大きな要因とされている。

強風時の海面フラックスと台風との関係

海面は大気に水蒸気を供給するのみならず、大気とのあいだに摩擦を起こすことで大気への抵抗力としても作用する。海面というのは、風がない場合には鏡のように穏やかな凪の状態になるが、風が吹くと波立ち、風が強くなると波が高くなったりうねったりするようになる。このように、地面と違い海面は、風の強さによって形状が変わる。つまり、海面では風が強くなると波が高くなって凹凸が大きくなり風との摩擦はより大きくなる。しかし、風速が約30m/sを超えると、波が砕けることで凹凸具合が弱まり、海面の摩擦作用は逆に弱まる。

このように、強風時の摩擦効果は台風の強さが決まるうえで大事なポイントである。強風時にはさらに、波しぶきの影響で水蒸気フラックスも弱風時とは異なる動態を示す。したがって、強風時の摩擦や水蒸気の海面フラックスについての理解はきわめて大事である。

海面フラックスをはかるためには、観測船に計測器を設置して外洋で数十日間もおなじ場所で観測を行なう必要がある（写真）。科学者と乗組員が互いに協力しながら長期間の観測を実施するのである。静穏

写真　海洋地球研究船「みらい」による海面フラックス観測
右は、前方マスト上部に設置された計測器。熱帯の海で発達する積乱雲の源となる海面フラックスをはかる

な波の状態であれば観測はできるが、台風のような強風で波が高い状態では観測を継続することはできない。このように、台風時の現場観測は困難なのである。したがって、台風の強さと強風時の海面フラックスとの関係についても、おもに理論や数値シミュレーションによって研究するしかなかった。

京都大学の研究グループでは、気象の数値モデルによるシミュレーションによって、台風の中心付近の海面フラックスとそこでの対流活動の強化が台風の発達に大きく影響していることをあきらかにした。いっぽう、アメリカでは、ハリケーン時の海面フラックスの観測研究が進展している。

こんごは、観測、理論、数値モデルの相補的な研究の展開が期待される。

＊蒸気機関のような熱機関のなかでも、もっとも効率よくエネルギーを取りだせるものをいう。高温の加熱源と低温の冷却装置との温度差が大きいほど効率が高くなる。

2 エルニーニョ・南方振動の構造
大気と海洋の相互作用

西本絵梨子（京都大学大学院理学研究科地球惑星科学専攻地球物理学分野）

エルニーニョ現象は、中・東部太平洋赤道域の海面水温が平年よりも高い状態が1年以上持続する現象のことである。ラニーニャ現象は逆に、おなじ海域で海面水温の低い状態が維持される現象のことである（図1）。

熱帯大気への影響

通常、降水をともなう対流活動は西太平洋域で活発であるが、エルニーニョ時には中央太平洋域で活発となり、ラニーニャ時には西太平洋域で強化された状態となる。また、エルニーニョ現象とラニーニャ現象にともなって西太平洋熱帯域と東太平洋熱帯域とのあいだの海面気圧はシーソーのように変動する。これを南方振動とよび、エルニーニョ現象（El Niño）と南方振動（southern oscillation）の総称として、両者の頭文字をとってENSO（エンソ）とよんでいる。

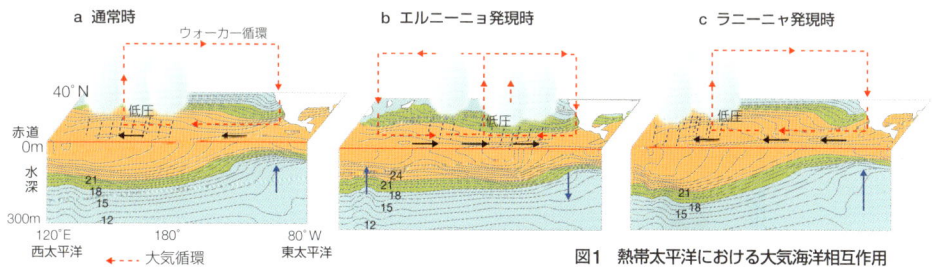

図1　熱帯太平洋における大気海洋相互作用

カラーコンターは海水温の分布を示す。鉛直スケールは大気と海洋で異なる（大気は対流圏全体、海洋は水深300m）。「低圧」は海面気圧が低い領域を示す。海面水温が高い領域で対流活動は活発になり低圧を形成する。対流圏の下層でこの低圧部にむかって風の収束が起こり、上昇流が生じる。上昇した空気は対流圏上層で東にむかい、東太平洋で下降する。この一連の東西方向の循環を、ウォーカー循環という。このとき、対流圏下層の風が海洋表面の海水を移動させることで海洋循環が生じ、海水温の分布を変化させる（植田宏昭著『気候システム論──グローバルモンスーンから読み解く気候変動』（筑波大学出版会、2012）をもとに作画）

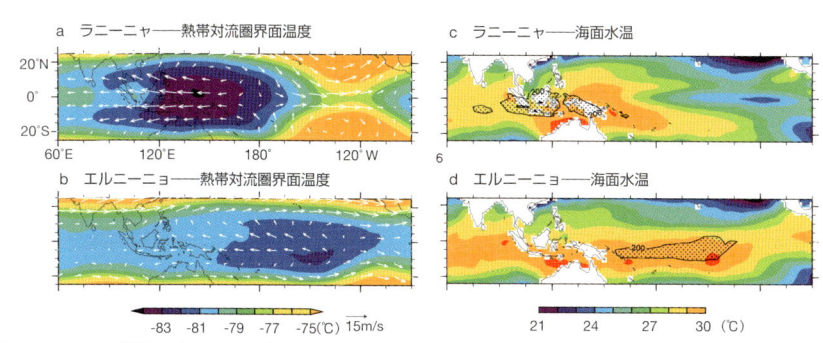

図2　ラニーニャ現象、エルニーニョ現象にともなう北半球冬季における大気・海洋変動

a）、b）図は、熱帯対流圏界面領域である圧力高度100hPaでの気温（カラー）と水平風（ベクトル）の分布。c）、d）図は海面水温（カラー）と対流活動が活発な領域（黒コンター）の分布を示す。対流活動が活発な領域が東西に移動するのにともない、熱帯対流圏界面領域における馬蹄形状の低温領域は移動する

エルニーニョ現象とラニーニャ現象は、数年に一度ほぼ交互に生じることが観測されている。これらが一方から他方へ遷移する過程は、外部からの強制力を必要とせずに、熱帯域の大気循環と海洋表層流、海水温の東西分布が互いに影響をおよぼしあうことで起こると考えられている。

中・高緯度大気への影響

　中・高緯度の天候は熱帯域の対流活動[*1]の変動による影響も受けていると考えられている。対流活動中の水蒸気が凝結するさいに潜熱が解放され、熱帯対流圏の中・上層は加熱される。そして、この加熱によって大気波動[*2]が励起され、中・高緯度へ低気圧や高気圧のかたちで伝播する。ラニーニャ現象が夏に発現すると、日本上空では高気圧が強まり暑夏の傾向となり、冬に発現すると、強い寒気が流入して豪雪となることが多いことが知られている。

気候への影響

　対流活動を起源とする加熱は、対流圏から成層圏への水蒸気のおもな入り口である熱帯対流圏界面領域の温度分布にも影響を与え、成層圏における水蒸気濃度を変化させることが知られている。成層圏における水蒸気量は対流圏下層のわずか10,000分の1ていどと少ないものの、地球の放射収支や成層圏におけるオゾン破壊など、地球の気候の形成・維持にかかわる過程において重要な役割を果たしている。

　図2に熱帯対流圏界面付近における気温の水平分布を示す。東部インド洋から中央太平洋の領域で、周囲よりも温度が低い領域が馬蹄形状に分布している。この温度構造は、加熱によって励起された、松野・ギルパターンとよばれる大気波動として解釈できる。

　強い馬蹄形温度構造は、ラニーニャが発現している年に西太平洋上で強化された対流活動に対応して形成され、そこでの温度は他の年にくらべて低い。温度構造にともない低温偏差上で強い水平循環も形成されるため、対流圏から成層圏へ流入する空気塊は、この領域で効率的に水蒸気が除去されると考えられる。

　いっぽう、比較的弱い低温で構成されている東西にのびた温度構造は、エルニーニョ時に対流活動が中央太平洋付近で活発になるのにともなって見られる。この状況下では、空気塊は水蒸気が十分に除去されないまま成層圏へ流入しやすいと考えられる。

地球全体の気象・気候に影響を与える多様なENSO

　近年、海面水温の偏差が最大となる領域が、これまでよく知られていた東部太平洋上ではなく中央太平洋上に現われる、中央太平洋エルニーニョまたはエルニーニョモドキとよばれる現象が存在することが認識されてきている。この現象は、地球温暖化との関係も含めてそのメカニズムの解明が注目されている。

　気候変動について調べるために、温暖化予測実験だけではなく、現在とは異なる気候状態にあった氷期や間氷期の気候条件下の気候モデルをもちいた再現実験が行なわれている。この実験の利点の一つは、珊瑚礁や鍾乳石などからの古気候情報が（数は少ないものの）得られるため、気候モデルの出力結果の不確実性を評価することができる点にある。

　このように、熱帯域で起こる大気海洋相互作用現象であるENSOは、対流活動の変動を通して地球全体の気象・気候へと影響をあたえる。さらにはこの現象を通して、過去から未来へと雄大に思いをはせることができるのである。

---

*1　局所的に高温となっている大気の部分が、浮力によって鉛直上方に移動する運動のこと。
*2　重力や地球の自転にともなう力を復元力とする大気中の波のこと。

2 南極域オゾンホールの発生と海

向川 均（京都大学防災研究所気象・水象災害研究部門）

　18世紀の産業革命以降、人間活動の活発化にともなう化石燃料の燃焼によって大気中に放出された二酸化炭素（CO_2）などの温室効果ガスは、大気中に大量に蓄積されている。しかも、近年地球温暖化が進行していることはほぼまちがいのない事実である。

CO_2吸収量の変動とその要因を解析する

　では、放出された人為起源の温室効果ガスのすべてが大気中に蓄積されているのかというと、そうではない。その約30％を海洋が、約10％は陸上生態系を含む陸面が吸収し、大気中から取り除かれている。しかも、南緯40°以南の南大洋でのCO_2吸収量は、全海洋の約40％に達している。このため、地球温暖化の将来を予測するには、南大洋が取りこむCO_2吸収量の変動の実態とその変動要因をあきらかにすることが重要である。

　じつは、海洋のCO_2吸収量は、大気下層と海洋表層とのCO_2濃度差によっておおよそ決定される。したがって、大気中のCO_2濃度が増大すると、南大洋が吸収するCO_2量も増大すると考えられる。しかしながら、最近の研究は、1980年代以降における南大洋での吸収量は減少傾向にあることを示している（図1）。しかも、このパラドックスを解決する鍵は、海面から遠く離れた高度約10kmから50kmに拡がる成層圏に存在するオゾンの減少であることがわかってきた。

一見無関係な事象が互いに関連する現象

　現実に成層圏では、人間活動によって放出されたクロロフルオロカーボン（フロンガス）によるオゾン層破壊が進んでいる。1980年

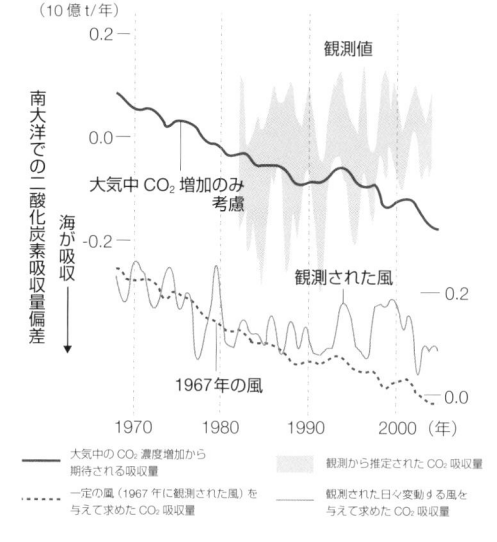

図1　南大洋（南緯45°以南）のCO_2吸収量の偏差

「偏差」とはある値からの差で、CO_2吸収量は炭素換算量であらわす（単位は10億t/年）。値が小さいほど、海洋のCO_2吸収量が多い。図の右下の目盛り（南大洋でのCO_2吸収量の偏差）は、細い実線と点線の値を示す。観測データ（灰色の領域）は、1981年以降、南大洋のCO_2吸収量が減少傾向にあることを示している。この傾向は、大気中CO_2濃度の増加から期待される傾向（太い実線）や、1967年当時の風を仮定して求めた傾向（点線）とは正反対であり、風の経年変動（細い実線）を考慮しないと説明できない（Le Quere et al., 2007 をもとに作成）

代以降、南極上空の成層圏では春（10月）にはオゾンのほとんどが消える「南極域オゾンホール」が出現するようになった。このオゾンホールの出現と南大洋でのCO_2吸収量の低下とがほぼ同時期に生じたのは偶然の一致ではなく、両者のあいだには、有意な因果関係が存在していたのである。

　このように、地球の気候システムには、遠く離れた一見無関係な事象が互いに関連する「遠隔連結」という現象が存在する。この遠隔連結をつかさどるプロセスの謎解きこそが気候システム科学の醍醐味であり、こ

の解明には観測データの解析とともに、気候モデルをもちいた数値実験が必須となる。

南半球の成層圏と海とはどう関連するのか

　最近の地球システム科学の研究は、南半球の成層圏と海とがつぎのプロセスを通じて関連している可能性を提示している(図2)。
①南半球成層圏で春季にオゾンホールが出現すると、オゾンによる紫外線吸収にともなう大気加熱が減少し、南極の成層圏下部の夏季(12月～2月)の温度が低下し、成層圏の南緯60°付近で西風が強化する。
②成層圏西風の強化は、南半球大気における卓越変動パターンである南半球環状モード(Southern Annular Mode: SAM)の正の位相の強化と対応し、海面付近でも南緯60°付近で西風が強化する。
③海面付近での西風の強化は、南極の周囲を東向きに流れる南極環流(Antarctic Circumpolar Current: ACC)を強化するとともに、南緯60°付近で赤道向きに流れるエクマン流(73ページ参照)も強化する。
④エクマン流の強化は、南大洋中での南北鉛直面内での循環(子午面循環)を強化するため、南緯60°より南側でCO_2濃度の高い深層水の海洋表層への供給が増大する。
⑤このため、海洋表層と下層大気間のCO_2濃度差が減少し、CO_2吸収量が減少する。

＊

　ただし、これらのプロセスは数値実験で使用した気候モデルに依存する可能性があることに注意しなければならない。このため、プロセスの実証には観測的研究が不可欠である。たとえば、これまでの研究では、成層圏と対流圏とを結合させるSAM (プロセス②)は、対流圏に存在する移動性高低気圧がその主要な駆動源であると考えられていた。しかし、時間分解能の高い最新の観測データをもちいた最近のわれわれの研究によって、より水平スケールの小さな大気波動も、SAMの駆動源として無視できない役割を担っていることがあきらかになった。

　このように、新しい気象観測技術の開発により得られる、より時間空間分解能の高い観測データの解析から、新規な大気現象の発見だけでなく、気象学の定説を覆す新しい理論が生みだされる可能性はきわめて大きい。さらに、これまで研究目的で利用されてこなかったデータの活用も重要である。われわれの研究室では、異常気象の生起要因や予測可能性の解明をめざし、気象庁などの現業機関が天気予報を作成するために利用した数値予報データ、とくに複数の初期値から予報を行なうアンサンブル予報データの解析を進めている。まさに無尽蔵ともいえる、これら新規データセットの活用こそが、21世紀における気象学の新しい地平を拓く最善の方策であると確信する。

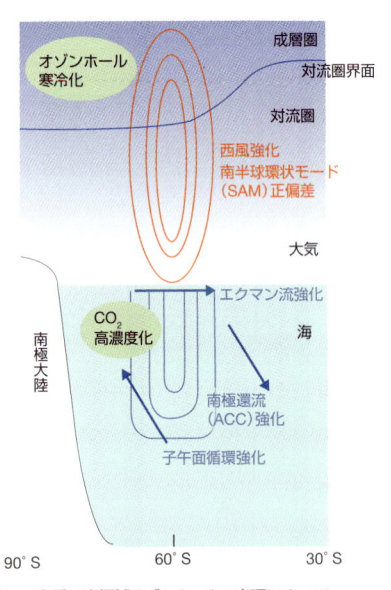

図2　春季の南極域オゾンホールの出現によって、南大洋でのCO_2吸収量が減少するメカニズムの概念図
横軸は緯度、縦軸が高度を示す子午面断面図。南半球成層圏でのオゾンホールの出現は、SAMの正偏差と対応する対流圏での西風強化を媒介にして、南大洋中での子午面循環(青矢印)を強化し、南大洋でのCO_2吸収量を減少させると考えられている

温暖化がもたらす北極域の海氷の急激な減少
気候モデル予測をはるかに越える減少量

余田成男（京都大学大学院理学研究科地球惑星科学専攻地球物理学分野）

　北極域の海氷が過去数十年にわたり急激に減少している。図1は北極域の海氷の拡がりのようすを示している。海氷は冬の終わりの3月に最大、夏の終わりの9月に最少となる季節変動をくり返しているが、2012年9月の海氷の被覆面積は過去最少となり、1979〜2000年の平均的な状態（ピンク色の線）にくらべて約半分であった。9月で平均した被覆面積の年々の変動（図2中の実線）をみると、過去30年で30％以上の減少率となっており、ここ10年ほどはさらに急速に減少していることがわかる。観測期間中の9月の被覆面積をランクづけすると、下位の5年はすべて2007年以降に出現し、2012年が記録的な最小値であった。また、北極海中央部での冬季の海氷の厚さは、1980年以降10年間に1.8mの割合で薄くなっている。夏になっても溶けきらずにつぎの冬を迎える多年氷の割合も、近年大きく減少している。

考えられる三つの原因

①大気の熱力学過程による融解

　近年の海氷の減少は、北極域で観測されている10年で1℃以上の温暖化と直接的に関連している。しかも、急激に減少した2007年夏季には、ボーフォート海の雲量が前年にくらべて16％減少しており、地表に

図1　2012年3月および9月における北極域の海氷の拡がり
海氷の被覆面積は季節とともに変化し、3月に最大、9月に最少となる。2012年の被覆面積は360万km²であり、1979〜2000年平均にくらべて49％減という観測史上の新記録となった（米国雪氷データセンターによる）

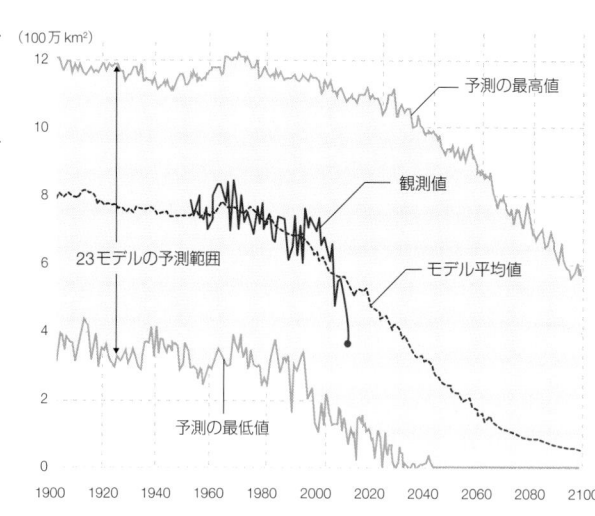

図2 観測および気候モデルシミュレーションによる9月の北極域海氷被覆面積の経年変動

☐の領域は気候モデル相互比較プロジェクトCMIP5に参画する23のモデルの予測結果の範囲。点線はそれらの平均値。実線はじっさいの観測値。モデル予測の平均は今世紀中にほとんどの海氷が消失することを示しているが、近年はその予測をうわまわる速さで減少が続いている
（米国学術研究会議"Seasonal-to-Decadal Predictions of Arctic Sea Ice"(2012)をもとに作画）

到達する太陽エネルギーの増加が海氷表面の融解を促進させたことがわかっている。

②海水温と海氷融解の連鎖

海氷が少なくなれば太陽光の反射が減り、海面で吸収される太陽エネルギーが増加し、海水温が上昇する。水温上昇は、接する海氷の水面下での融解をさらに促進する。これらの過程が連鎖すると、海氷の減少はどんどん進むことになる。

③大気運動による吹流し

北極海の海氷は海上風に吹き流され、おもにフラム海峡（グリーンランドとスヴァールバル諸島のあいだの海峡）を通過して、その外側に流出する。北極振動*として知られる大気循環の長期変動にともなって極域の地上風系が年々変動しているが、それが図2実線に現れた経年変動の少なからぬ部分を説明する。1990年代の前中盤、2007年、あるいは2012年の海氷の極端な減少は、そのような吹流し効果の寄与が大きいと考えられている。

予測モデルが現実に追いつかない現状

北極域の海氷は、夏のあいだ、地表に到達する太陽エネルギーを反射し、大気－海洋間の熱や物質などの交換率を変化させることで、極域の気温や水蒸気、降水量などに影響を与えている。また、海氷が融解すると真水になるので、密度差が生まれ海洋の流れにも影響をおよぼす。これらの実態を把握するには、海氷そのものや大気・海洋の詳細な観測が必須である。これまで、人間の日常活動域から遠く離れた極域での観測は限られてきた。しかし、極域での急激な気候変化を監視し、関連する諸過程を理解して、確実な将来予測につなげるには、稠密で継続的な観測網の構築が必要である。

近年観測されている北極域の海氷の減少量は、気候モデルによる予測をはるかに越えている。図2のグレーの領域は、気候モデル相互比較プロジェクトに参画する23の予測結果の範囲である。点線はこれらの予測された海氷被覆面積の平均であるが、2012年9月の観測値（図中の●）はこのモデル予測の平均値の3分の2ていどしかない。これは、今日の気候モデルの不確実性を示す顕著な事例であり、熱帯域の対流雲の組織化とともに、極域の海氷に関連する過程の精緻化が気候モデルの予測精度向上に重要であることを示している。

---

*北極域と中緯度域の気圧が逆相関で長期変動する現象。極域の低気圧が弱いときには極をとりまくジェット気流の蛇行が顕著になり、中緯度域の天候状態にも影響をおよぼす。このとき、地上風の南北成分も大きくなり、北風域では極から中緯度への吹流し効果が卓越する。

2 気候変動の証拠をあつめる
3-06
樹木、堆積物、鍾乳石データによる歴史の再構築

田上高広（京都大学大学院理学研究科地球惑星科学専攻地質学鉱物学分野）
渡邊裕美子（京都大学大学院理学研究科地球惑星科学専攻地質学鉱物学分野）
竹村惠二（京都大学大学院理学研究科附属地球熱学研究施設）

写真2　同位体分析に提供されるために切断された紅桧

写真1　1,050年の年輪をもつ台湾産紅桧
年輪幅から気候変動を知る手がかりが得られる

京都大学大学院理学研究科附属地球熱学研究施設（大分県別府市）には、台湾阿里山の紅桧（べにひのき）がある（写真1）。説明には、つぎのように記述されている。

東亜歴代の盛衰と気候の変動

　年輪の厚さは1年間の樹木の成長を示す。樹木の成長は気候によって支配されるから、年輪を調べると過去における気候の変動をたどることができる。ここに陳列したのは台湾の阿里山に人知れず根をおろし、1,050年の年月をへた紅桧を輪切りにしたものであるが、この紅桧の年輪から求めた成長率と、中国における毎5年間の内乱の数はきわめてよく似た変化を示し、生長率が小さい時期には内乱が多く、生長率が大きい時期には平和が続いている。とくにいずれもおよそ700年の周期をもって大きく変動していることに注目されたい。

同位体の測定で精緻な気候変動研究が可能に

　この紅桧材をもちいた研究は、京都大学地球物理学教室の創始者の志田順（1876-1936）によってはじめられた。1939年の『地球物理』第3巻1号には、志田による「昭和6年阿蘇山上に於ける御前講演」の下書きが記録されており、年輪幅の変動からわかる気候変動、社会変動や火山活動との関連まで紹介されている。京都大学地球科学分野または地球惑星科学分野での気候変動の研究は、開設当時から重要な研究課題であったことが理解される。

　台湾のヒノキの研究は、その後も京都大学防災研究所元所長の速見頌一郎、大内正夫らによって、大平山の材料をもちいた「北太平洋亜熱帯の変動と北陸の降雪の変

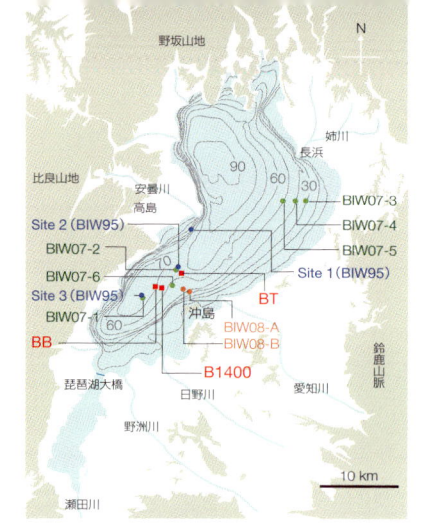

図1 琵琶湖における掘削地点
1960年代から多くの地点で湖底堆積物が研究試料として得られた

写真3 琵琶湖湖底まで掘削した琵琶湖深層掘削（1982年-1983年）のやぐら
このやぐらで、1,400mを超える地層が採取された

動および太陽活動の10年周期との相関に関する研究」として進められた。現在は、年輪幅のみならず、年輪ごとの同位体の測定等により、さらに精緻な気候変動研究が進められている。地球熱学研究施設の台湾紅桧は、その貴重な素材として、研究の表舞台に再度登場する予定（写真2）である。

琵琶湖の堆積物が語る気候変動

気候変動は、近年の海や大気の観測データ、歴史古文書の記録等から実証的に復元される。また、長期的で多重時間スケールでの復元データによる気候変動の再構築も欠かせない要素である。登場するのは、氷床コア、サンゴ、鍾乳石、湖沼堆積物、氷縞粘土や年縞堆積物である。

京都大学では、湖沼堆積物や年縞堆積物の研究を進めてきたが、最近は鍾乳石に関する研究が注目を浴びている。ここでは、京都大学理学研究科が進めてきた琵琶湖堆積物の研究と、国際的な展開をみせている福井県三方五湖の一つ、水月湖の研究を紹介する。

琵琶湖は日本でもっとも大きな湖であり、また長い歴史のある構造湖である。西側には琵琶湖西岸断層帯が走り、平均水深40mの北湖、平均水深3mの南湖に分けられる。湖底地形は、ゆるやかに西に傾いた形をしている。反射法地震探査の結果から、地下の堆積物の構造も西に傾斜しており、これは琵琶湖西岸の断層帯運動により、西側が隆起し、東側（琵琶湖側）がしだいに沈降しながら、だんだん堆積物により埋められていったという歴史をあらわしている。

琵琶湖の西側の断層帯の運動が継続し琵琶湖底が沈降し続けた結果、現在の琵琶湖には、すくなくとも100万年を超える古い堆積物が保存され、中緯度モンスーン地域の気候変動の記録のアーカイブスとして注目されてきた。そのような連続的堆積物をたくさん採取し、研究が実施されてきた。

図1は、琵琶湖での長期間の環境変動を研究したサンプルの調査地点である。琵琶湖堆積物全体を堅い岩盤まで掘りぬいたのは、理学研究科附属琵琶湖古環境実験室の堀江正治教授のチームであった。1982年から1983年にかけて実施された掘削（写真3）で、図1のB1,400m地点で911mの湖底堆積物が採取された。

この堆積物の研究から多くの成果が得られた。ここでは気候変動のアーカイブスとして、花粉分析データからベストモダンアナログ法＊によって復元した気候変動が、汎地球規模の氷期・間氷期サイクルとみごとに

＊花粉の分析から、過去の気候（気温・降水量）を復元する手法の一つ。現在の地球上に見られる気候と植生の対応関係が過去にも成りたつと仮定し、さまざまな樹種の花粉の割合から気候を定量的に復元できる。

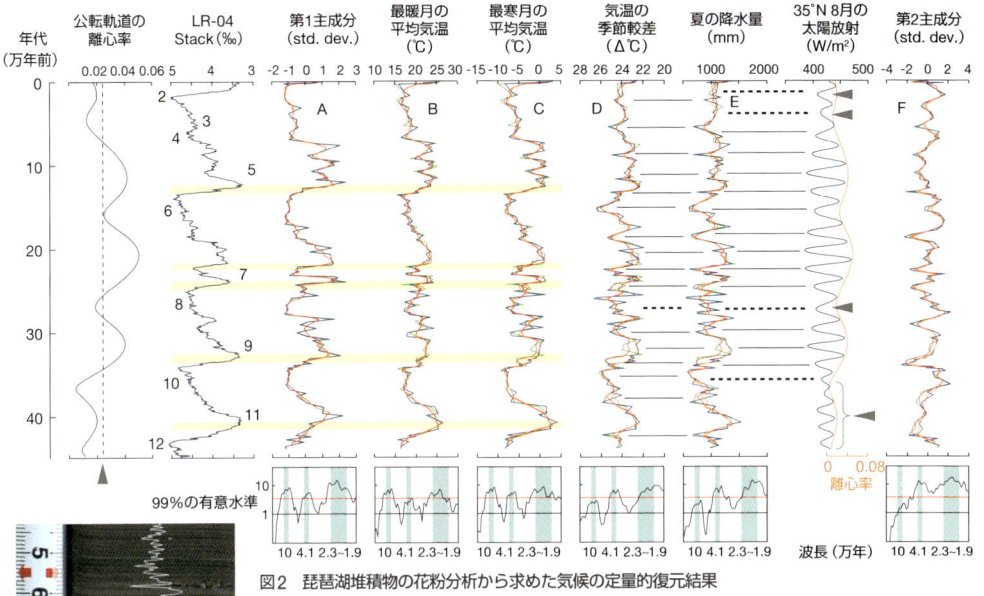

図2 琵琶湖堆積物の花粉分析から求めた気候の定量的復元結果
左から千年単位の年数で、公転軌道離心率や酸素同位体比変動カーブと花粉分析の第1主成分、最暖月や最寒月の平均気温の対応がよいこと、気温の季節較差や夏の降水量や太陽放射と、花粉分析の第2主成分の対応がよいことがわかる（中川ほか、2009をもとに作成）

写真4 水月湖年縞堆積物
水月湖コア（SG06）の写真と堆積物の明暗のパターン。
（写真提供・英国ニューカッスル大学 中川毅）

写真5 水月湖湖底表層のアイスコア
採取したやわらかい堆積物をドライアイスで固めた試料

対応しているようすを図2に示した。

5万年にわたる気候変動を1年単位で調べる

琵琶湖の堆積物は、そのように数万年スケールの氷期・間氷期のサイクルや数千年規模の気候変動のアーカイブスとして貴重な自然の古文書である。いっぽう、水月湖には、私たちの身近な1年の時を刻む年縞堆積物というアーカイブスが存在する。

1990年はじめに安田喜憲氏のチームによって記載され研究されたこの堆積物（写真4）は、中川毅氏を中心とするチームによって2006年に再度、年縞の1枚も逃さない慎重な掘削法によって採取された。年縞の計測、多量の年代測定結果にもとづく高密度・高精度分析などが進められた。その結果、当時の気候変動が汎地球規模におよんでいたこと、また東アジアの晩氷期から完新世にかけての気候変動のタイミングと振幅が、欧米地域と異なることを議論した。これらは日本発の重要な成果として国際的な注目を集めている。

写真5は、湖底表層の固結が弱い堆積物を採取してドライアイスで固めたアイスコアである。過去から現在に続く堆積物を採取して数百年間の高精度情報を取得し、気象の観測記録等との対応をあきらかにすることが目的である。この試料から現在も年縞が形成されていることがわかる。

鍾乳石が語る気候変動

京都大学のチームは、21世紀COEプログ

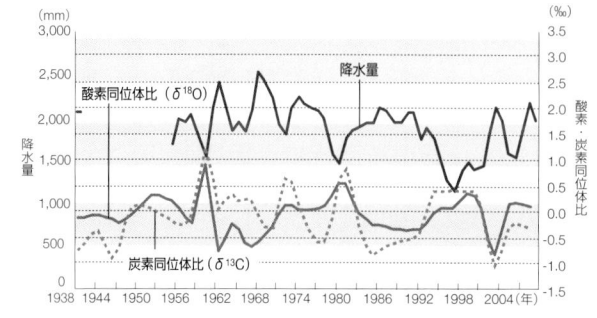

写真7　ブニアユ洞窟の鍾乳石断面
鍾乳洞の天井から落ちる滴下水によって洞窟床面で上向きに成長する石筍は成長様式が単純なので、古気候の精密な復元に適している。石筍を二つに切った断面をみると、成長縞が観察できる

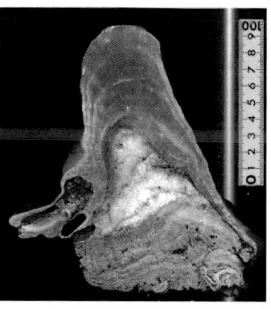

写真6　ブニアユ洞窟の巨大鍾乳石
鍾乳石は、石灰岩洞窟の中に二次的に形成される炭酸塩鉱物で、その形状によりツララ石、石筍（せきじゅん）、石柱などに分類されている

ラム「活地球圏の変動解明」のなかで、「同業異分野の研究者が混在するルツボ」を合言葉に、さまざまな分野横断型研究を立ち上げ、新しい学問の芽をいくつも育んできた。

なかでも、インドネシアのバンドン工科大学の海外拠点を活用した研究は、京都大学の得意技である海外フィールド調査と年代・同位体分析が合体して新境地を拓いた。それが、2006年にはじまった「鍾乳石を用いたアジア赤道域の気候変遷高精度復元計画」である。

鍾乳石（写真6）には、洞窟内で成長した当時の気候情報（気温や降水量）が記録されている。また、成長縞（写真7）は多くの石筍で1年に1枚ずつ形成されていて、石筍の成長の方向や詳しい年代の決定に役だつ。

そこで、インドネシア・ジャワ島で採取した石筍の頂上部分から下にむかって、成長縞を横断する方向に1年ごとに正確に石筍を削りとり、石筍に含まれる酸素と炭素の同位体組成を専用の装置で分析した。すると、同位体比の年々の変動が、現地の降水量の年々変動とよく符合（逆相関）することがわかった（図3）。このことを利用すると、定量的な気象観測のなかった20世紀初頭以前にさかのぼって、陸域の気候変遷を精度よく復元することができる。

いまや、われわれは、年々の時間分解能で過去50万年間の気候変遷を復元できる高性能ツールを手に入れることができた。これを使って、地球の自転・公転のゆらぎに起因する氷期・間氷期サイクルや、太陽活動のゆらぎに起因すると推測できる中世の温暖期と江戸時代の小氷期の実態解明を進めている。

とりわけ、気候変動の将来予測にもつながる過去2,000年間の高精度気候変遷復元は、21世紀という地球文明の変換点に差し掛かったわれわれの世代の喫緊の課題であろう。地球の平均気温の変化が地域の降水にどのような変化をもたらしてきたのか、それらの変化はほんとうに太陽活動の反映なのか、それは未来にも生じうるのか、われわれはどう対処すればよいか。世界で人口がもっとも多い東アジアと赤道域をターゲットに、いまだ未知なる地球の真相解明にむけて、新たな展開への期待に胸をふくらませながら日々の研究に邁進している。

図3　インドネシアのジャワ島の降水量と鍾乳石の酸素・炭素同位体比との年々変動比較
酸素同位体比（$\delta^{18}O$）と炭素同位体比（$\delta^{13}C$）は類似した変化傾向（正相関）を示すいっぽう、降水量は両者と逆の傾向（逆相関）を示す

津波と地震

　津波は、地震によって陸のプレートが急激に跳ね上がるときに、広い範囲にわたって海水がもち上げられることで発生する。海洋全層に生じる水平スケールの著しく大きな波で、大地震の場合には、遠く大洋の対岸にまで、ジェット機なみの速さで伝播することがある。
　2011年3月の東北地方太平洋沖地震における津波の発生と伝播では、先端的な観測データの解析により、これまでにない描像が得られている。日本各地約1,200点のGPS観測点での詳細データから、日本列島および海底の地殻変動の実態があきらかとなった。釜石市沖に設置されたGPS波浪計は、最大6.5mの津波を観測した。水深5,600mの深海底に設置された海底磁力計は、「津波ダイナモ効果」による磁場の変化をはじめて観測した。さらに、津波に励起された大気中の波動が高度300kmの電離圏を揺らすようすが、GPS観測による電離圏内のプラズマ量の変動として捉えられた。
　過去の大津波の痕跡は、地質学的データのなかにある。津波堆積物は、過去の津波の化石といえる。その年代測定により、大きな津波やそれを引き起こした地震がどれくらいの時間間隔で発生をくり返してきたかを推定できる。
　東北地方太平洋沖地震の巣を探るための現場観測の技術も、時代の最先端を走っている。水深6,900mを超える深海底で、さらに海底下820mまで掘削し、プレート境界断層から岩石サンプルを採取。高速摩擦実験により、地震断層面の摩擦状況の推定がはじまっている。さらに、掘削孔内の温度計測により、摩擦発熱量の推定が行なわれている。
　プレート境界の巨大地震発生の場の理解とそのモデル化をはかるために、スーパーコンピュータを駆使した計算科学によるアプローチが進んでいる。地震サイクルのシミュレーションや津波シミュレーションにより、これまでにない知見が得られつつある。（余田成男）

大変がまねく迷惑　地震が引き起こす津波

古村孝志（東京大学地震研究所巨大地震津波災害予測研究センター）
平原和朗（京都大学大学院理学研究科地球惑星科学専攻地球物理学分野）

津波は、地震の断層運動により陸のプレートが急激に跳ね上がるときに、広い範囲にわたって海水がもち上げられることで発生する（図1）。マグニチュード（M）9の規模の2011年の「東北地方太平洋沖地震」では、岩手県沖から茨城県沖にかけてのおよそ500km×200kmの広大な震源域の真上で、海面が5〜10mも盛り上がり・下がりしたことで高さ10mを超える大津波が発生。太平洋沿岸に最大30mを超える巨大津波が押し寄せ、犠牲者1万8千人を超える大惨事となった。

津波を起こす地震と起こさない地震

被害を起こす津波はおよそM8以上の規模で、深さが40kmよりも浅い海で発生した地震に限られる。小さな地震や地下深くで起こる地震では、陸のプレートの動きは小さく、海面がわずかに変動するだけであり、津波の心配はない。テレビの地震速報で「津波の心配はありません」と断言できるのは、こうした理由によるものだ。

津波に先だって強い揺れが発生するが、まれに地震時にプレートの滑りがゆっくり生じた結果、揺れは小さいのに大きな津波が突然やってくることがある。これが津波地震で、逃げ遅れやすいので注意が必要である。21,000人の犠牲者を出した1896年の「明治三陸地震」がこれであった。過去に被害を起こした津波のうち1割が津波地震の可能性があるという。揺れが小さいからといって避難をためらってはいけないのだ。

このほかに、海底地滑りや海底火山により津波が起こる場合がある。また、津波は

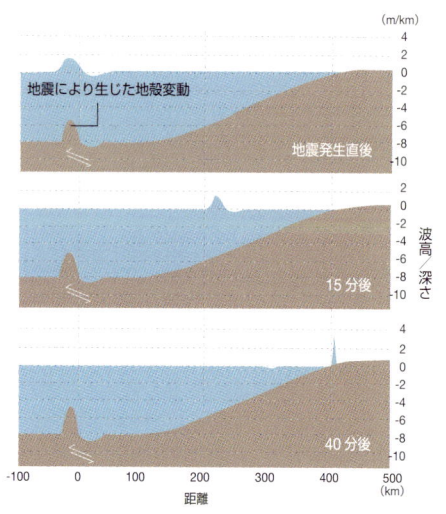

図1　地震発生直後、15分後、40分後の津波シミュレーション
地震により生じた海底変動（地殻変動）により海水がもち上げられ、津波として拡がる。沿岸に近づき速度が落ちると、あとから津波が追いついて波高が急激に高まる。矢印は震源断層の位置と動きをあらわす

海岸付近にある山が大規模崩壊することによっても生じる。15,000人が犠牲になった1792年の「島原大変肥後迷惑」がこの例である。雲仙岳の火山活動により眉山が山体崩壊（島原大変）し、土砂が有明海にいっきになだれこんで島原と対岸の肥後に大津波が発生（肥後迷惑）したのだ。

巨大隕石が海に落下しても津波は起こる。メキシコ湾やカリブ海沿岸各地には、約6,550万年前に直径が10kmほどの隕石が衝突したときに発生した津波の津波堆積物が残っている。このときの津波高は、約300mにもなったと推測されている*。

津波の驚異はスピードと破壊力

津波は海からやってくる巨大な洪水であ

*この事件については、松井孝典著『新版 再現！巨大隕石衝突』（岩波書店 岩波科学ライブラリー、2009）が詳しい。

る。地震の揺れで海面が揺すられてできる海面変動や、強風で海面が吹き上げられてできる高波とは、まったく別の現象である。高波では海面の一部の海水だけが動くが、津波では海全体が数百kmにわたって動くため、破壊力はくらべものにならないほど大きいのだ。津波の深さが20cmを超えると人は歩けない。50cmで車が流され、2mになると家が浮いて流される。わずかに思える津波高にも十分な注意が必要なのだ。

津波の拡がる速度は水深が深いほど速く、水深の浅い沿岸では遅くなる。水深5,000mの沖合では津波はジェット機なみの速度（800km/h）で、そして水深50mの沿岸でも自動車なみの速度（80km/h）である。津波が見えてから全速力で逃げても追いつかれてしまう。海の近くで強い揺れを感じたら、すぐに避難をはじめないと間に合わないのだ。

津波が陸に近づき速度を落とすと、あとからくる津波と押しあって急激に高さを増す（図1）。水深5,000mの沖合の津波にくらべ、水深10mの沿岸では4.7倍の高さに増幅するのだ。とくに、奥が狭まった湾では津波が集まって行き場を失い、急激に波高を増す。海岸線が深く入り組んだ三陸のリアス式海岸は、まさにそうした条件を備えていた。

東北地方太平洋沖地震では、津波の第一波は約30分で三陸沿岸に到達したため、地域によっては避難の時間がいくらかはあったかもしれない。しかし、近い将来に発生が心配される南海トラフの地震（東海・東南海・南海地震）は、日向灘から駿河湾にかけての陸寄りの海で起こるために、早いところでは数分で津波が到達する恐れがある（図2）。こうした地域では、すぐに安全な場所に避難できるように避難路や避難施設の整備が急がれている。

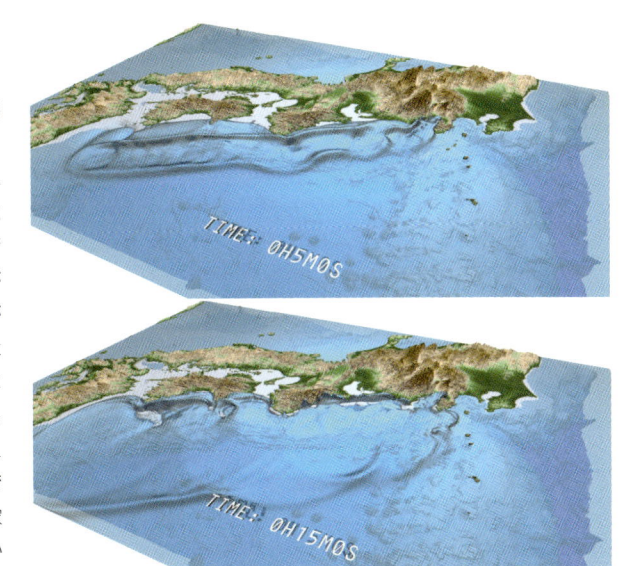

図2　1707年に発生した宝永地震の津波の再現シミュレーション
地震発生から5分後と15分後。津波の高さは650倍に強調して表示している。宝永地震は、東海・東南海・南海地震の3連動地震で規模はM8.7。地震の49日後に起きた富士山の宝永大噴火とともに亥の大変とよばれる

＊

津波は地球を覆う広大な海を波紋のように拡がり、遠く何千km先に伝わってもほとんど弱まらない。東北地方太平洋沖地震の津波は、8時間をかけてハワイに最大波高2mの津波として到達している。22時間後には17,000km離れた南米チリに最大波高2.4mで到達して漁船を転覆させるなど被害をもたらした。

反対に、1960年に発生した史上最大のM9.5のチリ地震では、三陸海岸に波高が8mを越える津波が到達し、東北地方沿岸では死者・行方不明者142名を出す大惨事となった。海に囲まれた日本は、日本で起きる地震はもちろん、海外の巨大地震による津波にも警戒が必要なのだ。

大変がまねく迷惑　地震が引き起こす津波——古村孝志／平原和朗

2 地震にともなう地殻変動を陸と海から観測する
4-02 GPSデータの解析の役割と可能性

宮崎真一（京都大学大学院理学研究科地球惑星科学専攻地球物理学分野）

東北地方太平洋沖地震にともなう地殻変動は、日本各地にある約1,200点のGPS観測点においてつぶさに観測できる。これは、国土地理院が整備したシステムで、データは国土地理院に集積される。これだけ大きな地震でどのような地殻変動が起こったのかを知りたいと、3月11日の夜に国土地理院のデータをダウンロードした。

5.2m移動し、1.2m沈降した牡鹿半島

筆者は「キネマティック解析」とよばれる手法をもちいて、受信されたデータを解析し、30秒ごとの受信装置の位置を求めた。解析の過程で、震源にもっとも近い牡鹿半島の観測データが地震発生からしばらくしてとだえていることに気がついた。津波が到達した時刻だったのだろう。しかし、地震が起こって津波が到達するまでの観測は継続しており、データは国土地理院に転送されていた。

解析結果は、牡鹿半島が震源に向かって約5.2m移動し、約1.2m沈降（地盤沈下）したことを示していた（図1）。さらに驚いたことに、近畿地方も10cm近く東に移動していた。日本全体が、この地震によって地殻変動を起こしていたのである。この変動が桁外れに大きいことは、1995年の兵庫県南部地震（阪神大震災）では、大阪府箕面市と岡山県御津町との間が約3cm縮んだだけだったことと比較すればわかるだろう。

海溝付近では50m
を超えるずれが発生

こうしてGPS観測点の移動量を求めることができれば、これをもとに、地震を起

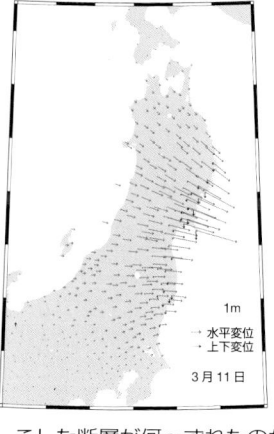

図1　東北地方太平洋沖地震にともなう地殻変動

灰色の矢印は水平移動量を、黒色の矢印は隆起・沈降を示している。宮城県牡鹿で東南東に5.2m移動し、1.2m沈降した（Miyazaki et al., 2011）

こした断層が何mずれたのかを見積もることができる。筆者が最初に求めた結果では最大約35mのずれが、南北約400kmにわたって起こっていた（図2）。

しかし、国土地理院のGPS観測点は陸上にしか存在せず、100km以上東に離れた海底下の断層のずれは、ぼやけた像でしかわからない。当然、海岸線から遠くなるほど、ずれのようすははっきりと見えない。断層のずれをクリアに知るには、ずれが起こった場所の上に観測点が必要である。

海上保安庁では、岩手〜福島の太平洋沖の数か所で海底地殻変動を地震前から調査しており、今回の地震によってこれらの観測点が最大20m以上動いたことがあきらかになった。この観測結果をもちいて断層のずれを求めると、海溝付近で50mを超えた。

このほか、東北大学でも海底観測が実施されており、東北大学や国土地理院によってさらに詳細な解析が実施されている。

海底面で最大約6m
の隆起

断層のずれがわかれば、そのずれによっ

て日本列島や海底面でどれだけの地殻変動が起こったかを計算できる。その結果、太平洋岸から沖に向かって約150kmまでの海底面では最大約2mの沈降があり、そこからさらに東の海底面では最大約6mの隆起があったという結果になった（図3）。

海底面が一瞬で隆起・沈降を起こすと、海水は隆起・沈降の形をそのまま海面に伝える。津波発生の瞬間である。海面の凹になった領域が沿岸に伝わり、沿岸部では潮が引く。これに続いて、海面の凸になった領域、すなわち津波が沿岸を襲うことになる。

防災・減災に期待される「GPS波浪計」

GPSは東北地方太平洋沖地震や、これにともなう津波の解明に利用されている。これにくわえて、将来発生する大地震に対する防災・減災に役だつことが期待されているのが「GPS波浪計」である。

GPS波浪計は、東京大学地震研究所の加藤照之教授らの研究グループが開発したシステムがベースになっている。海上に浮かべたブイにGPSアンテナを設置し、ブイの動きをリアルタイムで計測することで、ブイのある場所の津波の波高と到達時刻を知ることができる。東北地方太平洋沖地震においても、岩手県釜石市沖に設置されたGPS波浪計は最大約6.5mの津波を観測している（図4）。

海底で起こる地震の研究や、その防災・減災においては、海上・海底観測がますます重要性を増していくだろう。

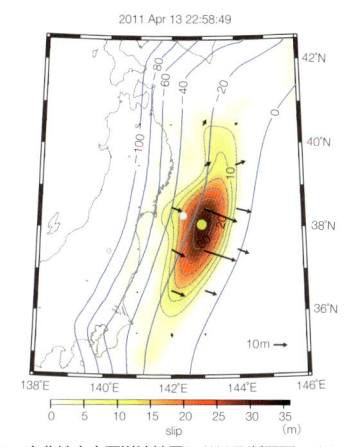

図2 **東北地方太平洋沖地震における断層面のずれ**
黄色から赤になるほど大きなずれが生じていることを示す。黄色の丸印が気象庁、水色の丸印が米国地質調査所による本震の震源（Miyazaki et al., 2011）

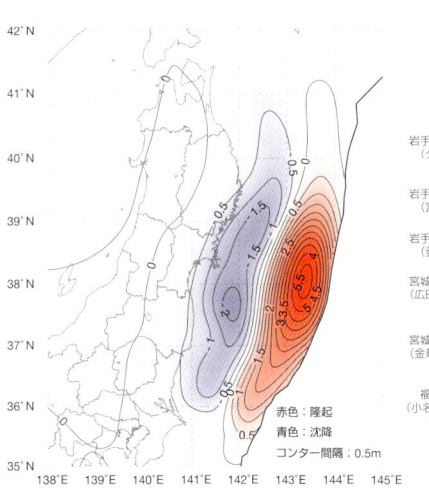

図3 **東北地方太平洋沖地震による海底面の隆起・沈降パターン**
赤い領域は隆起、青い領域は沈降を表す。これがそのまま海面に伝わり、青い領域では海面が下がり（海岸では潮が引き）、赤い領域の直上で津波が発生する（データ提供・国土地理院ホームページ）

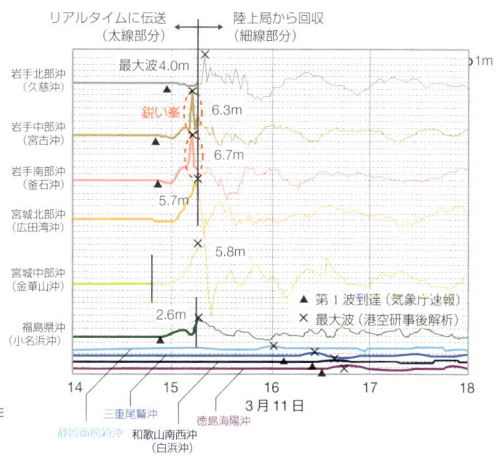

図4 **岩手県〜福島県に設置されたGPS波浪計による津波観測データ**
地震発生後に数10cm潮位が低下し、その後に2.6〜6.7mの津波が観測されているのがわかる。（データ提供・港湾空港技術研究所ホームページ）

津波の動きを海底磁力計でみる
「津波ダイナモ効果」の発見とその応用

藤 浩明（京都大学大学院理学研究科附属地磁気世界資料解析センター）

津波と地磁気、両者のあいだにはどんな関係があるのだろうか？　地球電磁気学的に見ると津波は、良導体である海水を地球主磁場[*1]中で強制的に運動させることで海水中に電磁場をつくりだす能力をそなえている。図1にその原理を示す。

津波による電流カーテン仮説

津波のこの発電作用は「津波ダイナモ効果」[*2]とよばれる。2006年11月と2007年1月に相次いで起こった千島列島沖津波のさいに、はじめて発見された。

図1には、津波による海水運動が地磁気の鉛直成分とカップリングして海中に電流を誘導するさまが描かれているが、この電流系は津波の伝播にともない波面とともにわずか数十時間で大洋すら横断する。すなわち、津波の発生と同時に電気伝導度がσ_{sw}の良導体である海水中には電流のカーテンが波面近傍に垂れこめ、それが津波とともに同心円状に拡がって伝わると考えられている。この津波ダイナモ効果の発見者でもある筆者らは、この考え方を「津波による電流カーテン仮説」とよんでいる。

5,600mの海底で観測された津波ダイナモ効果

図2に、2011年3月11日に発生したマグニチュード9.0の東北地方太平洋沖地震のさいに、北西太平洋の水深約5,600mの深海底で観測された津波ダイナモ効果の例を示す。この観測装置は、電磁場や傾斜変化などの連続記録を年単位で取得する能力をそなえている。

この例では、地震波の到来に対して装置の傾斜がまず変化を示し、それがほぼ収まった約100分後に今度は磁場3成分が大

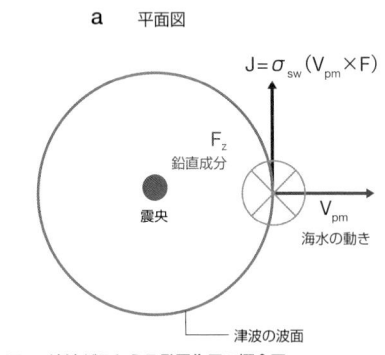

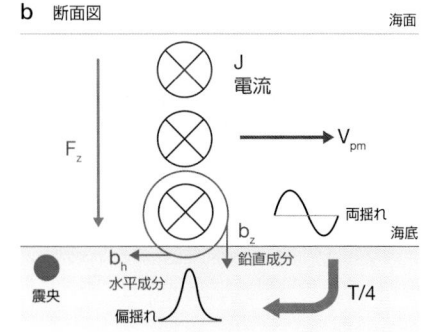

図1　津波がそなえる発電作用の概念図
上から見た図（a）と津波波面近傍の断面図（b）。津波にともなう海水の動きV_{pm}が地磁気の鉛直成分F_zと結びついて海中に電流Jを誘導し、Jによって海底で観測可能な二次磁場の水平成分b_hと鉛直成分b_zがつくられる。b_hは一方向にしか変化しないが、b_zは符号を変える。またb_zの最初のピークは、b_hのピークより4分の1周期だけ先行する

[*1] 地磁気のうち地球外核起源の磁場のことである。地球中心にはFeとNiの合金でできた核があり、その外側部分は溶けて対流している。そのため磁場が発生する。

[*2] 津波にともなう良導的な海水の運動と地球主磁場とのカップリングによる発電作用であり、Toh et al. (2011)により世界ではじめて発見された。

図2 東北地方太平洋沖地震のさいに北西太平洋の海底で観測された津波による磁場

上から鉛直成分・水平2成分と傾斜計水平2成分。傾斜計が地震波の到来に反応しているのにたいし、3成分海底磁力計は津波の到来時刻に大きな変化を示している。津波が西方向から伝わってきたため、磁場の水平成分では東向き成分のほうが大きく変化していることがわかる

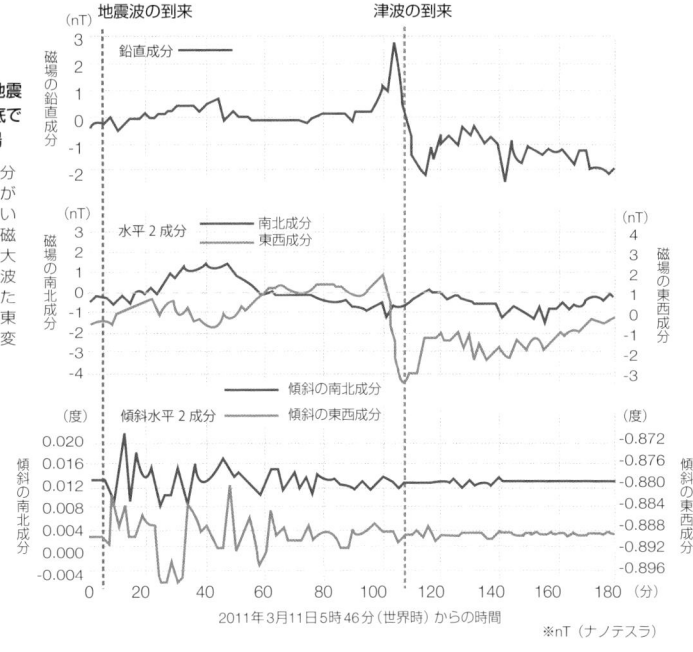

きな変化を示している。この時刻は、震央距離から推定した津波の予想到来時刻とよく一致する。図1にも示したように、この変化が津波による電流カーテンにともなう磁場を海底でとらえたものであれば、水平成分が偏揺れするいっぽうで、鉛直成分はその符号を変えるはずである。

図2には、津波ダイナモ効果の特徴がよく現れている。捉えられた磁場変化の振幅は3nT（ナノテスラ）を上回っているが、R. H. タイラーの近似式によれば、この磁場振幅は津波の波高に換算して約50cmに相当する。北西太平洋の海底観測点が仙台沖の震源から東へ約1,800km離れた外洋であったことを考えれば、東北地方太平洋沖地震のさいに発生した津波がいかに巨大であったかをあらためて感じさせるデータである。

津波の早期警戒・予測への応用に期待

津波ダイナモ効果として、図1に示したソース電流だけでなく、海洋のみならず海底下も有限な電気伝導度をもつことに起因する自己誘導電流が存在する。このため、実際のデータにはR. H. タイラーの近似式のような海洋以外の電気伝導度を無視した簡単な一次元理論式では説明できない点がいくつも存在する。したがって、もっと高次元かつ津波の複雑な過渡特性を表現できる精密な理論に関する研究や、その数値シミュレーションが現在進行中である。

それらによれば、自己誘導電流により津波の最大波高に先行して磁場水平成分がつくられる可能性があり、津波の早期警戒・予測への応用が期待されている。

また、電磁場観測そのものがベクトル観測であるため、1点の観測だけから津波の到来方向や海水運動を検知できるという利点がある。この点も、海底圧力計等の従来型津波スカラー観測にはない特性として注目されている。筆者の現在の夢は、海底磁力計による津波監視網を世界の海に展開し、少しでも津波による被害を軽減することである。そのためには、海底で測定した電磁場データを陸上まで安定してリアルタイム転送する技術の開発が鍵になる。

津波が揺り動かす高度300kmのプラズマ
地球電離圏をも含む地球という巨大システム

齊藤昭則（京都大学大学院理学研究科地球惑星科学専攻地球物理学分野）

　高さが高くなればなるほど大気の密度が薄くなることは、富士山などの高い山の上では息が切れやすくなることで日常的にも体感できる。超高層ビルのエレベータや飛行機で高さが急に変わると耳が痛くなるのもおなじ理由である。富士山の高さは3,776m、国際線の飛行機の飛行高度は約10,000mであるが、さらに高度をあげると大気はますます薄くなり、やがてほとんど存在しない宇宙空間に達する。

地球大気と宇宙空間のはざま

　大気から宇宙空間に切り替わるところでは、太陽からの激しいX線と紫外線を受けて、大気の分子や電子の一部はイオンと電子とに分離させられている。これを「電離」とよび、電離された状態の物質は「プラズマ」とよばれている。さらに、大気の一部がプラズマ状態になっている領域は「電離圏」あるいは「電離層」とよばれ、地球大気と宇宙空間との境目になる。電離圏は高度約100kmから1,000kmにかけて拡がり、宇宙ステーションが飛翔し、オーロラや大気光が輝いている領域である（写真）。

東北地方太平洋沖地震が起こした電離圏の揺らぎ

　地上から遠く離れた電離圏は、海とはつながりがないように思われがちである。しかし、2011年3月11日に発生した東北地方太平洋沖地震のあとに、激しく揺り動かされている電離圏のプラズマが観測された。

　図は、2011年3月11日14時46分の地震発生後に国土地理院のGPS受信機網GEONETが観測した電離圏内のプラズマ量の変動である。日本国内約1,200点に設置されたGPS受信機はGPS衛星からの電波を受信し、その電波の伝わる速度の変化から、その電波が伝わる経路上のプラズマの総量を測定することができる。

　図において、着色部分はプラズマ量が測定できた部分を示しているが、GPS衛星の位置によって測定できる領域が変化することから、ところどころ空白になっている。長い時間で平均したプラズマ量を取り除いて、プラズマ量のうちの変化している部分だけをこの図では示している。

写真　高度400kmを飛翔する国際宇宙ステーションからの夜の眺め

下半分が地球で、月明かりに照らされた雲が白く見えている。右の緑色は高度100km付近で発光しているオーロラ。遠方の赤い色も、より高い高度で光るオーロラ。地球のへりの地上100kmほどに見える緑色の層は大気光の発光。このあたりから上の領域が電離圏
（画像提供・NASA/JSC）

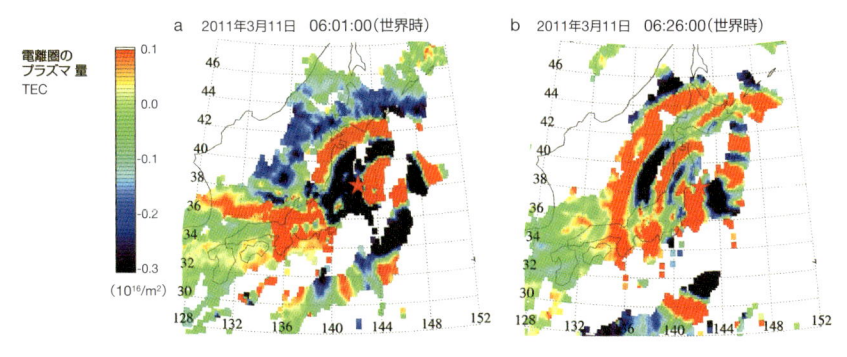

図 東北地方太平洋沖地震のあとに観測された日本付近上空の電離圏内のプラズマ量の変動

a) 地震15分後、b) 地震40分後、c) 地震60分後、d) 地震80分後。津波の発生源近くから電離圏プラズマの変動がはじまり、同心円状の波として拡がっている。同心円状の波は約1時間発生し続けた（GEONETデータ提供・国土地理院）

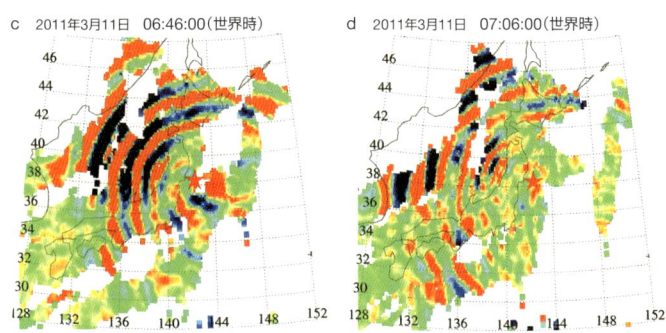

地震発生とともに変動した電離圏内のプラズマ量

　地震発生15分後の15時01分（世界時（UT）では06時01分）（図-a）には、震源付近を中心とする円状の波面の変動が現れているようすがみられる。その25分後（図-b）には、その円状の波面はさらに拡がり、円の数も二つに増えている。

　地震発生の1時間後（図-c）には波面は五つほどになり、この時刻あたりで波面の発生は終わっている。地震発生から80分後（図-d）では、新たな円状の波面は現れず、それまでに発生した波面が震源付近から徐々に遠くに伝わり続けている状況をみることができる。

海－大気－大気波動－プラズマの相関

　この現象は、地震によって海底が隆起したことによって海面が盛り上がり、その海面が大気をもち上げることで大気の波が発生したことに起因している。その大気の波が上へ伝わって高度100km以上の電離圏に到達し、そこに存在するプラズマを揺ぶったためにできたと考えられている。

　この海面の盛り上がりは、津波の原因でもある。海面の盛り上がりによって大気の波ができるのは、太鼓をたたくと音が出るのとおなじようなしくみである。電離圏において同心円状の波面が拡がるのは、池に石を落とすと同心円状の波紋が拡がるのとおなじようなかたちである。

　このように、宇宙ステーションが飛んでいるような高い高度にある電離圏と海とは、無関係のようにみえても、じつは結びついている。したがって、海面で起こった現象が10分くらいの時間差で電離圏の変動を引き起こすことがあるのである。地球が、海や大気やプラズマなどのさまざまな部分からなる一つの大きなシステムを形成しているという証拠である。

津波が揺り動かす高度300kmのプラズマ　地球電離圏をも含む地球という巨大システム――齊藤昭則

2 4-05 雄弁な津波堆積物たち
津波防災・減災にむけての地道な闘い

成瀬 元（京都大学大学院理学研究科地球惑星科学専攻地質学鉱物学分野）

　津波災害は歴史のなかで数多く、くり返されてきた。2011年に発生した東北地方太平洋沖地震は、海溝付近で巨大な津波を発生させ、甚大な被害をもたらした。東北地方に押し寄せた津波の浸水高は最大で40mにも達し、2万人に近い犠牲者を出している（写真1）。

歴史を通して津波防災・減災を考える

　このような巨大災害は、日本人がはじめて経験したものではない。三陸地方は、おおよそ30年に1回ていどの頻度で津波災害に見舞われている。2011年とおなじように東北地方の太平洋沿岸全域を襲った巨大津波は、貞観地震とよばれる巨大地震によって869年にも発生し、多くの被害をもたらしたものと推定されている。

　どれほどの津波災害が、どのていどの頻度でくり返されてきたのか。過去の津波災害の規模と発生周期をあきらかにすることは、地域の津波防災・減災を考えるうえで最重要課題の一つだ。しかしこれは簡単なことではない。

　巨大津波の再来頻度は、1,000年を超えるものもある。そのため、文字記録に残るのは多くてもせいぜい1、2回ていどである。国によっては、200年、300年前のことであっても歴史記録がないことも多い。くり返される津波災害の履歴を知るには、どうしたらよいのだろうか。

写真1　陸前高田市を埋め尽くした津波堆積物
堆積物の表面に深い溝（トレンチ）を掘り、堆積層の厚さや内部構造を記載している。この後、堆積層は樹脂によって固定し、布に接着した剥ぎ取り標本としてもち帰って分析を行なう（撮影・髙橋宏樹）

津波堆積物は巨大津波の化石

　歴史に残らない過去の巨大津波の履歴を知るほとんど唯一の手段が、地層に残されている津波堆積物である。東日本大震災では、港に築かれた堤防の被害が甚大であったことは記憶に新しい。津波は海岸に押し寄せ、堤防だけではなく砂浜や砂丘を大きく削りとる。そして、沿岸域で侵食されて運搬された砂や泥は、薄い板状の堆積物として残される（図）。これが津波堆積物である。地層の中に保存された津波堆積物は、過去の巨大津波のいわば化石といえる。

　津波堆積物は、驚くほど広範囲にわたって保存されることもわかってきた。たとえば、仙台平野は今回の津波で厚さ5〜10cmの薄い堆積物の層によって広く覆われたことがわかっている。岩手県陸前高田市をはじめとする三陸海岸の一帯では10km以上も内陸まで津波が浸水したが、津波が届い

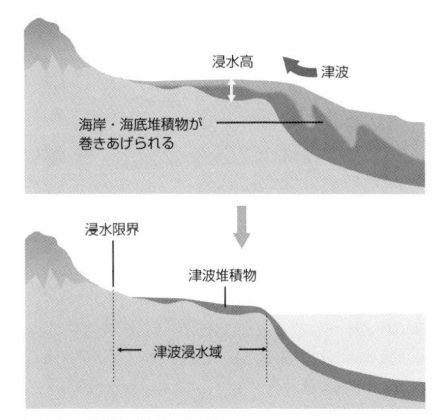

図　津波堆積物形成の模式図

津波は通常の波と違い、周期が十数分以上ときわめて長い（普通の波は十数秒ていどまで）。結果として、津波によって海水はまるで川の流れのように陸上へむかって押し寄せつづけ、海底の堆積物を侵食して陸上へと運搬する。その後、津波が寄せ波から引き波へと転じるにつれて流速は低下し、それまで浮遊・運搬されていた堆積物が沈降して、津波浸水範囲を広く覆う堆積層が形成される

写真2　ボーリング（ハンディ・ジオスライサー）によって採取された2004年スマトラ沖地震津波堆積物と、過去の巨大津波堆積物

この地域は、平常時には植物が腐敗してできる泥炭（上部の濃い色の部分の堆積物）が堆積している。最上部に堆積している薄い砂の層は、2004年スマトラ沖地震から3か月後に採取された津波堆積物である。いっぽう、泥炭層中にはさまれたもう一つの砂の層は、その分布パターンや地理的状況から、過去の津波堆積物であることが推定されている

た限界付近まで泥質の津波堆積物は分布していた。

水深5,000mの海底の津波堆積物

　津波堆積物の分布は、陸上だけでなく深海底にもおよんでいる。津波が巻き上げた砂や泥は混濁流とよばれる流れを深海底に発生させ、津波堆積物は海岸線から100km以上も沖合の水深5,000mを超える日本海溝まで到達していたことがあきらかになった。

　世界各地で津波災害はくり返されているが、文字記録が十分ではない国でも、津波堆積物によって津波災害の履歴があきらかになりつつある。炭素14年代測定法などによって津波堆積物が形成された年代を調べれば、津波が発生した古い年代を求めることができる。

　近年では、2004年のスマトラ沖地震でも波高10mを超える巨大津波が発生し、20万人を超える犠牲者が出たことは記憶に新しい。このような津波災害が、この地域で起こったのは初めてのことではないことがわかってきた。津波堆積物の研究によって、この地域では数百年に1回ていど、すくなくとも西暦1900年以前と西暦1300年以前にそれぞれ1回以上は、巨大津波に襲われていたことがあきらかになった（写真2）。

研究手法も調査技術も課題は山積

　このように貴重な災害資料である津波堆積物だが、その研究が本格的にはじまったのは1980年代にすぎず、課題は多い。たとえば、津波堆積物を嵐や洪水で堆積した砂の層と確実に識別する方法は確立されていない。

　現状では、堆積物の分布パターンや微細な内部の特徴、歴史記録との照合など、広範かつ慎重な検討を重ねて、ようやく津波堆積物が認定されている。津波堆積物を即座に判定する「指紋」はまだ見つかっていないのである。津波堆積物の特徴から過去の津波の規模を推定する方法も、まだ充分に確立されていない。

　津波防災・減災へむけて、津波堆積物研究の急速な進展が期待されている。基礎的な研究をすぐに防災や減災に役だてることは本来困難なことだが、しかしつぎに来る津波災害は研究の進展を待ってはくれない。現在、世界中の研究グループが、堆積物分布パターンや微細組織、化学組成などにわずかに残されるかもしれない津波の痕跡を求めて、研究を進めている。

2 4-06 深海を掘削して地震を解析する
Japan Trench Fast Drilling Project (JFAST)

James J. Mori（京都大学防災研究所地震防災研究部門）
堤 昭人（京都大学大学院理学研究科地球惑星科学専攻地質学鉱物学分野）

東北地方太平洋沖地震のような大きなずれがなぜ、どのように起こるのか。断層すべりによって岩石がそこまで大きく動くことは想像しにくいからである。東北地方太平洋沖地震調査掘削プロジェクト（JFAST）のおもな研究課題はこの点にあった。

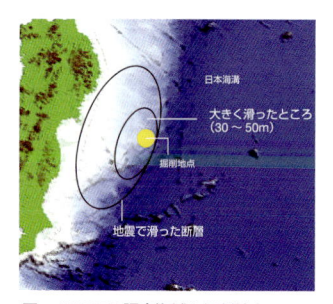

図　JFASTの調査海域と掘削地点
（データ提供・JAMSTEC、地形図提供・第9管区海上保安本部海洋情報部ホームページより）

地震を理解するためのプロジェクト

JFASTでは、仙台の沖合220kmの深海で、地震断層に達する科学掘削によって物理的に計測するとともに、地質のサンプルを採取するなどして地震に関する研究を行なった（図）。海底の掘削は、地球深部探査船「ちきゅう」（写真1）によって2012年4月1日から5月24日にわたって、統合国際深海掘削計画（IODP）第343次研究航海として行なわれた。

JFASTの目的の一つは、地震のさいの断層における摩擦について研究することである。それには地震直後の断層付近に温度計を設置して温度をはかればよい。温度は地震で発生した摩擦熱の量を示し、ひいては摩擦のレベルも教えてくれる。しかし、温度計測は地震後2年以内に行なわなければならない。摩擦熱が放散してしまうからである。

もう一つの重要な目的は、プレート境界面の断層のサンプルを採取することだった。50メートルもずれた断層を見たことのある人はだれもいない。科学的に価値のあるサンプルだ。断層の発達する岩石の種類を調べて地質学的な構造を解析し、サンプルをもちいて実験すれば、この断層に関する貴重な情報を読みとることができる。

水深6,900mを超える深海底での作業

プレート境界面の断層に達しようとすれば、掘削地点は深海底になる。作業はすべて水深6,900mを超える深海底で行なわれた。「ちきゅう」は、それほど深い海の底を掘削した経験がなかったため、われわれは予期せぬ困難と闘い続けることになった。最初の1か月は稼働させる機器の不具合などに加え、悪天候にも悩まされた。さまざまな作業に遅れをもたらし、温度計の設置はなかなかできなかった。

研究航海も終わりに近づくにつれ、なんの成果も挙げずに引き返すことになるので

写真1　海洋研究開発機構の地球深部探査船「ちきゅう」
（提供・JAMSTEC）

写真3 無人探査機「かいこう7000-II」による回収作業のようす
掘削孔から伸びる棒状の物が長期孔内温度計の上端部
（提供・JAMSTEC）

←写真2 海底下820mから採取されたプレート境界面の断層のサンプル （提供・JAMSTEC/IODP）

海洋掘削試料高速摩擦実験

はないかという不安がみんなを襲った。ところがあと3日で航海も終わりというときになって、プレート境界面の断層のサンプル採取に成功したのである（写真2）。たいへんうれしかった。

7月の再挑戦の機会には、温度計と水圧計を断層に達する掘削孔内に設置することにも成功した（写真3）。これまで海底下のこれほど深い地点にこうした計測機器が設置されたことはない。計測は9か月間にわたって続き、計器類は2013年4月に遠隔操作探査機「かいこう」によって回収された（写真4）。「かいこう」は世界最高レベルの深海無人探査機である。

現在、われわれは地震のさいの摩擦のレベルを推定するために、温度データを解析している。壊滅的津波を引き起こした断層のずれをより深く理解するためである。

写真4 掘削孔から温度計を回収した7,000m級無人探査機「かいこう7000-II」
（提供・JAMSTEC）

写真5 京都大学の回転式高速摩擦試験機
下側の試料ホルダーを高速で回転させることで、高速かつ大きなすべり条件での断層すべりを再現している。模擬断層は、写真中央の白いリングの内部にセットされている

温度計測にくわえ、断層のサンプルを使った実験によって摩擦のレベルを推定することもできる。今回の「ちきゅう」による掘削で、日本海溝近傍の海底下820m付近から、遠洋性の泥を成分とするプレート境界物質を採取できた。この貴重なサンプルを用いた高速摩擦実験*の結果は、これまでに知られている岩石摩擦の性質と大きく異なるものであった（写真5）。

今回の地震を起こしたプレート境界断層の浅部を構成する断層物質は、たいへん小さい摩擦係数の値を示す可能性がある。断層のすべり速度がおよそ1m/sという高速に達すると、断層物質の摩擦係数の値は一般に、すべりとともに徐々に減少し、物質によっては0.1ていどの低い値を示すようになることが知られていた。日本海溝のプレート境界物質についても、地震時の摩擦がどの程度の大きさであるのかが実験によりあきらかになりつつある。

最大の興味は、ひじょうに小さな摩擦の値を示す断層の性質が、断層物質のどのような特徴によるものであるのかという点にある。東北沖プレート境界について断層摩擦の特徴と、その摩擦レベルを決める要因があきらかになれば、それは、世界の沈み込み帯で発生する地震発生メカニズムの理解につながる重要なステップとなる。目下、詳細な物質解析の研究が進行中である。

*最大で数m/sもの高速に達する地震時の断層すべりと、さらに数十mにも達する断層すべりを実験で再現することを目的として開発された、回転式の摩擦実験手法。

2 4-07 地震サイクルと津波モデル
地震をコンピュータでシミュレーションする

平原和朗（京都大学大学院理学研究科地球惑星科学専攻地球物理学分野）
古村孝志（東京大学地震研究所巨大地震津波災害研究センター）

海のプレートが陸のプレートの下へ沈みこむときにプレート境界が固着し、陸のプレートを引きずりこむ。やがて固着していたプレート境界に急激なすべりが発生し、陸側プレートが跳ね上がる。こうして発生する地震をプレート境界地震とよび、くり返し発生する。これが地震サイクルである。

巨大地震発生の場の理解とそのモデル化

「プレート境界が固着し」と書いたが、どのように固着しているのだろうか。その前に、東北地方太平洋沖地震の発生前に、われわれがなにを考えていたかをみてみよう。

東北沖では、日本海溝沿いに太平洋プレートが東から年8.4cmの速度で沈みこんでいる。図1は、1930年以降の地震について、地震波形解析から求めた地震時すべりの大きな領域を表したものである。この領域のことをアスペリティという。最大すべり量の半分以上のすべり量のある領域のことである。

灰色の点線で囲った1986年十勝沖地震（M8.3）時のすべり域（震源域）内では、領域A、B、Cで大きなすべりが発生した。領域Bは1994年（三陸はるか沖地震M7.7）、Cは1960年（M7.4）と1989年（M7.0）にすべっている。

領域Aでは前回の地震発生時期が不明だが、最大すべり9mを示し、プレートの沈みこみ速度を考えると、100年以上のあいだ固着していたと推測できる。また、宮城県沖と茨城県沖にもM7クラスのアスペリティが複数存在し、それぞれ30〜40年、20年間隔でM7クラスの地震が発生している。

モデルを超えた巨大津波が発生

以上のように、100年足らずの観測から「アスペリティモデル」という考え方でプレート境界地震の発生場を理解していたつもりであった。すなわち、東北沖のプレート境界の固着は一様ではなく、複数のM7アスペリティ（図1のグレーのだ円部分）と、それ以外のずるずるすべっていて地震時すべりを生じない「安定すべり域」とに分かれている。アスペリティの位置は時間的に不変であるが、すべるアスペリティの組み合わせにより、地震の再来間隔は数十年〜100年、大きさはM7〜8と変化する、と考えていたのだ。

ところが、2011年東北地方太平洋沖地震

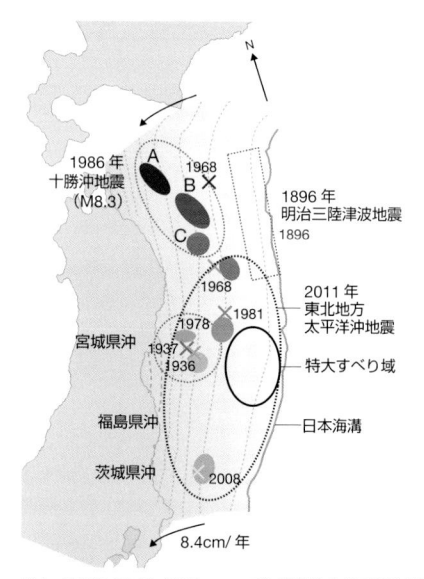

図1 東北沖のアスペリティマップと東北地方太平洋沖地震
東北沖にはM7クラスのアスペリティが存在し、連動破壊してM8クラスの地震になると考えていた。ところが黒い点線で囲まれた広大な領域を破壊したM9東北地方太平洋沖地震が発生した
（Yamanaka and Kikuchi, 2004、山中、2005、Mochizuki et al., 2008 をもとに作成）

は、M9.0の超巨大地震となり、巨大津波を発生させ、未曾有の東日本大震災をもたらした。

地震サイクルをシミュレーションする

アスペリティモデルと岩石の摩擦則*をもちいて、プレート運動を駆動力とする地震サイクルの数値シミュレーションがある。岩石は、種類や温度により、すべり速度が上がると摩擦が下がる（速度弱化）、または上がる（速度強化）という摩擦特性を示す。そこで、プレート境界に図1のように分布するアスペリティに速度弱化特性を、またその周りの安定すべり域に速度強化特性を与えてプレート運動を考えてみた。すると、数十年間隔でM7および100年間隔でM8地震が発生する地震サイクルをつくることができるのだ。

では、どのようにすればM9超巨大地震サイクルがつくれるのだろうか。モデルを考える前に、今回のM9地震の特徴をまとめると次のようになる。

❶黒い点線で囲んだ広い震源域をもつ。
❷太い実線で囲んだ日本海溝近傍で50mを超える特大すべりが発生した。
❸震源域内に数十年間隔で発生する複数のM7アスペリティをもつ。
❹津波堆積物データから、今回のような超巨大地震は450〜800年間隔で発生している。

このような特徴を説明するモデルは複数提案されている。京都大学大学院理学研究科地球惑星科学専攻大学院生の大谷真紀子さんは、次のモデルを考えた。

大学院生の大谷真紀子さんが考えたモデル

まず、M9震源域内の宮城県沖と茨城県沖M7アスペリティに、地震が数十年間隔で発生するように速度弱化特性を与えた。さ

*岩石と岩石の接触面にはたらく摩擦力を摩擦パラメータを含む数式であらわしたもので、室内実験から導かれた。

らに海溝近傍の特大すべり域に数百年間固着するような強い速度弱化特性を与えた。次にM9震源域の他の領域を考えた。この領域はこれまで、速度強化特性をもつ安定すべり域とされていたが、彼女は工夫して、速度弱化特性をもつが通常は安定すべりを起こし、ほかから大きな力を受けると地震時すべりを起こすという摩擦特性を与えた。この設定でシミュレーションを行なうと、825年間隔のM9地震サイクルになる。

図2-aは、地震サイクルにおけるプレート境界でのすべり速度分布を示し、赤は地震時すべり、青は固着をあらわす。このモデルでは、①地震後のゆっくりしたすべり（余効すべり）、②その後震源域は固着し、M7地震の活動は下がるが、③しだいに深部から固着の剥がれがはじまり、④M7地震がくり返し発生するようになり、⑤特大すべり域で固着が残り、⑥M9地震発生に至る。

図2-bは、計算された地震時すべり分布である。このようにして、❶〜❹の特徴を再現した。ただし、ほかのモデルでは、M9地震発生直後から宮城県沖地震の活動度が高まることもある。こんごの観測により摩擦パラメータの推定精度を上げ、地震活動の将来予測につなげたい。

このように地震サイクルシミュレーションは、現状では過去に発生した地震を再現し、なぜ地震が発生したのか理解するためのものだが、なんとか将来の地震発生予測のための数値モデルに発展させたいと考えている。

東北地方太平洋沖地震の津波シミュレーション

東北地方太平洋沖地震では、岩手県沖から茨城県沖のおよそ500km×200kmの範囲で陸のプレートが、M9地震としては平均的なすべり量である20m動いた結果、広大な範囲の海水がもち上げられて津波が発生した。しかし、三陸沿岸での10mを越える

巨大津波は、これまで考えられていた津波発生のしくみだけでは説明できないものであった。地震計の記録や津波計の分析から、陸のプレートの先端の海底下10kmより浅い部分が50m以上飛びだすように大きくすべり動いたことが原因だったからである。2か所で大きく発生した津波が重なって津波が高くなったのだった（図3、4）。

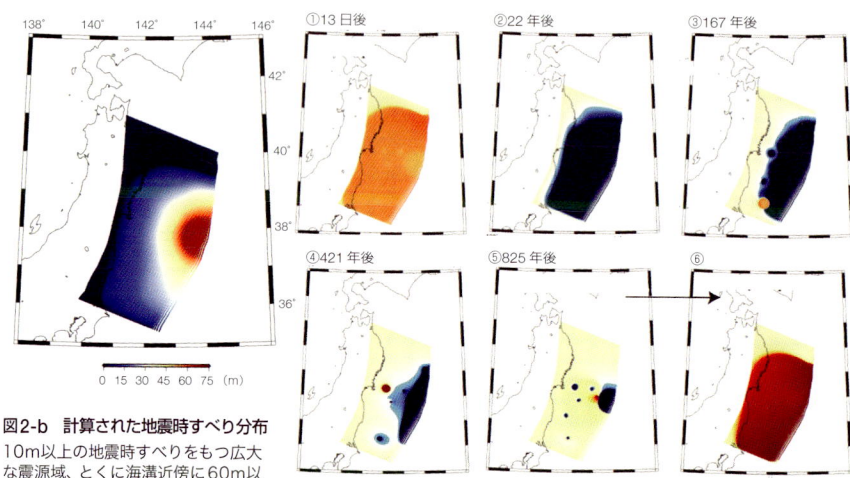

図2-b 計算された地震時すべり分布
10m以上の地震時すべりをもつ広大な震源域、とくに海溝近傍に60m以上の特大地震時すべりの発生を再現している（Ohtani, 2012）

図2-a 計算されたM9地震サイクル中のすべり速度分布
赤は地震時すべり、青は固着を示す。地震後の余効すべりが収束すると、震源域全域が固着する②が、深部から固着が剥がれM7地震が発生し③、825年後に全域を破壊するM9地震サイクルとなる⑤、⑥

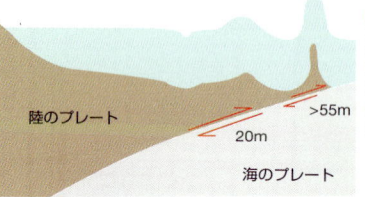

図3 東北地方太平洋沖地震の巨大津波の発生メカニズム（模式図）
津波のコンピュータシミュレーションでは、海底下の深部の広い範囲での平均20mのプレートのずれ動きや浅い海底下の狭い範囲での55m以上の大きなずれ動きなども考慮して、海底面盛り上がり・下がりの拡がりを計算して、これによる津波の発生と沿岸に津波が伝わるようすを時間を追って調べた

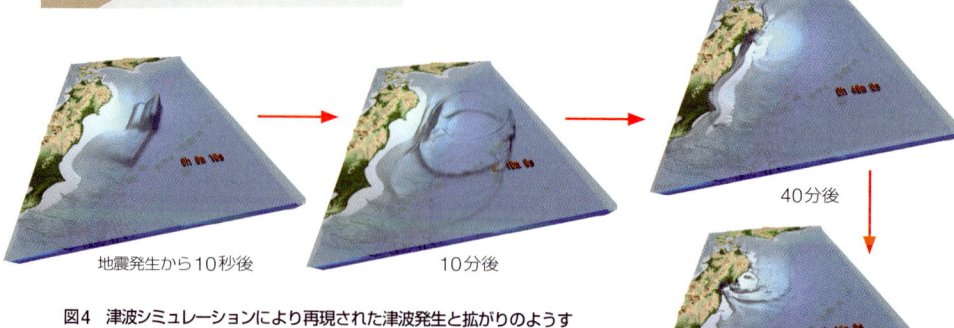

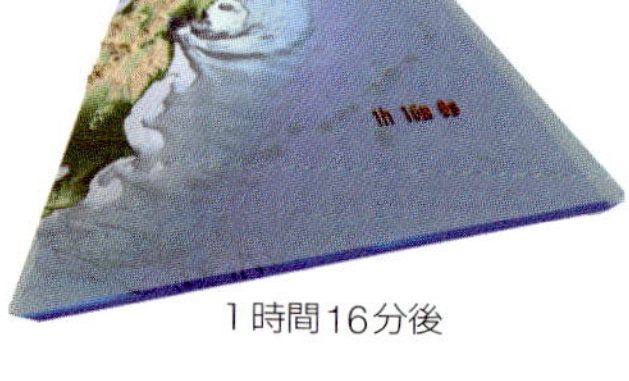

図4 津波シミュレーションにより再現された津波発生と拡がりのようす
津波の高さは650倍に拡大している。震源域直上に生まれた津波は、波高が数倍に増幅され、およそ30分で沿岸に到達する。津波が集まる仙台湾や三陸のリアス式海岸では、波高がいっきに高まるほか、津波が閉じこめられて津波が長時間続くようすがわかる

第 3 部

生命のゆりかご

イルカの群れとラビング行動
（写真提供・酒井麻衣）

海にはいろいろな動物が生まれ育っている。動物だけでなく、微小なプランクトンやコンブ、ワカメなどの植物も同様。つまり、海は生命のゆりかごである。このなかで、もっとも身近な海の生きものといえば、日々の食卓に欠かせない魚や貝だろうか。はたまた水族館で私たちを楽しませてくれるイルカやオットセイだろうか。ヒトは古来、海から生きるために必要な食料として多くの魚介類をありがたい幸として得てきた。海には魚や貝だけなく、イルカやクジラなどの哺乳類、ウミガメやウミヘビなどの爬虫類などさまざまな動物が生活している。これらの海の動物を興味深く観察するために、研究者はさまざまな方法を生みだしてきた。第3部では海の動物を観察する多様な手法を紹介するとともに、地道な調査によって得られた驚くべき最新の研究成果を紹介しよう。

まずは最新の電子通信技術をもちいたバイオロギングとバイオテレメトリだ。大海原を自由に泳ぎまわるウミガメや魚類、そしてジュゴンなど、従来の観察方法では見ることができなかった彼らの生態をつまびらかにすることができる。とくに注目すべき点は動物の目線で彼らが生活している環境をあきらかにできること。この手法は日本の研究者が世界にさきがけて開発してきた。3-1では、その最新技術のレポートを失敗談とともにお届けしよう。

3-2で紹介するのは、海の動物の心にせまる研究だ。イルカは海に生きる哺乳動物であり、彼らはわれわれヒト同様に個性をもち、社会生活を営んでいる。これらは研究者の緻密な観察によってあきらかにされてきた。一見、違いなどないようなイルカたち。しかし、丹念な観察と映像解析からそれぞれの個体を識別することが可能である。また、ヒトと同じように彼らにも右利き・左利きがある。イルカたちがお互いにどのような関係を築き上げているのかを解明することも可能だ。そして驚くことに、魚にも心があり、怒ったり喜んだりするのだ。極めつけは魚の脳とDHAとの関係！

ここに登場する研究者は、フィールド調査を得意とする研究者たちである。日本国内、そして世界中の秘境に出かけ、魚、イルカ、ウミガメ、ジュゴンなどを直接観察し、そして発信機やデータロガーを駆使してデータを得る。しかし、フィールドに出てばかりではない。安定同位体比分析、ホルモン分析、さらにはDNA分析など、高価で高度な分析装置を駆使した研究も彼らの得意分野だ。

安定同位体比を調べることで魚やその他の動物の「食う・食われる」の関係を調べたり、性ホルモンを調べることで希少な動物の水族館での繁殖を成功させたりすることが可能となる。またDNA分析から日本沿岸に来遊するウミガメの起源を探り、ウミヘビの適応進化をあきらかにすることもできる。体力はもちろんのこと、緻密な思考も必要とされる研究なのだ。（荒井修亮）

海の生きものの行動を記録する〈バイオロギング〉

「バイオロギング」は、バイオ(生きもの)+ロギング(記録する)を組み合わせた言葉である。英語ではbio-loggingまたはbiologgingと表記される。

この用語は日本の研究者がつくった和製英語である。2003年に国立極地研究所(東京)で国際シンポジウム「バイオロギング・サイエンス・シンポジウム」が開催され、これが「バイオロギング」を学術用語として定着させるきっかけとなった。

生物の行動能力、行動範囲は、われわれが想像する以上に高く、広く、人間の目視観察の範囲を大きく逸脱する。すなわち、人間が目視によって長期間、自然の中で彼らを直接観察することは不可能である。とくに海の生物は、広大な海を3次元的に泳ぎ回っている。彼らを直接観察することがいかに困難であるかは、容易に理解できよう。

このように、海に限らず、湖や川など淡水域も含めた水圏の生物をさまざまな装置を使って観察する強力な手法がバイオロギングである。バイオロギングは、「見えない・見ることができない」ものを「観る」技術ということになる。

バイオロギングには、二つの手法がある。一つは、マイクロデータロガーやアーカイバルタグとよばれる超小型の記録装置を対象生物に装着し、多様なデータを内部メモリに記録し、一定期間後に回収して内部のメモリに記録されたデータを読みだす手法である。もう一つは、電波発信機や超音波発信機を対象生物に装着して遠隔的に情報を取得する、いわゆるバイオテレメトリ手法である。

「バイオロギング」といった場合、広義にはこれら両者を指す。ここではおもにマイクロデータロガーをもちいた手法を「バイオロギング」とし、バイオテレメトリについては次節で解説する。(荒井修亮)

動物目線で海の世界をのぞく
マイクロデータロガーの小型化・多様化・高性能化

荒井修亮（京都大学フィールド科学教育研究センター）

図 マイクロデータロガーの開発の変遷

国立極地研究所では1979年から生物装着型の記録計の開発が行なわれてきた。1990年代、アナログ式からデジタル式に代わってから、センサーの多様化と小型化が進み、バイオロギング研究が一気に加速された

　マイクロデータロガーは、1970年代に水密容器に格納された時計仕掛けで巻きとられる記録計にデータを書きこむアナログ式の機器開発にはじまった。そして1980年代後半になると、内藤靖彦博士（当時、国立極地研究所）らを中心に全長10cmを下回る超小型化に成功、南極のアザラシ類、ペンギン類、ウミガメ類などの潜水行動の研究に活用された。これらの海の生物は、子育てや産卵などでおなじ場所、しかも陸域に戻ってくる習性があり、装着したマイクロデータロガーを回収することが容易であるため、多くの研究が行なわれた。

　1990年代に入ると、記録装置はデジタル化され、より小型化、センサの多様化がはかられるようになった。とくに近年は、動物の行動を詳細に記録することができる加速度データロガーや地磁気データロガー、ジャイロデータロガーなどが実用化され、水中における緩急・回転など、さまざまに行動する生物の詳細を計測することが可能となりつつある。また、デジタルカメラやビデオカメラによって画像や映像を記録するマイクロデータロガーや、イルカ、クジラなどの鳴音を録音するマイクロデータロガーも水圏の生物に装着可能なほどに小型化されている（図、表）。

課題は
位置情報の測定と回収方法

　バイオロギングで得られる情報は、マイクロデータロガーを装着した生物の生理・活動情報とその周辺の環境情報とをセットで、しかも動物の目線にもとづいていることが特徴である。しかし、その動物がどこにいるのかという位置情報を、それらのデータから正確に求めることは難しい。

最近では全地球測位システム（GPS）を利用したGPSデータロガーが開発されて、高い精度での位置情報も取得可能である。しかし、海の中は電波がほとんど透過しないので、GPS衛星からの信号が受信できない。このため海の生物の位置情報測定へのGPSの利用は、ウミガメ類や海産哺乳動物など、呼吸のために水面に浮上する生物に限られている。海の中では電波が利用できないことは、水圧の問題とともに海洋での測器開発の大きな障壁となっている。

バイオロギングでは、得られたデータはすべてマイクロデータロガー内蔵のメモリに記録される。このため、生物に装着したマイクロデータロガーはなんらかの方法で回収しなければならない。しかし、海の生物の多くは、いったん海に放流されるとそれを再び捕獲することはほとんど不可能である。このため、バイオロギングによる研究は、営巣中のペンギン類やアザラシ類、それに産卵期間中はおなじ浜に複数回上陸する雌のウミガメ類をおもな対象に行なわれてきた。

発展するバイオロギング

マイクロデータロガーの回収方法として、装着した生物からタイマー式の切り離し装置によって浮上させ、回収する手法が開発されつつある。ただし、現状では切り離し装置と浮力材がマイクロデータロガー本体よりも大きくなってしまうことなどから、装着できる生物は限られている。そこで、装置の小型化が進められるいっぽうで、マイクロデータロガーに通信機能をもたせ、1台を回収すれば、その周辺で相互に通信したほかのマイクロデータロガーのデータも得られるような高機能なマイクロデータロガーなどが考えられている。

バイオロギングによる位置の推定は困難であるが、研究者たちは加速度・地磁気・速度データから近似的に移動経路を求める工夫をすることで、あるていどの結果は得られている。しかし、回転運動の角速度が計算できないために、原理的には厳密な経路推定は困難である。この問題を解決するために考えだされたのが、ジャイロスコープ搭載型のマイクロデータロガー（ジャイロデータロガー）である。ジャイロスコープをもちいれば、回転の角速度の計測が可能となり、理論的には3次元の角速度と加速度から移動経路を求めることができる。ただ、じっさいには計測誤差をどのように処理するかなど、問題は残っている。

スマートフォンに代表される電子通信技術の進歩には眼を見張るものがある。バイオロギングにおいても、新たな原理と技術を応用する試みがなされている。たとえば、水中通信技術によって、データロガーを回収できなくてもデータを得ることができるようなバイオロギングの手法が可能となるのも夢ではない。

表　データロガーに内蔵されるセンサと得られる情報

センサ	取得できる情報	どんなことがわかるのか
圧力	深度	滞在深度、潜水時間
温度	環境温度*	水温、気温、体温、胃内温度（採餌のタイミング）
加速度	加速度（一定方向への振動）	装着部位の動作、姿勢
プロペラ	対流速度	遊泳（潜水）速度
光量	環境照度*、水平位置	照度、日照時間、日出日入時刻、水平位置情報
音	可聴音、超音波	鳴き声（イルカのクリックス音を含む）、音発生源の位置
磁気	地磁気	どちらを向いているのか
電位	心拍、筋電、脳波	心拍数、筋活動量、外部刺激に対する脳の応答など
イメージ	静止画、動画	動物がもちいる環境、餌などの情報、動物の動き、生態
GPS	位置	現在地、移動軌跡、行動圏など

＊環境温度、環境照度：データロガーを取りつけた動物がいる場所の温度や照度

カメカメラでウミガメを観察する
理に適ったアオウミガメの生態

奥山隼一（米国海洋大気庁海洋漁業局南西区水産科学研究所）

海に棲む生きものは、とにかく観察すること自体が難しい。浦島太郎でお馴染みの、水族館でも人気者のウミガメも、その生態はじつはあまり知られていない。彼らは海の中で、なにをみて、なにを感じて、どのように生きているのだろうか。

ウミガメ界のイケメンに「カメカメラ」を搭載

恐竜が棲息していた太古の昔から現代まで生き残ったウミガメである。きっとその生態はおもしろいに違いない。これまで深度計や加速度計でどれだけの速度で何m潜っているとか、何分潜っているとか、はたまたいつ起きていつ休むのかなどを研究してきた筆者だが、まだまだわからないことは山積している。

深度や加速度だけではわからない生態がきっとあるはずだ。彼らの棲む世界を見てみたい。「それなら、ビデオカメラを付けたら」、そんな思いつきから調査ははじまった。

調査のターゲットになったのは、沖縄県八重山諸島に棲むアオウミガメ（*Chelonia mydas*）。世界の熱帯・亜熱帯の海洋に広く棲息するウミガメで、日本では東京都の小笠原諸島や南西諸島で産卵する。

幼少期の甲羅には放射状の模様が拡がり、顔は愛くるしい。ウミガメ界きってのイケメン、あるいはアイドルといったところである（写真1）。沖縄の海はきれいだから、きっと見栄えのする映像が撮れるはず。カメや海の生きものが歌い踊る、まさに「竜宮城」が映っているかもしれない。かくして「カメカメラ」を搭載したアオウミガメは、みんなの期待を一心に背負い海へ旅立っていったのである。

アオウミガメの食事はなぜ一日二食なのか

カメカメラが撮ってきた映像には、じつにおもしろい光景が拡がっていた。どこまでも続く透明な海、そんな青色に映える色鮮やかなサンゴ礁。その中を泳ぎ回る魚たち。そして、悠々と泳ぐウミガメ。そこはまさに竜宮城であった（写真2）。

アオウミガメの多くは草食性であることが知られている。もっぱら沿岸の海草類や海藻類を食べていると考えられている。今回の映像にも1〜3mの浅い海でアオウミガメがアマモ類やウミヒルモを食べているようすが映っていた（写真3）。

多くのウミガメから映像が集

写真1 愛くるしいアオウミガメ（幼少期）
幼少期のアオウミガメは甲羅が鮮やかできれい。朝日模様とよばれる放射状の模様がみられる
（撮影・神畑浩子、撮影地・八重山諸島）

写真2　カメカメラが捉えた竜宮城
色鮮やかなサンゴ礁の上をカラフルな魚やウミガメが舞い踊る（写真提供・NHK、撮影地・八重山諸島近海）

まるようになると、おもしろい傾向がみえてきた。アオウミガメの食事時間が、朝の6時付近と夕方の18時付近に集中していたのである（図1）。「ほうほう、アオウミガメは一日2食なのね」、「お昼ご飯を抜くと午後きついなぁ」などと感想をのべている場合ではない。研究者としては、なぜ一日2食なのか、なぜみんながそろって朝6時と夕方18時なのかをあきらかにしなければならない。

こんな生活でよくも生き残れたものだ

　この謎を解くべく私は、食事以外の時間はなにをしているのか調査した。図2はアオウミガメの一日の行動を食事、遊泳、休息の3パターンに分けて表示している。なんと、一日の約7割近くの時間は休息しており、食事時間は約2割、遊泳していたのはたった1割だったのである。ぐーたら生活ここに極まれり！　アオウミガメは見事までの食っちゃ寝生活を満喫していた。こんな生活でよく今日まで生き残ってこれたものである。

　アオウミガメの行動パターンからは、食事時間の謎は掴めなかった。先にのべたように、アオウミガメは世界に広く棲息する生きものである。ならばアオウミガメの食事に関する論文がきっとあるはず!!　そう思った私は、これまでに発表されている論文を読みあさった。それらの報告を一つひとつ丁寧に読み、まとめるとおもしろい傾向がみえてきた。なんと、八重山諸島以外のほかの地域でも、アオウミガメの食事は朝方と夕方に集中していたのである。

答えは消化器系の大きさにある

　いっぽうで、朝から夕方までずっと食事をしている事例も報告されていた。この違いはなにによるものなのであろ

写真3　藻場でのアオウミガメの食事のようす
口から海草がはみでている（写真提供・NHK、撮影地・八重山諸島近海）

147

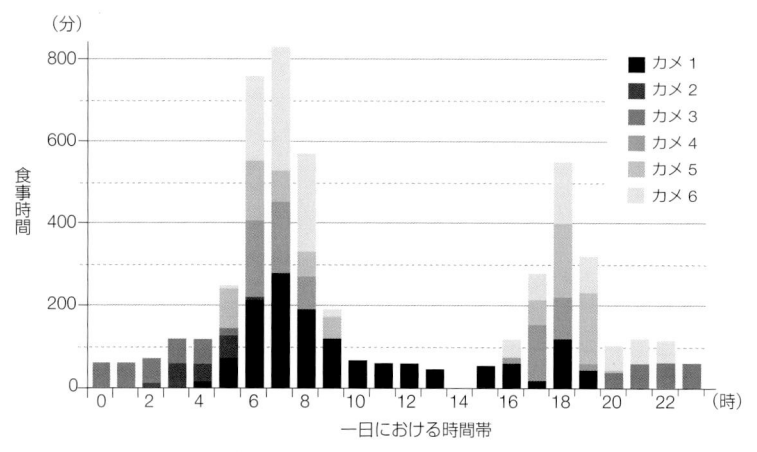

図1 アオウミガメ幼体期の一日における食事時間帯

うか。さらに詳しく調べていくと、どうも幼少期のアオウミガメは朝と夕方の一日2回、成熟期のアオウミガメは昼間ずっと食事をしているようだ。私がビデオカメラを付けたアオウミガメは幼少期にあたる大きさだったので、ぴったりあてはまる。

では、幼少期と成熟期における食事時間の違いはいったいなぜ起こるのだろうか。答えは消化器系の大きさにあると考えている。アオウミガメが餌とする海草は逃げることがないから、充分に繁茂した海草藻場であればお腹いっぱい食べることができる。成熟期のアオウミガメは胃腸が充分に長いので、たくさんの餌を食べることが可能である。その結果、昼間ずっと食べ続けることができるのだと考えられる。

いっぽう、幼少期の胃腸は短いので、朝から食事をはじめると昼前にはお腹いっぱいになるのではないか。そして、お腹が空きだした夕刻にあらためて食事を再開すると考えると納得がいく。つまり、

朝夕2回の食事というのは、幼少期のアオウミガメにとって最大限の食事量であると考えられる。

怠け者ではなかったアオウミガメ

では、なぜ寝てばかりなのであろうか。幼少期のアオウミガメにとって、重要なことは、たくさんの餌を食べて早く成長することである。そして、サメなどの天敵に食べられないように身を隠すこと。映像によると、彼らは海草藻場からすぐ近くのサンゴ礁のリーフエッジで、サンゴの下などに潜りこんで休んでいた。寝床が海草藻場に近ければ、それだけ移動に使うエネルギーも節約できる。アオウミガメは、エネルギーが節約できて安全な場所を休息場所として選んでいたのである。

ぐーたら生活のように見えたアオウミガメの生活は、じつはよく計算された、エネルギーを効率よく成長にまわすための最適な生活パターンだったわけである。怠けているように見えて、じつは怠けていなかったアオウミガメ。馬鹿にして申しわけありませんでした。

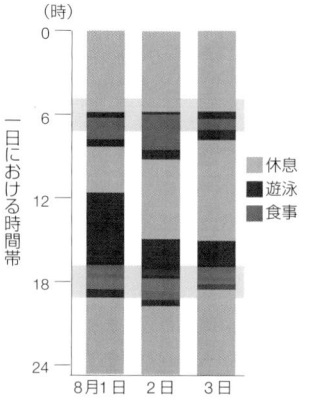

図2 アオウミガメ幼少期の1日の生活記録

3 ジャイロデータロガーが捉える生きものたちの未知の世界
3次元空間での生物行動を数値で捉える

野田琢嗣（京都大学大学院情報学研究科社会情報学専攻）

これまでにさまざまなタイプのデータロガーが開発されてきた。深度センサ、温度センサ、照度センサなどが、私たちの目視観察を越えて、生きものたちがどのように行動しているのかをあきらかにしてくれている。

なかでも生物行動をもっとも具体的に記述可能にしたのは、加速度センサを搭載したデータロガーである。加速度センサは、行動の特徴を加速度から把握できるのが強みである。多くのスマートフォンに搭載されていて、なじみのある人も多いだろう。

3次元空間上の生きものの回転運動を捉える

われわれの世界は3次元世界であり、3次元運動は、三つの並進運動（スウェイ、サージ、ヒーブ）と三つの回転運動（ピッチ、ロール、ヨー）で記述できる（図1）。水族館で観察していると、アシカは体をぐるぐる回らせている。魚も捕食の瞬間素早くターンをする。多くの生きものは、回転の世界に生きているのだ。しかし加速度センサはそのしくみ上、こういった回転運動は把握できない。もし詳細な運動を把握できれば、より詳細な生物行動を把握できる。そこで、詳細な運動を把握可能にするため、新たに回転運動を計測可能なジャイロセンサを搭載した新規データロガーを開発することを思いついた。

じっさいに新規データロガーを開発するとなると、電子基板などの精密機器を製作する知識や技術が必要である。農学部出身の私には、研究や実現したいデータロガーのアイデアがあるが、精密機器を製作する能力はない。小さいころから電子工作をやっておけばと後悔した瞬間であった。そこで、データロガー製作を担ってくれる民間企業を探しだすことにした。

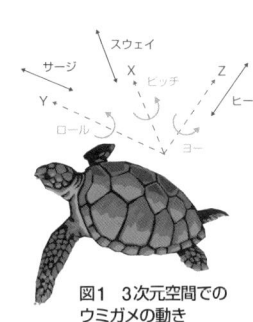

データロガーを海の動物に装着するには、高い水圧（数気圧～100気圧）に耐えられることが必要条件である。また、長期間の連続計測が求められるが、搭載可能なメモリ・電池のサイズが制限されるなど、通常の人間生活では求められない特殊な技術を必要とする。多くの会社には基板製作の技術や知識はあっても、この特殊な用途の経験がない。またデータロガー製作は高い技術力を必要とするいっぽうで、市場規模が小さな分野であるため、大企業相手には取引をしていても、個人に対して仕事をしてくれる民間企業はなかなか見つからない。

忍耐強く探し続けることで、ようやく開発を担当してくれる福岡市の民間企業（株式会社ロジカルプロダクト）が見つかった。

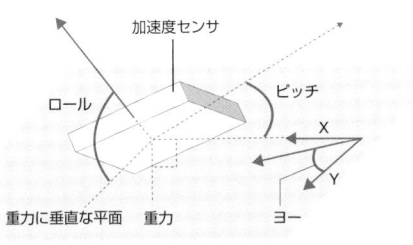

図1 3次元空間でのウミガメの動き
XYZ軸方向の並進運動のスウェイ、サージ、ヒーブと、XYZ軸周りの回転運動のピッチ、ロール、ヨーと全部で6自由度ある

図2 加速度センサからわかる姿勢角（ピッチ、ロール）
ヨーの角度は原理的に計測できないが、地磁気センサを使用すれば計測できる

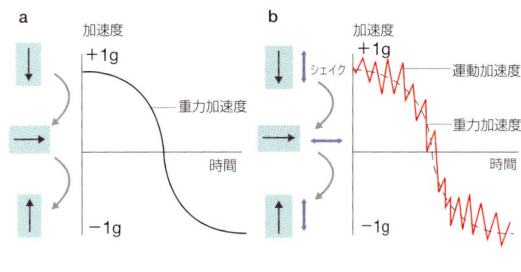

図3 加速度データロガーの計測値のイメージ図
a) ゆっくり傾けると、重力加速度は +1g～-1gまで変動する。
b) シェイクしながらゆっくり傾けると、+1g～-1gまでの重力加速度に運動加速度が上乗せされる

その会社は、当時ちょうど人間のアスリートの運動計測を行なう測器を売りだしており、バイオロギング用測器に直接使えるわけではないが、高い技術力をもっているエンジニア集団だった。

交渉の場では、まずバイオロギングの世界や夢、バイオロギングの技術要件を説明する。はじめは戸惑っていたエンジニアも、しだいにバイオロギングの世界観に惹かれたようだ。データロガーのセンサ種、サイズ、機能、耐水・耐圧用のためのケースやデザインなどさまざまなことを、お互いにアイデアを出しながら詰めていく。これまでのデータロガーにはない機能で、便利だと思う機能も新たに追加する。じっさいにテストを行ない、問題点をフィードバックし改善する。もちろん技術的に難しく実装できないところもあるが、自分が欲しい理想のデータロガーを実現していく過程はとても楽しい瞬間であった。こうして、新規データロガーの開発を着想してから2年越しで、ようやくプロトタイプが完成した。

では、ジャイロセンサ搭載のデータロガーはなにが優れているのだろうか。それを理解するためには、少し難しくなるが加速度センサの原理について説明しなければいけない。加速度センサはそのしくみ上、運動によって発生した運動加速度だけでなく、地球から引っ張られる重力加速度も計測する。その重力加速度の値は、加速度センサの軸の向きが重力方向とくらべてどのくらい「ズレ」ているのかを反映している。すなわち、重力加速度の値から、姿勢角である角度（ピッチ、ロール）を知ることができる（図2）。

いっぽう、地磁気の方向を計測可能な地磁気センサをもちいれば、方位角（ヨー）を知ることができる（図2）。つまり、加速度センサと地磁気センサとを併用すれば、3次元空間上の姿勢角（ピッチ、ロール、ヨー）を知ることができるのだ。航空機や潜水艦などは、この姿勢角に速度情報を組み合わせることで移動軌跡を把握し、外部からの電波などに頼ることなく自らの位置や速度を計算して航行する慣性航法に応用している。

重力加速度と運動加速度の両方を含む加速度センサの計測値をどう分離するか

加速度センサの計測値の問題点は、重力加速度と運動加速度の両方が同時に記録されることから、混在した値となっていることである。しかも、重力加速度と運動加速度がそれぞれどれほど含まれているかは、値を見るだけではわからない。

では、加速度センサをゆっくり真下に傾ければどうだろうか。運動加速度はほとんど発生していないから、計測値は重力加速度の値だけで占めていると仮定できる（図3）。つまり、この計測値をそのままもちいても、ほぼ正しい角度変化を算出できる。

この技術は、スマートフォンのゲームなどで本体を傾けながら操作するときにも使われているから、イメージしやすいだろう。では、運動加速度が発生しているときはどうだろうか。

運動加速度がある場合は、加速度センサの計測値には重力加速度の値と運動加速度の両方が含まれ、通常は両成分を単離することはできない。しかし、もし単離できれ

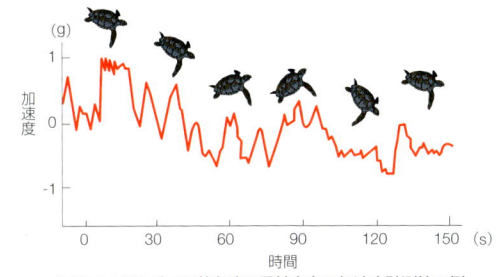

図4 アオウミガメの潜水時の長軸方向の加速度計測値の例
加速度値には、重力加速度と運動加速度の両方が含まれている。長い時間で変化する波形成分は重力加速度の変化、すなわち姿勢角の変化を示し、早い時間で変化している波形成分は運動加速度と仮定できる

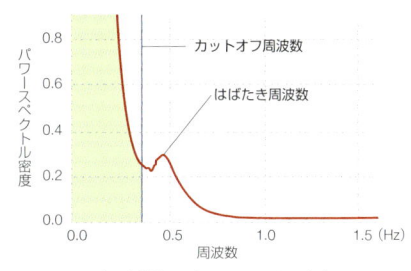

図5 図4の加速度値のパワースペクトル密度
どの周波数の成分がどれくらいの量含まれているかを示す。カットオフ周波数をはばたき周波数より少し低い周波数に設定し、はばたき周波数より低い周波数の成分を重力加速度として抽出する（緑部分）

ば、加速度センサの計測値から、運動加速度も姿勢角も知ることできる。

これを単離するためによく用いられるのが、信号処理技術であるローパスフィルタ[*1]の利用である。海外の研究者は、フィルタリングとしておもに移動平均をもちいているが、ここでは解説しない。

長い時間で変化する重力加速度、早い時間で変化する運動加速度

具体的に動物の運動で考えてみよう。図4は、アオウミガメの潜水行動時にじっさいに加速度センサから得られた波形を示している。波形をよく見ると、長い時間で変化する波形成分と、その波の上で細かくギザギザに変化する波形成分があるとわかる。長い時間で変化する波形成分は、ウミガメが、おもに潜水のために体を傾ける動き、すなわち重力加速度の変化が現れており、短い時間で変化する波形成分は、おもにはばたきによって発生する運動加速度が現れていると考えられる。すなわち、姿勢角の変化のスピードは運動加速度の変化のスピードより遅いと仮定できる。

加速度波形がさまざまな周波数の正弦波の組み合わせで構成されているとすると、上記の概念にしたがえば、低い周波数成分が重力加速度成分で、高い周波数成分が運動加速度成分とみなすことができる。そこで低周波成分だけを取りだせるローパスフィルタを通すことで、重量加速度を抽出

することができる。

ただしこのとき、どれくらい低い周波数成分を取りだすかの「基準」が必要である。そこで、加速度センサ計測値の周波数とその成分量の関係を示したパワースペクトル密度を見てみることにする。どの周波数の成分がどれくらいの量含まれているかを示す値である。

図5を見ると、突出した部分がある。これはウミガメがおなじような周波数で「はばたき」を行なっているためである。そこで従来は、重力加速度成分を抽出する基準として、はばたき周波数より低い周波数成分を取りだせるようなローパスフィルタのカットオフ周波数[*2]がよくもちいられた。

それでも加速度センサには限界がある

では、低周波成分が重力加速度成分という仮定はつねに成りたつのだろうか。たとえば、素早く回転したときのことを考えると、姿勢角の変化のスピードが速いため、高周波成分に重力加速度成分が入ってくるのではないか。しかも、ローパスフィルタで便宜的に重力加速度成分を抽出するには限界がある。さらに地磁気センサによる方位角（ヨー）の算出に加速度センサから把握できる姿勢角（ピッチ、ロール）の情報を利用しているため、姿勢角推定にもし誤差があれば方位角の推定にも誤差が生じることになる。加速度センサではしくみ上、3次元空間

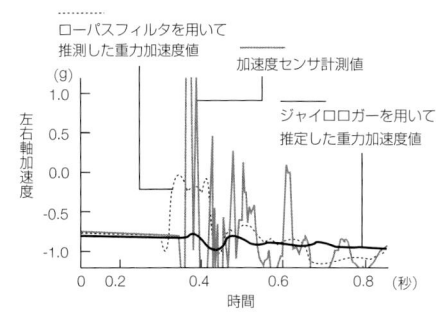

図6　加速度センサ計測値に含まれる重力加速度推定値
ジャイロデータロガーをもちいて推定した重力加速度値（黒色実線）は、従来のローパスフィルタをもちいて推定した重力加速度値（点線）と大きく異なることがわかる

の詳細な運動を把握できないと最初に書いたのは、このためである。

多くの動物は素早く運動しており、上記の仮定がすべての行動にあてはまるわけではないことは容易に想像できる。では、どうすれば詳細な3次元運動を把握できるのだろうか。そこでジャイロセンサ（ジャイロスコープともいう）の登場である。

ジャイロセンサが活路を拓く

ジャイロセンサは、角速度（角度の変化の速度）が計測できるセンサである。速度の時間積分から移動が把握できるのとおなじように、角速度の時間積分から角度の移動すなわち姿勢角の変化を算出できる。したがって、重力加速度の変化を知ることもできる。すなわち、加速度センサの計測値に含まれる重力加速度成分をジャイロセンサの計測値をもちいて推定することができ、運動加速度成分と重力加速度成分を単離できる。このため従来からもちいられてきた加速度センサ、地磁気センサにくわえ、新たにジャイロセンサをもちいることで、ゆっくりした動きから素早い動きまでの3次元運動を詳細に把握できると考えられる。

この技術は、航空宇宙分野やロボット工学分野では1970年代ころから一般的にもちいられている。新しい技術ではないが、

近年のスマートフォンや携帯ゲーム機の需要を受け、ようやくデータロガーに搭載可能なほど小型で省エネのジャイロセンサの利用・入手が可能になり、ついにバイオロギング分野へ応用されたというわけである。

多様なデータに期待が膨らむ

では、はたしてジャイロセンサは効果があるのだろうか。じっさいに加速度センサ、地磁気センサ、ジャイロセンサを搭載したデータロガー（ジャイロデータロガー）のプロトタイプをもちいて、水圏動物の動きを計測してみた。

多くの魚類は、餌を食べる（摂餌）ときや、脅威から逃げる（逃避）ときに、突発的な運動を起こす。この動きをジャイロデータロガーで計測すると、従来のローパスフィルタでは再現できないような姿勢角の変化を把握できることがわかった（図6）。ジャイロデータロガーをもちいることで、これまでの手法では限界があった細かな動きの把握が可能になったのだ。

ジャイロデータロガーは、現在では、ウミガメ類、魚類、鳥類などさまざまな生物種に適用され、これまで得られなかった新しいデータが蓄積されはじめている。この原稿執筆の4か月前、私は第54次日本南極地域観測隊にメンバーとして参加したが、開発したデータロガーはついに南極でアデリーペンギンの観測にも応用された。こんご、より詳細な行動の把握だけでなく、バイオメカニクス研究や3次元軌跡の再現精度向上などへの応用が期待されている。いっぽうで、角速度の長期の時系列データがまったく新しいタイプのデータであることから、こんごどのように解析するのかも課題である。

＊1　高い周波数の信号を逓減（ていげん）させ、低い周波数の信号のみを通す。
＊2　ローパスフィルタで、どの周波数より低い周波数の信号を通すか。

3 クロマグロにデータロガーを装着する
試行錯誤の実験からなにを得るか

野田琢嗣（京都大学大学院情報学研究科社会情報学専攻）

2012年8月、われわれ研究チームは高知県中土佐町上ノ加江にいた。カツオの一本釣りがさかんな町だ。その沖に今回の実験用生簀がある。その生簀内で約20～25cm（尾叉長）、当歳魚のクロマグロ（*Thunnus orientalis*）の群れ行動を、新規に開発した超小型の運動計測データロガー（写真1）で調査した（写真2）。

生簀には、毎朝漁に出かけいる漁師さんが、その日に釣れたマグロの当歳魚をもって昼前ごろに寄ってくれる。状態がよさそうなマグロだけをその場で選んで買いとり、すぐにデータロガーを装着して生簀内に放流する。われわれが手術とよんでいる作業だ。

手づくりの手術台で
データロガーを埋めこむ

魚のデータロガー装着には、暴れ防止のために通常は麻酔をもちいる。しかし、マグロなど基本的には泳ぎ続けることで呼吸する魚が相手となれば、手術は時間との勝負だ。麻酔をかけてから手術する時間はないから、麻酔をかけないままだ。

手際よく手術するには、事前の入念な準備が重要である。とくに、魚を保持でき、かつ魚への影響を最小限にできるような手術台が必要である。

マグロ調査経験の豊富な共同研究者から手術台を自作するよう助言をうけ、見本と

写真1　3軸加速度・3軸ジャイロ搭載データロガー
サイズ30×12×12mm、空中重量7gの最新の超小型データロガー。バッテリー容量を制限し小型化を最優先することで、20～25cmの魚に装着可能なほど小型な運動計測データロガーを開発した。マルチスケジュール機能により、短時間の計測をさまざまな時間に分散して行なうことができる。ハイチュウロガーという愛称がある

なる写真も送っていただいた。私たちはホームセンターで材料を買い、苦労の末に完成した手術台を調査地に運び入れた。しかし、なにを勘違いしていたのか、われわれがつくったものは想定していた2倍の大きさだった。可動部の動作はスムーズでないし、手術時に魚を保持する受け台も固い。使いものにならないことがわかった。

幸い、共同研究者が別の目的でつくった手術台を借りることで、事なきを得た（写真3）。実験場所の隅に佇むその大きな「ゴミ」を見て、われわれはずいぶん落ちこんだ。

手術台の再利用にも失敗する

マグロの運動といっても普段行なう巡航遊泳や、突発的に行なう大きな加速度をともなう逃避遊泳などさまざまだ。このため実験では、巡航遊泳だけでなく、逃避の動きの計測も行なうことを考えた。逃避行動の誘発のため、夜間に強光を照らして驚かせることにした。光を照らす装置を自作しなくてはいけない。生簀の周りにはほかの魚の生簀もあるが、その魚にまで光の影響を与えることは避けなければならない。このためライトの後方や横方からの光の漏れを防ぐ必要があった。

そこで思いついたのが、「ゴミ」となった手術台の再利用である。手術台は箱型に

153

なっているため、箱の入り口に複数のライトを設置すれば、後方、横方の光は箱で遮蔽されるという按配だ。さらに、魚保持用の受け台にアルミ箔を貼ることで、後方や横方に漏れた光を前方に返すこともできる。完璧かと思われた。

われわれはみな、落ちこみからいっきに興奮の渦へと巻きこまれた。大人気なく、この照射装置をUHIシステム（ウルトラハイパーイルミネーション）と名づけてしまった（写真4）。みんな「ウヒー」と叫びながら、いざ現場へ。

夜8時になり、周りが真っ暗闇になったころ、生簀にそっと近づき、UHIシステムを稼働させる。さてマグロは反応するだろうか？

苦労と楽しみのはざまで得たデータ

じつのところ、そのときは真っ暗で魚が反応したかどうかわからなかった。ところが、データロガーを回収してデータをみると、まったく反応していなかった。どうやら、暗闇の広さに対して光が弱すぎて、魚に十分な刺激を与えられなかったようだ。こんごの実験では、より強い照射装置を作成するか、衝撃波など別の手段の検討が必要だろう。

実験途中では、大雨や嵐で実験を一時中断することもあったし、手術台の製作などで紆余曲折の苦労もした。それでも、楽しみながら実験できたし、なによりも貴重な

写真2　生簀内で群れ遊泳するデータロガー装着個体
データロガーを装着した約20匹のマグロが生簀内（12×12×6m）で自由遊泳している（撮影・藤岡 紘）

データを得ることができた。

実験データからは、マグロの当歳魚の群遊泳時はグライド（滑空）のタイミングを高い割合で同期していることや、昼間はグライドを少数回行なうだけだが、夜間はグライドを多くの回数行なっていることなどがわかってきた。

今回の実験のように、研究課題は、既存の仕組みや材料だけでは解決できないことが多い。これまで誰もやったことのないような研究ならなおさらだ。そのつど、実験目的や現場の実験環境に合わせて創意工夫が必要である。このようなとき、仲間といっしょに考え、工夫し、なんとか障害を乗り越えていく瞬間はなによりも楽しい。こんごも楽しみながら、仲間と工夫をこらし、新しい研究成果を出していきたいと考えている。

写真3　手術台と手術中のマグロ
データロガーは魚の背びれ下部の筋肉組織に外部装着する。魚の部位のなかで比較的影響が少ないといわれている場所である。手術には、魚が暴れて傷がつかないようにすばやく手際よく行なうことが必要だ

写真4　手術台を改造してつくった照射装置（UHIシステム）
いまは使わずに、研究室の隅に保管されている。こんごはより強力な照射機能を備え再活用を考えている（撮影・市川光太郎）

海の生きものを追跡する〈バイオテレメトリ〉

　マイクロデータロガーではさまざまなセンサによる詳細な記録を得ることができる。しかし、それはデータロガーが研究者の手に戻ってくることが前提である。海の生き物は広大な空間を自由に泳ぎ回る。いったん、逃がした生き物をふたたび捕らえることはなかなか困難である。逃げた魚は大きいわけだ。これを解決する手法がバイオテレメトリである。テレメトリを日本語にすると「遠隔測定」。じつは、この手法はマイクロデータロガーよりもずっと昔からもちいられてきた。それは電波または超音波を発信させる装置と、その信号を水中または空中で受信する魚群探知機や無線受信機があればできるからである。ただしこの場合は、逃げた1匹の魚を追跡できるだけで、同時に何匹もの魚は追いかけられない。近年、何匹もの魚を同時に追跡することができる「コード化発信機」が開発され、この手法によって同時に多数の魚を追跡できるようになった。本節では北欧フィヨルドでのダンゴウオの追跡の結果を紹介する。

　本来のバイオテレメトリとは少し異なるが、「遠隔測定」ということでは生物の体内に記録されたDNA情報を読み解くことは重要な研究手法である。ウミガメなど大洋を大回遊する生物の個体の移動はバイオロギングやバイオテレメトリによってあきらかにされつつある。しかし、それぞれの個体の由来や来歴を理解するには個体の移動を追跡するだけで十分ではない。DNA情報から読み解かれた八重山諸島のアオウミガメの来歴、その謎解きを楽しんでほしい。アオウミガメと食性をおなじくするジュゴン。研究者はジュゴンの鳴音を遠隔測定することで、彼らの行動を観察する。タイの海でのジュゴンの音響調査からわかった彼らの鳴音とは、そして、ジュゴンをバイオロギングするためにオーストラリアで修行を積み、そしてついに、アフリカ・スーダンの海で捕獲に成功！　フィールドでのわくわくした調査のようすをごらんあれ。（荒井修亮）

大洋を自在に泳ぐ魚に発信機を装着する
バイオテレメトリとはなにか

三田村啓理（京都大学大学院情報学研究科社会情報学専攻）

海の中の見えない生物は、いつ、どこにいるのか、しかもそこでなにをしているのか。これがわかれば、老若男女、洋の東西を問わず、だれもがワクワクするのではないだろうか。それを可能にするのがバイオテレメトリだ（図）。生物に小型の発信機をつけてモニタリングする。見えない海の中の生物の移動や行動を観る方法だ。

搭載するセンサしだいで可能性は拡がる

まずは超音波がでる発信機を生物にすばやくつける。その生物を海にそっと戻す。生物は威風堂々、颯爽と海に消えていく。海の中のどこを泳いでいようとも、ひとたび発信機から送信される超音波を受信すれば、その生物がいつ、どこで、なにをしているかがわかる。魚類のように自在に海の中を泳ぎ続ける生物から測器を回収するのは難しい。こんな生物にはバイオテレメトリが適している。144ページで紹介したマイクロデータロガーとは違い、発信機を回収しなくても生物の不思議にせまれる。

かつては、生物の位置を調べるのに魚群探知機が使用された。しかし、探知機は個々を見わけるのは苦手だった。これに対してバイオテレメトリは、発信機から出される超音波にID識別番号が組みこまれているため、個々の生物を見わけることができる。

Aさんは朝からずっとおなじ場所にいるけど、B君はきのう出かけてから帰ってこないなど、おのおのの居場所がわかるのだ。さらに、発信機にさまざまなセンサを搭載することで、その生物の泳いでいる深度、周囲の温度や塩分、体内温度、活動量なども把握できる。たとえば、遊泳深度がわかる圧力センサをつけた生物であれば、「いま、深度10mを泳いでいる。お、深度30mまで深く潜ったな」などのダイナミックな移動が瞬時にわかる。

発信源を頼りに船で追跡する「追跡型」

では、どうやって生物の居場所を突きとめるのだろうか。発信機から出される超音波信号を受信する技術は日進月歩だが、おもに三つに分けることができる。

一つは、船で追跡する「追跡型」。超音波信号を受ける受波器を船から海におろす。受波器をとおして得られた信号の強弱や発信源の方向を頼りに、船で追跡するのだ。生物がどこを泳いでいようとも、毎秒発信される信号を受信して船をはしらせる。猛暑の夏でも極寒の冬でも、昼であろうと夜であろうと、時間と体力の許すかぎりは、生物がいつ、どこで、なにをしているのかを把握し続けることができる。

「待ち受け型」受信装置

もう一つは、何日、何十日という長きにわたり生物を「把握」し続けたい場合にもちいられる「待ち受け型」だ。生物のやってきそうな場所や通過しそうな海中に、あらかじめ超音波受信機を設置する。受信機の周囲数百mの範囲に発信機のついた生物がやってくれば、受信機の内部のメモリに、「何時何分にCさんが深度20mで活発に移動していた」などの情報を記録する。

ただし、超音波信号を受信できる範囲数百m内のどこにいたかまではわからない。

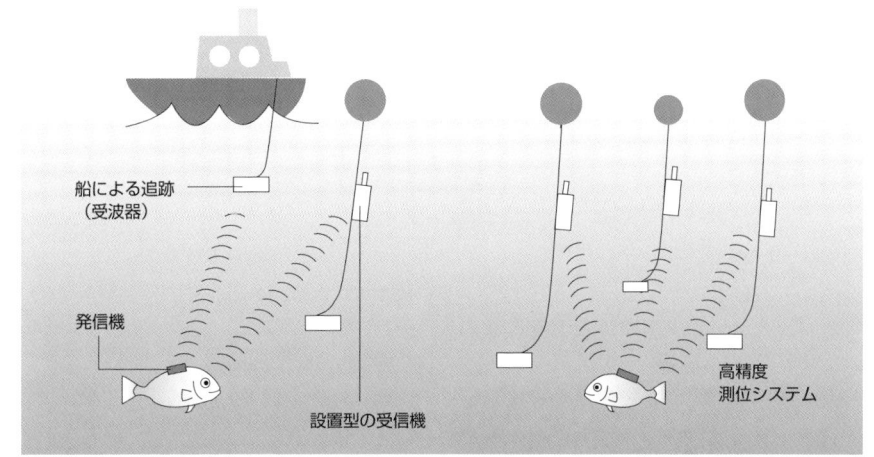

図　バイオテレメトリの概念図
発信機のついた魚をモニタリングするおもな三つの方法

受信機を設置していない場所に生物が移動してしまっても、生物の不思議は把握できない。しかし、時間も体力もそれほど必要とせず、広大な海を要領よく効率的に調べるにはもってこいの方法だ。

たくさんの受信機で信号を捉える

最後の一つは、GPSよりも精緻に生物の位置を特定する高精度測位システムだ。あらかじめ三つ以上の超音波受信機を海に設置する。発信機から発信された超音波信号をすくなくとも三つの受信機が受信すると、おのおのの受信時刻に微小ながら差が生じる。この時間差から方位などを算出して、発信機の位置を推定するのだ。

たとえば、物音がしたときにヒトの二つの耳に音が届く時刻は異なる。この時間差からヒトは瞬時に方位を算出する。この理屈に、このシステムは似ている。生物の位置をGPSよりも精度よく把握できるため、生物がいつ、どこで、なにをしているのかを精緻に把握するには最適な方法だ。

ただし、受信機を密に設置する必要があるのでいくつもの受信機が必要となる。それでも、この方法は近年うなぎのぼりに利用がふえている。

写真　メコン川の怪魚メコンオオナマズのお腹の中に超音波発信機をつける
（撮影・荒井修亮）

これらのバイオテレメトリは、基本的には1個体の不思議にせまるものだ。群れで移動する生物が世の中には多いのに、だ。なんとかして群れの不思議を見たい。筆者らは「たくさんの受信機で信号を捉える」原理をもとにした新しいバイオテレメトリシステムの開発に乗りだした。いくつもの山や谷を彷徨しながらも乗り越え、長きにわたる苦労のすえ、多くの個体を同時にかつ1秒ごとに位置を精緻に特定する技術の開発に成功した。いまでは黒潮の中を悠然と泳ぐクロマグロ（*Thunnus orientalis*）の群れ行動の不思議があきらかになりつつある。

＊

バイオテレメトリは、海の生物の移動、行動を知るために適した方法の一つだ。さまざまな発信機、十色の受信機を使いわけて、研究者は生物の不思議にせまっている。

大洋を自在に泳ぐ魚に発信機を装着する　バイオテレメトリとはなにか──三田村啓理

ダンゴウオの汚名返上

三田村啓理（京都大学大学院情報学研究科社会情報学専攻）

　北欧ノルウェー沿岸のフィヨルドには、円形のタイセイヨウサケ（*Salmo salar*）の養殖生簀が整然と浮かぶ（写真1）。北極の海の冷たく透きとおった水と、徹底した管理のもとで手塩にかけて育てられたサケは、脂がほどよくのり、身が引き締まっている。

サケジラミを寄生させる犯人はダンゴウオか

　ノルウェーから遠く離れた日本にもこのサケは届けられ、魚市場やスーパーマーケットの鮮魚売場にひときわ鮮やかな赤が並ぶ。養殖生簀で懇切丁寧に育てられているのだから安定供給できているだろうと思っていたら、かならずしもそうではなかった。生育段階でサケジラミ（*Caligus elongatus*）によって一定数のサケが死に至っていた。

　サケジラミは海の中に生きる小さな生物だ。このサケジラミがサケの体に張りつくと、吸血鬼のように血を吸い続け、最後にはサケを死に至らしめるのだ。では、サケジラミは、どこからやってくるのか。

　つね日ごろから多くのサケジラミを体につけ、海を泳ぎまわっている魚の一つがダンゴウオ（*Cyclopterus lumpus*）だ（写真2）。生簀からこぼれるエサを求めてダンゴウオが生簀の周囲に長期間とどまっていれば、たとえ直接的な接触がなくても、ダンゴウオの体についたサケジラミが生簀内のサケの体にうつる可能性は高くなる、そう私は考えた。

　この考えが正しいかどうかを調べるために、ノルウェー自然研究所の研究者らとともに、私は調査研究を開始した。

ダンゴウオに麻酔をかけて発信機をつける

　ある年の7月、私は北緯70°に位置する北極圏のオックスフィヨルドを訪れた。悠久の時をかけて氷河は大地を削り、光を寄せつけないほど深い海を迎えいれ、人びとに畏怖を感じさせるほどの急峻な山を産んだ。真夏といえども屹立した山々の頂に横たわる真綿のように白い雪は、澄みきった青空を背にひときわ鮮やかさを増す。

　まずは細く長い河のようなかたちをした

写真1　タイセイヨウサケの養殖生簀
ノルウェーのオックスフィヨルドに浮かぶ生簀の中ではタイセイヨウサケが気ままに泳ぐ

オックスフィヨルドの4地点に刺網をしかけて、ダンゴウオを20個体捕獲した。サケの生簀周辺で捕獲した個体もいれば、生簀から離れた場所で捕獲した個体もいる。刺網で捕獲されても、ゴムのように硬くて弾力のある体のダンゴウオは、1個体も死ぬことも傷つくこともなかった。

捕獲したダンゴウオに充分に麻酔をかけて、お腹をヒトの手術用のメスで開き、発信機を入れる。そしておなじく手術用の糸と針で2針から3針縫い合わせる。術後のダンゴウオは、なにごともなかったかのように麻酔から覚める。1個体ずつサケの生簀付近で海にもどすと、はじめは海面をふらふらと泳いでいたダンゴウオだが、やがて小さな尾びれを左右にひたむきに振り動かし深い海に消えていった。

写真2　ダンゴウオの雄と雌
上が雌で、下は雄。雄は体が赤みを帯びている。英名はランプサッカー。ランプはダンゴのような「塊」、サッカーは「吸盤、吸うもの」を意味する。腹びれの近くに吸盤があって岩などにぴったりとつく。まさに名は体をあらわす

発信音を超音波受信機でモニタリングする

発信機には、個体の識別番号が組みこまれている。発信機はピッ、ピッ、ピピッ、ピピッ、ピッという69kHzの超音波信号*の組み合わせを一定間隔で出すが、このピッ、ピッの間隔が識別番号になっているのだ。

海に放ったダンゴウオは、海の中に設置された超音波受信機でモニタリングする。フィヨルドに設置する受信機は、海面のブイと海底の大きな錘を結ぶロープの途中に結びつけて固定する。300mもある深い海だが、いたって単純な装備だ。これでも切れたり流されたりすることはまずない。

この受信機の周囲500mに発信機をつけたダンゴウオがやってくると、受信機は超音波信号からIDを識別して、何時何分に何番のダンゴウオが近づいたと内部のメモリに記録する。ダンゴウオがオックスフィヨルドを大きく移動してもモニタリングできるように、フィヨルドの中にカーテンを垂らすように受信機を設置して、ダンゴウオの移動をくまなくおさえることにした（図1）。さ

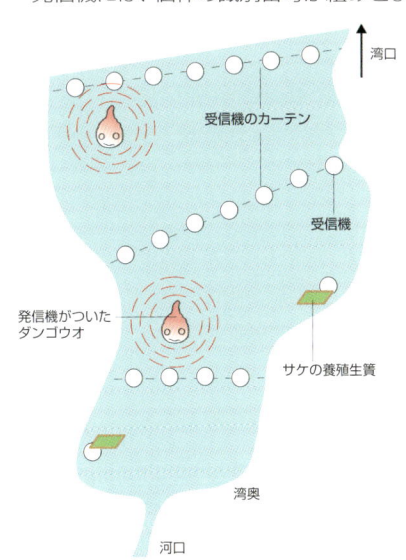

図1　モニタリング概念図
受信機をカーテン状に設置して、ダンゴウオの移動を確実にモニタリングする。発信機のついたダンゴウオが「海のカーテン」にやってくると、受信機には日付、時刻、魚のIDが記録される。この研究では、八つのカーテンを設置した

＊実際はヒトには超音波信号は聞こえないが、受信機は超音波信号でも聞きとれる。発信機がだす超音波の暗号（識別番号）を、ヒトしれず受信機が解読する。

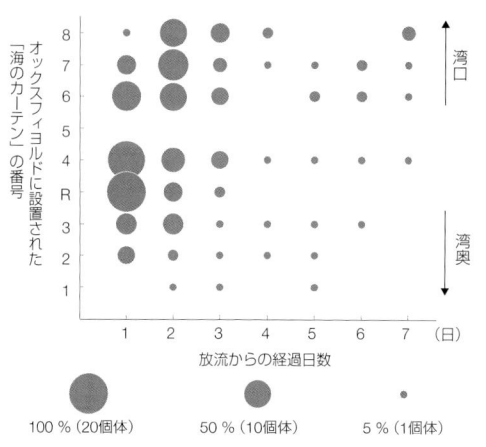

図2 「海のカーテン」で受信されたランプサッカーの割合
Rは放流地点を示す。もっとも小さな●は1個体（5％）が、もっとも大きな●は20個体（100％）が受信されたことを示す。放流から1週間がたつと、20個体すべてのダンゴウオがオックスフィヨルドを旅だった

らにはフィヨルド内にある四つすべての生簀にも受信機を設置した。

ダンゴウオは生簀嫌いだった？

ダンゴウオを海に戻してから3か月たったある日。はやる気持ちをおさえながら、受信機にたまったデータをコンピュータにダウンロードした。しかし、データは1週間分しかなかった。ダンゴウオは、海に戻されてから1週間しかオックスフィヨルドに滞在していなかったのだ。しかも、生簀の周囲にはまったくといってよいほどとどまらなかった。捕まえられた場所に戻るのでもなく、平均して3日間ほどでオックスフィヨルドから旅だっていた（図2）。

夏の北極圏は白夜だからか、昼夜をとわず、順流であろうと逆流であろうと関係なく泳いでいた。時速1km以上の速さで一目散にフィヨルドを泳ぎ出たものもいた。もちろん生簀にも近寄ることはあったが、1時間ほどしか滞在していなかった。

その後の3か月間、モニタリングを終えるまでダンゴウオは1個体もオックスフィヨルドには帰ってこなかった。生簀の近くにずっといないのであれば、ダンゴウオの体についたサケジラミは、生簀の中までうまくはたどり着かないだろう。ダンゴウオは生簀から流れ出てくるエサよりも、自由気ままな生活を選んだのかもしれない。

ダンゴウオの卵とタイセイヨウサケ

北欧ノルウェーの魚市場を訪れると、タイセイヨウサケをかならずみかける。野生のサケもいれば、養殖生簀で育ったサケもいる。陳列棚に並ぶその身の鮮やかな赤は、冷たく荒れ狂う北極の海を勇壮にして華麗に泳ぎ続けた勲章にもみえる。どこか色彩に乏しい北の海の幸に一条の光を与えているようにもみえる。いまや養殖生産量はうなぎのぼりに増え、1年をとおして魚市場の英雄の地位を譲ることはない。

サケとともに陳列棚をにぎわすのがキャビアだ。キャビアといえばチョウザメの卵と反射的に想像してしまうが、ノルウェーを含む欧州では魚の卵を総じてキャビアとよぶ。なかでも、店頭の多くを飾っているのが廉価なダンゴウオの卵だ。無数の紫の宝石がぎっしりとつめられた小さな瓶は、サケとともに並べられ、しっかりと英雄の脇を固めている。丸々と愛くるしいダンゴウオ。サケジラミをうつす悪役と考えられていたが、いまはもうその汚名はない。

英雄と名脇役は、これからも陳列棚で仲よく肩を並べるようだ。

*

ヒトが生きていこうとすれば、どうしても自然に負荷をかけることになる。ヒトが丁寧に管理している養殖生簀であっても、与えたエサは生簀から周辺の海にこぼれ出てしまう。野生の生物の移動や行動に影響を与えているだろう。ヒトはこのことをしっかりと理解し、自然を敬い生きていく必要がある。

日本のアオウミガメはどこから来たのか
海洋動物の系統地理・DNA塩基配列から探る

西澤秀明（京都大学大学院情報学研究科社会情報学専攻 博士後期課程）

アオウミガメは、熱帯・亜熱帯の比較的暖かい地域で産卵する（写真）。とくに、東南アジアや南太平洋の島々での産卵がよく知られている。日本でも石垣島、西表島などの八重山諸島と小笠原諸島を中心に産卵がみられる。日本は、太平洋におけるアオウミガメの産卵地の北限となっているのだ（図1）。

氷河期の終焉によって産卵地となった日本

アオウミガメを含むウミガメ類は、基本的に生まれた場所の近くに戻って産卵すると考えられている。しかし、長い時間でみると、ウミガメ類が地球上に登場したいまから約1億4,000万年〜6,500万年前の白亜紀以降、地球はさまざまな気候変動を経験している。そのなかで、ウミガメ類がダイナミックに新たな産卵地を開拓してきたようすがうかがえる。

それでは、日本のアオウミガメは、どのように産卵地を確立したのだろうか。産卵地は、暖かい場所でなければならない。しかし、いまから1万年前までの氷河期には、現在よりも寒い地域が多かった。そのため、氷河期にはアオウミガメの産卵地は赤道付近に限られていたと考えられている。赤道付近の熱帯域が、アオウミガメにとっての「避難場所」となっていたわけである。

やがて氷河期が終わり温暖な気候が訪れると、アオウミガメは北に産卵地を拡大できるようになった。日本にも産卵地が確立されることになる。つまり、日本のアオウミガメがどこから来たのかを調べるには、アオウミガメがどのように産卵地を拡大したのか、赤道付近にいたアオウミガメのどのグループが北に進出したのかを探る必要がある。

DNAの情報から探る

北に進出したアオウミガメのグループを調べるため、ミトコンドリアDNAの塩基配列に注目した。DNAはATGCという4種類の文字のような塩基の並びで構成されており、この並びが塩基配列である。

DNAは、親から子へと代々受け継がれるものであり、とくに動物のミトコンドリアDNAは、母親から子へと受け継がれる。基本的に、親から子へはおなじ並び方のDNAが受け継がれるが、まれにその並びが変化することがある。つまり、長い時間受け継

写真 西表島に産卵に訪れたアオウミガメ
3〜4年の周期で産卵シーズンを迎え、1回の産卵シーズンで4〜5回産卵に訪れる。1回の産卵では100個ていどの卵を産む（撮影・安田十也）

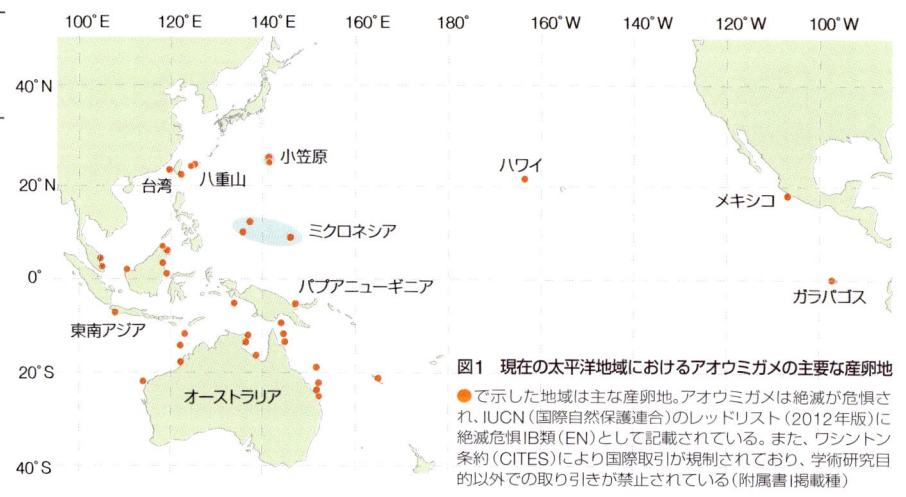

図1 現在の太平洋地域におけるアオウミガメの主要な産卵地

● で示した地域は主な産卵地。アオウミガメは絶滅が危惧され、IUCN(国際自然保護連合)のレッドリスト(2012年版)に絶滅危惧IB類(EN)として記載されている。また、ワシントン条約(CITES)により国際取引が規制されており、学術研究目的以外での取り引きが禁止されている(附属書I掲載種)

がれることで、その並びは多様化することになる。したがって、その並びの違い(ハプロタイプ)をみることで、その個体の履歴を探ることができるのだ。

そこで、沖縄県八重山諸島の石垣島と西表島に産卵に訪れた67個体のアオウミガメのメスから組織サンプルを取得し、ミトコンドリアDNA調節領域約520-bp[*1]について分析を行なった。調節領域は塩基の並びが比較的変化しやすい場所であり、おなじ種の個体やグループ間での履歴の違いを調べるのに適しているとされている部分である。

そのように、八重山諸島のアオウミガメからみつかったハプロタイプと、東南アジアと南太平洋の各地から報告されているものとを比較することで、アオウミガメが八重山諸島の産卵地をどのように確立したのかを探った。

瓶の首が狭いか、広いか

赤道付近は古くからアオウミガメの産卵地で、氷河期もその産卵地が維持されてきたと考えられる。そのため、アオウミガメのハプロタイプは多様なものとなる。じっさいに、東南アジアと南太平洋(ミクロネシア、パプアニューギニア、オーストラリア北部)の各地からは、大きく分けて五つのグループのハプロタイプが報告されている[*2]。

これらの一部が北に進出して八重山諸島に定着したとすると、八重山諸島のアオウミガメのハプロタイプは特定のグループのものに限られるはずである。これが瓶の首効果(創始者効果)とよばれるものである。さまざまなグループのうち、特定のグループだけが細い瓶の首を通ってくるイメージである。じっさい、大西洋域のアオウミガメからは、①南大西洋、西アフリカ、東カリブ海と②西カリブ海、③地中海の三つで異なるグループのハプロタイプが確認され、瓶の首効果も観察されている[*3]。

いっぽう、複数のグループが北に進出したとすれば、八重山諸島のアオウミガメからはさまざまなグループのハプロタイプがみられると予想される。はたして、八重山諸島のアオウミガメはどちらなのだろうか(図2)。

八重山諸島の瓶の首は広かった

八重山諸島のアオウミガメからみつかったハプロタイプは6種類であったが、さまざまなグループに属するハプロタイプを含んでいた。東南アジア・南太平洋の五つのグループのうちの三つのグループのハプロタイプ

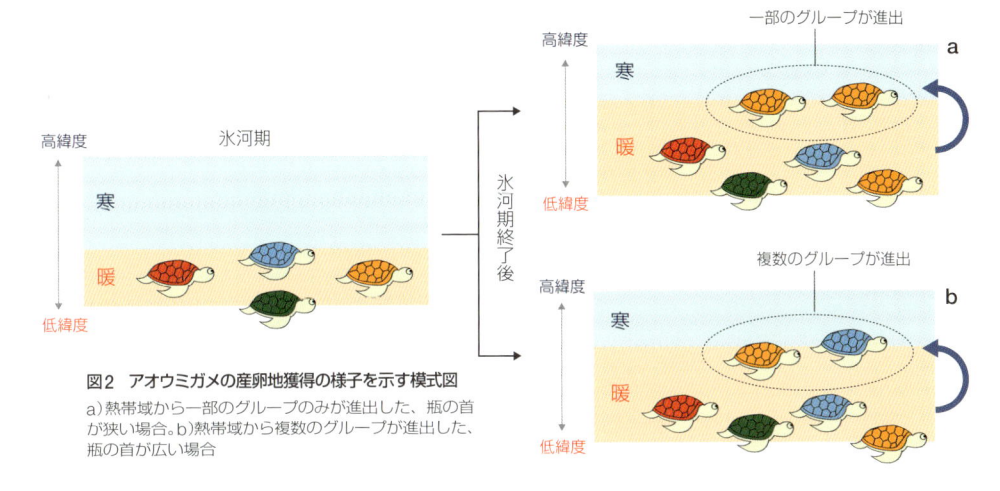

図2 アオウミガメの産卵地獲得の様子を示す模式図
a) 熱帯域から一部のグループのみが進出した、瓶の首が狭い場合。b) 熱帯域から複数のグループが進出した、瓶の首が広い場合

が観察された。ハプロタイプの多様性は遺伝的な多様性として評価され、東南アジア・南太平洋の各地でみられる多様性と比較しても遜色のない高いものであった。

したがって、太平洋域におけるアオウミガメの産卵地の拡大を考えると、八重山諸島のアオウミガメには瓶の首効果の影響はなかったことになる。瓶の首は広かったのである。八重山諸島の産卵地は、東南アジアおよび南太平洋の異なるグループのアオウミガメがそれぞれ進出し、交じり合うことで成立したのではないかと推定できる。

ウミガメはどこに行くのか

近年、「生物多様性の保全が重要だ」といわれるようになった。生物多様性には、さまざまな生物が存在しているというだけでなく、おなじ生物種でもさまざまな履歴の個体が生きていることが重要だという意味も含まれる。八重山諸島のアオウミガメは、さまざまな履歴の個体が存在しており、たいへん多様性の高いものとなっている。つまり、アオウミガメの生物多様性を守るうえで、八重山諸島は重要な地域であると考えられる。

ウミガメ類は、その名のとおりほとんどの時間を海ですごすが、産卵のさいにはかならず砂浜を訪れなければならない。砂浜に上陸し、産卵するようすは荘厳さを感じさせる。それは、ウミガメ類が経験してきた長い歴史を感じさせるものだからと思われる。しかし、砂浜を含む海岸の環境が悪化すれば、ウミガメ類は直接的な影響を受けることになる。ウミガメ類がこれまで歩んできた道のりについて考えつつ、これからのウミガメ類の未来について考えなければと思う。

*1 DNAの塩基配列には、タンパク質の設計図となっている領域(遺伝子)がある。この領域の塩基の並びが変化するとタンパク質がうまく組み立てられなくなる可能性があるため、変化は起こりにくい。しかし、調節領域は、タンパク質の設計図をもたない領域のため、塩基の並びは比較的変化しやすい。今回は、調節領域のうち520個の塩基の並びを対象に解析した。なお、bpは塩基対(base pair)のことで、塩基の並びの長さをあらわす単位として使用される。

*2 東南アジア・オセアニアの産卵地にみられる五つのグループのハプロタイプは、かつて海水面の下降により北東オーストラリアとニューギニア間が陸続きになったことで、産卵地が分断されたことを反映していると考えられる。この昔の陸続きの東側に位置する産卵地(ミクロネシア、パプアニューギニア、グレートバリアリーフ周辺)からは五つのうち三つのグループが、西側に位置する産卵地(東南アジア、オーストラリア北岸と西岸)からは残りの二つのグループがほとんどを占めている。八重山諸島では、東側、西側のいずれのグループのハプロタイプも観察されることになる。

*3 大西洋では、氷河期に「避難場所」となっていたブラジルなどの南大西洋の産卵地から、氷河期の終了とともに一部のグループがメキシコなどの西カリブ海の産卵地に進出し、また西カリブ海のグループの一部が地中海に進出したと考えられている。

3 人魚の歌声に魅了されて
2-04 鳴き声でジュゴンを探す

市川光太郎（総合地球環境学研究所）

写真1　鳥羽水族館で飼育されている雌のジュゴンのセレナ（撮影・白木里香）
1987年にフィリピンから鳥羽水族館へやってきた。アオウミガメのカメ吉と遊ぶときによく鳴く

　小さくて離れた両目、口元を覆う剛毛、伸びた鼻の下（写真1）。顔だけをみると、ジュゴンが人魚姫のモデルであるとは信じがたい。ところが、人魚姫との共通点はちゃんとある。ジュゴンも歌うのだ。しかも小鳥のようなかわいらしい声で。

　ジュゴンはいったいなんのために鳴いて いるのだろうか。人魚の歌声ならぬジュゴンの鳴き声にすっかり魅了されてしまった私は、彼らの鳴き声を調べることにした。

受動的音響観察手法と利点

　ジュゴンの鳴き声には、ピヨという短い鳴き声と、ピーヨという長い鳴き声の2種類がある*。短い鳴き声をチャープといい、長い鳴き声をトリルという（図1）。そのようなジュゴンの鳴き声の意味を調べるには、彼らが鳴きながらどのような行動をしているかを知る必要がある。

　受動的音響観察手法は、鳴き声を発する海産哺乳類の行動観察に広く適用されている手法である。録音機を水中に設置して、録音した鳴き声を音響学的に解析することで発声個体の情報を得る。人間は物音を聞け

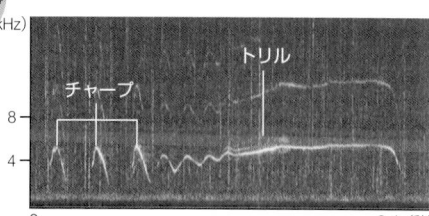

図1　ジュゴンの鳴き声のソナグラム
縦軸が周波数（kHz）、横軸が時間（秒）を表示している。持続時間の短い鳴き声がチャープで長い鳴き声がトリル。チャープは個体間で鳴き交わしをするときに利用される

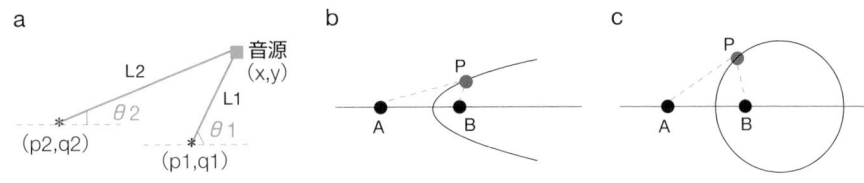

図a
音源 (x,y)
L2, L1
θ2, θ1
(p2,q2), (p1,q1)

L1: $y = \tan(\theta_1) \times (x-p_1) + q_1$
L2: $y = \tan(\theta_2) \times (x-p_2) + q_2$

図b
双曲線：APとBPの差が一定の点Pの集合

図c
アポロニウスの円：APとBPの比が一定の点Pの集合

図2　鳴いたジュゴン（音源）の位置を計算する
a）複数地点で録音されたジュゴンの鳴き声が聞こえてきた方向（θ1、θ2）の交点にジュゴンがいたはずである。「(p1, q1)を通る傾きθ1の直線L1と、(p2, q2)を通る傾きがθ2の直線L2の交点」、すなわち鳴いたジュゴンの位置はL1とL2の連立方程式を解くことで得られる。このように方位をもちいる場合は、音源との距離が数十m離れているときに有効である。b）音源が近い場合は、直線ではなく双曲線として立式して交点を求める必要がある。直線と双曲線を求めるときはステレオハイドロホンの左右のチャンネルに音が届いた時刻の差をもちいる。左右のチャンネルの音の大きさ（音圧）の差をもちいて音源の位置を得ることもできる。c）このときは「アポロニウスの円」の交点を求めることになる

ば、その音の方向がわかる。左右の耳に音が届く時間や大きさに違いが生じるからだ。

　受動的音響観察手法によって音をステレオで録音すれば、音源の方位は機械的に計算できる。複数地点で音源方位を求めれば、鳴いたジュゴンの位置もわかるはずだ。非接触で観察できるこの手法が動物に与える影響は、かぎりなく小さい（図2）。

　私はステレオ式自動水中音録音装置（AUSOMS オーサムズ）を海底に設置した。水中音を360時間も連続的にステレオ録音できるスグレモノだ。野生のジュゴンの鳴き声を、これだけ長期間録音した研究者はまだ世界にいない。あのノンビリとした顔つきから出てくる可憐なピヨピヨという鳴き声は、「どこで、だれが、いつ、なんのため」なのか。まだ誰も知らないジュゴンの謎を前に、私はわくわくソワソワしていた。

フィールドワークの現場で

　ジュゴンは熱帯から亜熱帯にかけての温暖で浅い海域に棲息し、海底に生える海草を食べる。一日の大半を水深3mより浅い海域ですごす。鳴き声を録音するには、沿岸部を重点的に調べればよい。

◆どこで、だれが鳴くのか

　タイ国トラン県タリボン島およびムク島周辺の海域で、ジュゴンの分布と鳴き声を調べた。調査船にはAUSOMSを少し改造した録音機を載せ、目視調査と同時に水中音を聞いて鳴き声を記録する。ジュゴンが見えた海域とジュゴンの鳴き声が聞こえた海域を調べると、ジュゴンは調査範囲にほぼまんべんなく見つかった。

　ところが、鳴き声が聞こえたのはタリボン島南端部とムク島周辺の海草の生えていない海域だけであった。しかも、見つかったのはほとんどが単独個体で、母子のペアは別の場所に集中的に分布していた。すなわち、ジュゴンは、「単独個体」が「エサ場以外で鳴く」ことがわかった（図3）。母子ペアのほうが多くの鳴き声を出していると予想していたので、この結果には驚かされた。

　では、どうして鳴いていたのだろうか。この問いに答えるために、まずはジュゴンがいつ鳴くのかを調べた。

◆いつ鳴くのか──タイでの音響観察

　ジュゴンはずっと鳴いているのか、それとも特別なときにだけ鳴くのかがわかれば、鳴く理由をあるていど絞ることができる。タリボン島の南端部で7昼夜にわたって連続的に水中音を録音し、鳴き声の多い時間帯を調べた。7昼夜で合計3,453の鳴き声が録音されていた。その頻度を調べると、1日のうちでもっとも多くの鳴き声が記録されていたのは、いずれの日も午前3時から午前6時までの夜明け前3時間に集中していた。

鳴き声の数が増えた理由については、いくつかの可能性が挙げられる。①1頭のジュゴンが何度も鳴いた、②多くのジュゴンが鳴いた、③ジュゴンが朝だけ島の南端部に来遊していた。③の理由は、ジュゴンの移動経路を調べなくてはならず、受動的音響観察ではすぐにはわからない。しかし、①と②の理由は、水族館で飼育されている個体を連続観察すれば検証できそうである。

◆鳥羽水族館での音響観察

野外研究で観察された現象を確かめようと、三重県の鳥羽水族館で飼育されている雄の「じゅんいち」と雌の「セレナ」を観察した。じゅんいちはときどき、生殖器を露出させて壁にこすりつけたり、水面ちかくでジャンプしたり、壁に激突したり、遊び道具の水を入れた枕に抱きついたりする。これらの行動はアクティブな行動と定義できる。じゅんいちの水槽で93時間の録音をした結果、じゅんいちが3秒以上のトリルや連続的なチャープを発するときは、アクティブな行動をとっていた。

いっぽう、セレナの鳴き声の88.14%は、おなじ水槽内にアオウミガメのカメ吉がいるあいだに発せられていた。仲のよい両者が接近したときは、とくに明瞭なトリルが発せられた。ジュゴンはつねに鳴いているわけではなく、なにか特別なことがあったときに鳴くことがわかった。

◆なんのために鳴くのか

野生のジュゴンの鳴き声の9割近くはチャープで、残りの1割強がトリルである。そこで、チャープにどのような意味があるのかを調べた。タリボン島南端部で録音したチャープ、人工音2種類、無音をそれぞれ1分間ずつ水中スピーカから放音してジュゴンの反応を観察した。

その結果、ジュゴンに録音したチャープを聞かせると返事をすることがわかった。しかも返事として発声したチャープは、ジュゴンと水中スピーカとの距離が長いときは持続時間が長く、短いときは持続時間も短くなっていた。距離に応じて持続時間が変化していたのだ。このことは、ジュゴンが他個体のチャープを聞いて、相手との距離をあるていど推測できることを示している。いっぽう、トリルは距離とは関係がなかった。つまり、ジュゴンはチャープを使って他個体とお互いの距離をはかりながら挨拶を交わしていると考えられる。トリルはジュゴンの気持ちを伝えるための発声かもしれない。

ジュゴンはどうやらだれかと挨拶するときや、ムラムラ

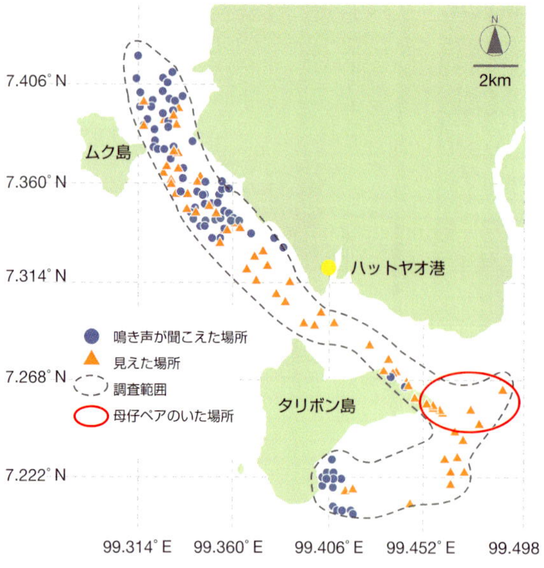

図3 ジュゴンの鳴き声が聞こえた場所と見つかった場所の比較
ジュゴンが鳴くのはタリボン島南端部とムク島近辺だけで、この場所にいたのは単独個体ばかりであった。母子ペアはタリボン島の東端部に集中して分布し、しかも比較的鳴き声を出さなかった

写真2　スーダンにて捕獲した直後のジュゴン
このあと体サイズ測定をしてバイオロギング機材を装着した（撮影・荒井修亮）

したり、楽しかったり、嫌だったりと気持ちが昂（たかぶ）ったときに鳴き声をだすようだ。思いかえせば、じゅんいちとセレナが同居していたころはたくさんの鳴き声が聞こえたものだ。あれはきっと、じゅんいちのラブコールだったのだろう。残念ながら、じゅんいちは積年の愛叶わず亡くなってしまったが、じゅんいちのメッセージはいつか解読してやりたいと思っている。

研究にバイオロギングの手法を導入する

　受動的音響観察は、ジュゴンに無用な影響を与えずに情報を得られる点で有効な手法である。ただし、発声個体の雌雄、体サイズなどに関する情報がまったく得られないことが最大の弱点であった。どのような個体が鳴いていたのかがわからないと、それぞれの行動の解釈は難しい。逆にいうと、発声個体が特定できれば、ジュゴンの鳴き声研究はいっきに進展する。

　このような問題点を打破する手法がバイオロギングだ（144ページ参照）。小型の録音機をジュゴンに直接くっつけてやればよい。それにはジュゴンを捕獲しなくてはならないが、体長3m、体重300kgを超すジュゴンを捕獲するなんてことは、現実離れした夢物語であった。ところが、オーストラリアにはジュゴンを捕獲して研究している女性研究者がいるという。私は、彼らの捕獲方法を習得するためにオーストラリアに半年間の研究留学をすることにした。

　クイーンズランド大学のジャネット・ラニョン教授らのジュゴンの捕獲方法は、泳いでいるジュゴンにモーターボートで接近し、4人がかりで飛びかかって捕まえるというものだ。その名もロデオ法！　はじめに尾柄（びへい）部につかまる屈強な人間（捕獲係）2人が飛びこみ、続いて前肢につかまる人間（保持係）2人が飛びこむ。4人にしがみつかれてもがいているジュゴンに、ラニョン教授率いる女性研究者部隊が泳いで近づき、皮膚や糞便などをサンプル採取し、体サイズなどの計測を行なう。私は、体サイズ測定後ただちにGPSや小型録音機などのバイオロギング機材を装着する（写真2）。

　こうして得られたデータが、どのようなジュゴンが、いつ、どこで鳴くのかを教えてくれる。世界初のジュゴンの音響バイオロギングはまだまだ始まったばかりだ。この章を読まれた方が少しでもジュゴンの鳴き声に興味をもってくださればと願っている。

＊オーストラリアの野外観察では、ほかにも吠え声のようなバークや喉を鳴らすようなクロークという鳴き声を出す可能性が挙げられているが、タイ国や鳥羽水族館のジュゴンがそのような鳴き声を出したことはない。

行動観察

　私たち人間はだれしもりっぱな行動観察のスペシャリストである。赤ちゃんは生まれてすぐにお母さんをはじめとする人の顔を覚え、においや声も覚え、そのうち他者の行動からその心のなかを読むようになる。

　自分の生活を考えてみよう。朝、学校に行く途中で友だちに会い、いっしょに歩きだす。友だちはとつぜんに顔を赤らめ、言葉が少なくなる。「あ、あそこにいるのは○○ちゃん。ひょっとして……」。学校の先生、きょうは眠そう。「あ、さては昨夜のサッカー日本代表戦見てたな……」。夕方、お母さんが鼻歌を歌いながら夕食をつくっている。「なにかいいことあったのかな？」。行動観察をしていない時間は少ないくらいである。だから行動観察は、もっとも身近で簡便、かつ重要な研究方法であると言えるだろう。

　しかしながら、私たちは行動観察から的外れな結果を導き出してしまうこともしばしばある。（たとえば、「あの人は私のことを好きなんじゃないか」と誤解することもある）。科学の世界での行動観察は、「おなじ方法で行なえば、だれもがおなじ結果を導くことができる」ことをめざさねばならない。だから「自分ルール」だけではだめである。動物の行動を観察するときは、人間のこころや行動様式とまったく異なることが予想されるので、「人間ルール」もできるだけ排除せねばならない（これはじつに難しい）。

　そこで登場するのが、科学的に動物の行動を観察するための学問分野である動物行動学や動物心理学である。本節では、海の動物、とくに魚類と鯨類について、その行動やこころに隠された謎を解き明かす手法と、その結果を3名の研究者が紹介する。（森阪匡通）

3-01 個体識別と行動観察に挑戦しませんか
生きものの暮らしを知る第一歩

酒井麻衣（京都大学野生動物研究センター）
森阪匡通（京都大学野生動物研究センター）

大海原を悠々と泳ぐイルカの群れ。彼らはいったいどんな生活を送っているのだろうか。イルカの生活に切りこむ方法の一つが個体識別だ。個体識別とは、1頭1頭の動物を見分けることである[*1]。

イルカでは、背びれの欠けや体の傷など、自然にできた特徴を標識として個体を見分け、番号や名前をつけることが多い。鯨類では、船上からの背びれの写真撮影による個体識別（写真）や、水中でのビデオ撮影による個体識別（図）が行なわれている。魚類や海鳥では、ジンベイザメはその斑点、ペンギンは模様などを自然標識に利用した個体識別研究が行なわれている。

人工標識（タグ）やマーキングを行なう研究もあるが、動物に短期的・長期的影響をおよぼす可能性があるとされている。

個体識別を通して
わかったこと

ミナミハンドウイルカ（*Tursiops aduncus*）[*2]の研究を例に、個体識別でわかることを紹介しよう。個体識別ができれば、個体数をより正確に数えることが可能になる。たとえば九州の天草では約218頭、伊豆諸島の御蔵島では約160頭が棲息していることなどがわかっている。

個体識別を何年も続けていると、イルカが小さな子どもを連れていることがある。子どもを生んだのだろう。子どもはあるいど大きくなると、母親のもとから離れて観察されるようになる。それを離乳とみなすと、御蔵島では平均3.5年で離乳すること、メスが次の子を産むまでの間隔は平均3、4年であることなどがわかってくる。

個体の移動もわかる。鹿児島湾で撮影されたイルカの背びれ写真と、大分県津久見湾で撮影された背びれ写真とを照合した結果、おなじ個体であることがわかった。約600kmもの距離を移動していたのだ。

どの個体がどの個体といっしょにいることが多いかを記録することで、社会構造を研究することもできる。オーストラリアの個体群では、オスの2、3頭が同盟とよばれる強い関係を築き、そういう同盟がさらに連合して2次同盟をつくるなど、入れ子状の社会構造をしていることがわかっている。

呼吸のために水面に上がってくるイルカ

写真　船上から撮影したコビレゴンドウの個体識別用の背びれ写真
個体による違いがはっきりとわかる。写真右上と右下は同一個体の背びれ

[*1] 動物の研究に個体識別を取り入れたのは、ニホンザルを研究した京都大学のグループが世界で最初だった。
[*2] ミナミハンドウイルカは南アフリカからインド洋、西部太平洋の比較的暖かく浅い海に棲息する体長2.5〜3mほどの小型の鯨類。

の背びれを一瞬のうちに撮影し、自分の目で過去の何千枚もの写真と照合する。そんな地道な作業が、彼らの生活を解き明かす第一歩だ。あなたは、考えただけでも気が遠くなる？ それともワクワクする？ 後者ならば、きっとイルカの研究にむいている。

意外と知られていないイルカの行動

日本では、多くの水族館でイルカが飼育されている。種類もさまざまで、行動を観察するにはとてもよい環境にある。

イルカは睡眠、子育て、他個体とのやりとりなどのすべてを水中で行なっている。水族館でそれらを観察してみよう。まず眠る方法には、水面に浮く、水底にとどまる、ゆっくり周回遊泳しながら、というすくなくとも三つの方法がある。このとき、イルカは片目だけを閉じていることが多い。半球睡眠とよばれ、脳の片側だけを休めているのだ。

母子イルカがいたら、母子の位置関係をよく見てほしい。子どもが母の横にいる場合と、腹の下にいる場合とがある。横にいる場合は、尾びれを振る数を母と子でくらべてみよう。子どもは母親がつくる水の流れに乗ることで楽ができるので、子どもの振り数のほうが少ないことが多い。

母の腹の下にいる子どもが、頭や背中で母の腹を押したりするようなら、もうすぐ授乳が見られるはずだ。イルカは泳ぎなが

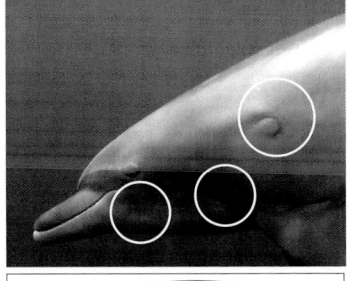

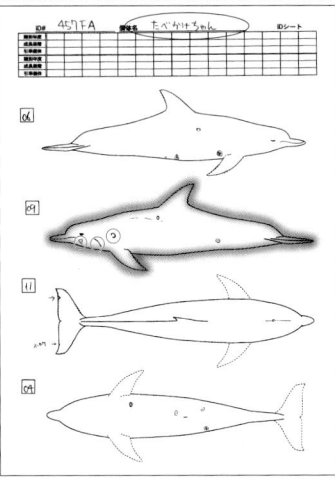

図　水中にて撮影したミナミハンドウイルカの個体識別用画像と個体の特徴を描いたイラスト
体の傷の位置と形から、この映像は個体識別番号457番のメス、愛称「たべかけちゃん」であることがわかる（資料提供・御蔵島観光協会）

ら授乳をする。母の腹にある生殖孔の横に乳首が収まる溝があり、子どもはそこに口をつけてお乳をもらう。

紙と鉛筆と時計を手に、ひたすら観察する

イルカは他個体を胸びれでこすったり、呼吸を同調させて泳いだり、ときには体をぶつけあってケンカをしたりする。胸びれで相手をこする親和的行動「ラビング」は、よく行なうペアとそうでないペアがある。人間どうし、仲のよしあしがあるように、イルカにもイルカ関係というものがあって、相手の好き嫌いがあるようだ。呼吸を同調させる、つまり息を合わせる個体どうしもやはり仲よしのようだ。また耳をすませば、水中窓越しでもイルカたちが出す音を聞くことができる。「ピュィ〜」という音は個体によって違うコミュニケーションの音で、「ギギギギ」は周りを探査しているエコーロケーション用の音だ。

少し腰を落ち着けて、1時間、15分でもいいから観察してみよう。海の動物は一見すると優雅に泳いでいるだけのように見えても、さまざまな行動を見せてくれるはずだ。

海の動物の行動研究というと高価な機器や大型船をもちいて、というイメージがあるかもしれない。しかし、水族館で飼育されている動物の行動を研究するならば、誰でも、明日からでもはじめられる。紙と鉛筆と時計を手に、一度トライしてみてはいかがだろうか。

3 魚類のこころと行動
3-02 魚類心理学入門

益田玲爾
（京都大学フィールド科学教育研究センター舞鶴水産実験所）

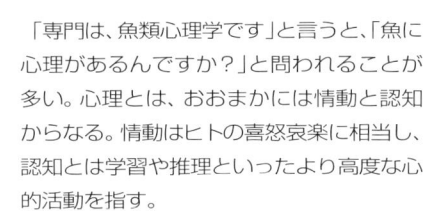

写真1　接近する観察者に対して、棘を立てて威嚇するカワハギ　（舞鶴市長浜）

「専門は、魚類心理学です」と言うと、「魚に心理があるんですか？」と問われることが多い。心理とは、おおまかには情動と認知からなる。情動はヒトの喜怒哀楽に相当し、認知とは学習や推理といったより高度な心的活動を指す。

海や川でつかまえてきてすぐの魚は、たいてい餌を食べないが、しばらくすると「安心して」、あるいは「観念して」か、餌を食べはじめる。長期にわたって飼ううちに、餌をくれる人間を「学習して」近づいてくるようにもなる。魚が高度な推理や洞察をするとは思えないが、心理学で扱う領域のうち、かなりのことが魚にもできる*。そんな研究の手法について説明し、わが「魚類心理学研究室」での研究事例をご紹介しよう。

魚の喜怒哀楽はどこでわかる

不安なとき、ヒトはどうふるまうだろうか。あわてて動きまわるか、逆に動作が固まるかは個人差もあろう。冷や汗が出るというのも、その日の気温や体調による。わかりやすいのは、心臓がドキドキする、という生理的な反応ではなかろうか。

魚でも同様な反応がみられる。ただし、魚の場合、不安のていどはエラの動きでわかる。不安な状態におかれた魚は一般に、エラの拍動数が普段より多くなる。

エラの拍動が通常にもどったあとでも、「つかまえてすぐの魚」のようにストレスがくわわっていると、そうかんたんには水槽内の餌を食べない。この状態からすみやかに回復させる方法として、水槽全体を暗幕で覆って暗くする、という手がある。人間の場合は、極端なストレスで動転したとき、まず目を閉じて視覚からの情報をシャットアウトするとよい、とされるのとほぼおなじだ。

「魚のように表情が乏しい」は正しくない

魚類の情動反応はほかにもさまざまある。たとえばカワハギ（*Stephanolepis cirrhifer*）は怒るとツノを立てる（写真1）。ツノのように見えるのは、正確には背びれの棘である。本来は、大きな魚に飲みこまれたさい、捕食者の喉に突き立てて吐きださせるためのものであろうが、怒ったときにはとにかくこのツノを立てる。摂餌中や満腹で落ち着いているとき、就寝中などには、ツノは倒れた状態だ（写真2）。「カワハギの心は、うちの母ちゃんよりもわかりやすい」と思えてきたら、あなたも魚類心理学者の仲間入りだ。

鮮やかな色彩が魅力的なミノカサゴ（*Pterois lunulata*）も、不安なときには棘を立てる（写真3）。この棘には猛毒がしこんであるから、威嚇もハッタリではない。

棘を立てるのは、捕食者に対してだけとはかぎらない。写真4のサラサカジカ（*Furcina ishikawae*）は、一見、仲良くダンスでもしている風だが、そうではない。顔の表情からは読みとれないものの、これは雄どうしがなわばり争いをしているようである。そのさい、背びれの棘はめいっぱい立てられている。

「魚のように表情が乏しい」といい慣わさ

---

*詳しくは、益田玲爾著『魚の心をさぐる——魚の心理と行動』、（成山堂書店、2007）と益田玲爾著「行動観察」塚本勝巳編『魚類生態学の基礎』11章、p120-131(恒星社厚生閣、2010)を参照。

写真2　エチゼンクラゲを襲って捕食するカワハギは、いずれも棘をねかせている　（舞鶴市冠島）

写真3　棘を立てて観察者を威嚇するミノカサゴの幼魚
（福井県越前町）

写真4　サラサカジカの雄同士の争いでも棘は立つ
（舞鶴市長浜）

れる。しかし、海の中で魚をじっくり観察すれば、彼らは全身で意外な表情を見せてくれる。それもまた魚たちの魅力の一つだ。

学習する魚たち

魚の学習能力を調べるには、Y迷路を使うのが簡単だ（図1）。水槽の先がY字型に分かれていて、たとえば、右側に行ったときにだけ餌を与えると決めておく。右に行くことをいったん憶えたら、今度は左に行ったときにだけ餌を与えるように学習の「書き換え」をする。

書き換えは最大で3回までとし、400点満点に換算したテストを、いろんなサイズのイシダイ（Oplegnathus fasciatus）で試したのが、魚類心理学研究室で卒業研究をしていた牧野弘奈さんだ（図2）。この実験によれば、イシダイは体長2cmのころは、最初に右に行くことは憶えても、書き換えはうまくできない。ところが、成長するにつれて学習能力は高まり、体長7cmのときにピークを迎え、以後はやや低下する。

イシダイは、2cmのころはまだ沖合にいて、目につく餌を片端からついばむ生活をしているので、さほど学習能力は必要でない。体長4cmほどになり、沿岸にやってくると、たまたま自分のたどり着いた磯にカニが多いか、フジツボが多いかによって、餌の食べ方を工夫し、学習する必要がある。そうした柔軟性がもっとも必要とされる時期が、体長7cmのころと考えられる。若いころにもの憶えがよいのは、ヒトとおなじだ。

魚の脳とドコサヘキサエン酸

「魚にも脳はあるんですか」と尋ねられることもある。大きな魚の煮付けを食べるとき、箸で頭を分解すれば、ちゃんと脳が出てくる。ちなみに、けっこう旨い。ヒトの脳で推理や独創性をつかさどるのは前頭葉で、これに相当する部分は、魚にはなさそうだ。しかし、脳の基本的な構成は、ヒトも魚もそれほど変わらない。

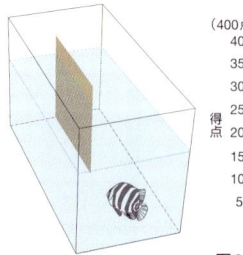

図1　学習能力を調べるためのY迷路

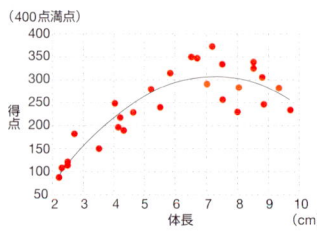

図2　イシダイの学習能力の発達
体長7cmのころ、学習能力のピークがあることがわかる

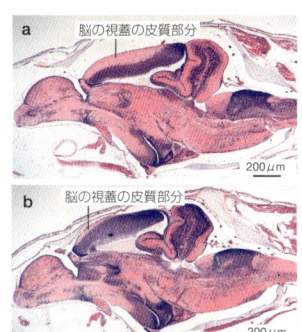

写真5　DHAを投与した正常なシマアジ(*Pseudocaranx dentex*)の脳(a)と、DHAの代わりにEPA(エイコサペンタエン酸)を与えたシマアジの脳(b)
DHAの欠乏したシマアジ(b)では、脳の視蓋の皮質部分が著しく薄い

写真6　外洋を漂うヤリガレイの仔魚（舞鶴市冠島周辺）

写真7　ヤリガレイを見つけた海域に多数いたツノクラゲ（舞鶴市冠島）

「魚を食べると頭がよくなる」といわれて久しい。これは、ヒトの脳に多量に含まれて、学習能力を高めたり、アルツハイマー病を予防したりする効果があるとされるドコサヘキサエン酸（DHA）が、魚に多く含まれていることに由来する。魚の脳にはもちろん、筋肉にもDHAが多い。ただし、魚はDHAを餌から摂取し、脳や神経をつくるのにも、エネルギー源にも使っている。

では、魚の餌からDHAを減らすとどうなるか。DHA欠乏が長期にわたると、魚は成長が悪くなるのだが、それ以前に行動がおかしくなる。とくに、ブリ（*Seriola quinqueradiata*）やマサバ（*Scomber japonicus*）などの魚で、DHA欠乏の条件下では群れをつくれなくなることが知られている。

それでは、DHAの足りない魚の脳はどうなっているのか。筆者の飼育実験によると、DHAの欠乏した魚では脳の視蓋とよばれる部位の、皮質（外側）が極端に薄くなることが示された（写真5）。ここは視覚から得た情報を処理する部分であることから、魚もDHA不足だと脳がうまく機能せず、群れをつくれないことがわかる。

ふたたび、海へ

日本海でクラゲの潜水調査をしていたさい、ヤリガレイ（*Laeops kitaharae*）という魚の仔魚に出合った（写真6）。ヒラメやカレイの仲間は、生まれてしばらくは眼が両側にあり、漂うだけの生活をしているが、ある時期から眼が片側に移動するとともに、海底生活へと移行する。親とはまったく違った姿をしている外洋生活期は仔魚、底生生活に移ってからは稚魚とよび分ける。

写真のヤリガレイ仔魚の両眼のうしろには、小さな脳が見える。あまりに小さくて、これではおそらく複雑な学習はできないだろう。成長したカレイやヒラメは、情動反応も示すし、学習もする。脳の発達にともない、魚の心理も発達する。

仔魚期のカレイの背びれは、長く伸びている。この時期の魚のひれは軟骨でできているため、この部分は伸長鰭条とよばれる。「伸長鰭条はなんのためにあるのか」という疑問に対し、ヒラメやカレイの標本サンプルを多く調べた専門家たちは、「海流に漂いやすくするため」と説明する。しかし、水中でこれを見た筆者には、クラゲの真似（すなわち擬態）をして、捕食者の目をくらましているように思えてならない（写真7）。こころも体も未発達な仔魚に、自然という造物主の与えた知恵ともいえる。

*

開発し尽されたかに思われる日本沿岸の海。しかしそこに棲む魚たちの素顔を見れば、野生の生物は日本の海でもまだまだ健在であり、研究の材料には事欠かない。そんな未知の世界への冒険に加わる仲間が増えてくれることを願う。

イルカは左利き？
野生イルカの行動研究からみえるもの

酒井麻衣（京都大学野生動物研究センター）

「8時半から行くけど乗っていく？」
「はい、ありがとうございます！」

　私は伊豆諸島御蔵島でイルカの社会行動を研究している。調査では、よくイルカウォッチング船に便乗させていただく。島のイルカウォッチングに携わる人たちは研究に協力的で、こんなふうにウォッチング業者さんのほうから声をかけてもらえることもあり、とても感謝している。また、御蔵島観光協会によって、個体識別調査が続けられており、ほとんどのイルカに名前がついている。

　イルカウォッチング船に便乗して島の海岸線沿いにイルカを探し、群れを発見したらシュノーケリングしながら、水中で観察とビデオ撮影を行なう。イルカの群れが通りすぎたら船に戻り、記録板に頭数や行動状態、群れの構成メンバーなどを書きこむ。

ラビングはイルカ版の社会的毛づくろい

　陸に戻ったら撮影した映像を再生し、ひれの欠けや体の傷をもとに、これまで撮影した映像と照合して個体を識別する。ひたすらこの作業をくり返し、データを集める。調査に出ても一度も目当ての行動が観察できない日や、台風で1週間も海に出られないこともよくある。すべてイルカしだい、自然しだいだ。

　私たちヒトは、握手をしたり、抱きあったりする身体的な接触をとおして、あいさつをしたり、絆を確かめたり、仲直りをしたりする。イルカもじつはヒトとおなじように、接触によるコミュニケーションをしている。

　私はイルカを対象に、個体間の接触をともなう社会行動の一つであるラビング（胸びれで相手の体をこする行動）を研究してい

写真　イルカの群れとラビング行動
写真左手前のペアがラビングを行なっていて、上の個体が下の個体の腹をこすっている

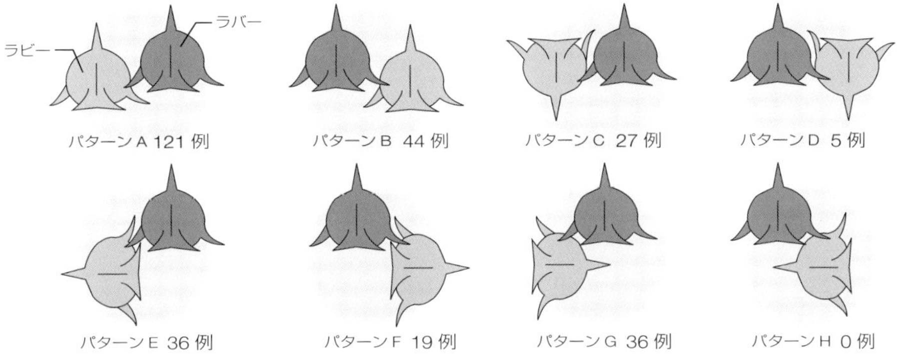

パターンA 121例　パターンB 44例　パターンC 27例　パターンD 5例

パターンE 36例　パターンF 19例　パターンG 36例　パターンH 0例

		ラビー	
		左側	右側
ラバー	左側	63例 (C+G)	157例 (A+E)
	右側	63例 (B+F)	5例 (D+H)

図　ラビング時の位置関係
濃い灰色がラバー、薄い灰色がラビー、数字が観察例数を示す。表は、ラバーとラビーが体のどちら側を相手にむけていたかと、その観察例数を示す

る(写真)。これまでの研究から、ラビングは、仲よしどうしが行なう親和的な行動で、体表面をきれいにするなどこすられる個体に利益がある行動だと考えられている。そのような機能にくわえて、闘争後の仲直り、あいさつ、宥めなどの社会的機能もあると考えられているのである。霊長類の社会的毛づくろいとおなじような機能である。

イルカに利き手はあるのか

ヒトの約9割は右利きだといわれている。じつは行動の左右差がみられることは、ヒトに限ったことではない。近年、多くの動物種で行動の左右差がみつかっている。このことは、その動物の左右の脳半球の機能が異なることを示している。

たとえば鯨類のコククジラやザトウクジラでは、右側のヒゲ板の摩耗が左側よりも激しいことや顎の擦り傷の多さから、右側を下にして底生生物を捕食していると報告されている。ハンドウイルカが海岸の土手に乗りあげて魚を捕食するさい、右体側を下にするという報告もある。ほかの種では、見慣れた同種他個体を見るときは右脳につながっている左目や左半視野を使う傾向にあることが、サカナやヒヨコ、ヒツジで報告

されている。

それでは、イルカはラビングに左右どちらの胸びれを使っているのだろうか。これまで撮影できたラビングを集計してみることにした。ラビング中に胸びれで相手をこする個体をラバー、こすってもらう個体をラビーとよぶことにした。533例のラビングのうち、なんと421例(79%)でラバーが左ひれを使用していた。ずいぶんと左に偏っている。個体別に分析しても、ラバーとして5回以上記録された20個体のうち、9個体は有意に多く左ひれをもちい、有意に多く右ひれをもちいた個体はいなかった。

ラビングの持続時間も、左ひれを使用した例(平均9.3秒)のほうが右ひれを使用した例(平均6.1秒)よりも長いことがわかった。鯨類の社会行動において、個体群全体でこのような偏りが発見されたのは、はじめてのことだった。

利き手ではなく、利き目が決める？

なぜこのような左偏りが生まれるのだろうか。その手がかりを探すべく、ラビング中の2個体の位置関係を分析した(図)。

まず、ラビーがこすられる側には左右差はなく、ラビーが右側をこすられたいから

左ひれによるラビングが多いわけではなさそうだ。よくみると、観察例数のとても少ない組み合わせ（DやH）がある。位置関係の観察例数をみると、すくなくともどちらか一方が左目で相手を見ることのできる位置関係でラビングが行なわれるようだ。

たとえば、ラバーの左サイドとラビーの左サイドとが接触する位置関係、つまりラビーが逆さ泳ぎをする関係は多かった。いっぽう、ラバーの右サイドとラビーの右サイドとが接触する位置関係はたいへん少なかった。

ラバーの行動の偏りだけでラビングの左偏向が現れているのではなく、ラビーの行動も影響しているようだ。ラビング中に2個体とも使っているものがある。それはひれではなく相手を確認するための目だ。ラビング時に使用する胸びれが左に偏るのは、ラバーにもラビーにも「相手を左目で見る傾向がある」ことが原因なのではないかと思いあたった。

行動観察が認知的特性を知るヒントに

ためしに、ひれや目を使うラビング以外の行動を分析してみた。すると、海藻やポリ袋を胸びれにひっかけて運ぶ行動では、ひれ使用の左右の偏りはみられなかった。ところが、スイマーや撮影者に接近して周りを回る詮索行動では、イルカは対象を最初に左目で見る傾向があった。

このように、ほかの行動においても目の使用に関係する左右の偏りが確認された。社会行動を細かに分析することで、「他個体を見るさいには左目をよく使う」というイルカの認知的特性に関する手がかりをみつけることができたのである。

さらに忘れてはならないことは、ラビングはラビーがラバーに接近して開始される場合が多いことだ。つまり、ラビーがラバーのどちらのひれにこすられるのかを選んでいることになる。ラビーがラバーの右側に並んで泳いでいるのに、ラビングを受ける段になると、わざわざ相手の左側にまわりこみ、相手の左ひれにこすってもらう事例もたくさんあった。イルカは、より効果的に長くこすってもらうためにラバーの左ひれを積極的に選択するようになり、この個体群の左ひれ使用の偏りが強められていったのかもしれない。

御蔵島個体群で観察されたラビングの左偏りと、ラビーの左選択傾向。これは、本個体群に特有なのか、ほかの個体群でも同様なのかという課題はまだ残されている。こんごは、ほかのミナミハンドウイルカ個体群や、他種のイルカを対象にラビングの左右差の研究を進め、イルカの左利きの根源を探りたいと考えている。

3-04 おしゃべりなイルカと無口なイルカ
イルカの音の世界と群れ社会

森阪匡通（京都大学野生動物研究センター）

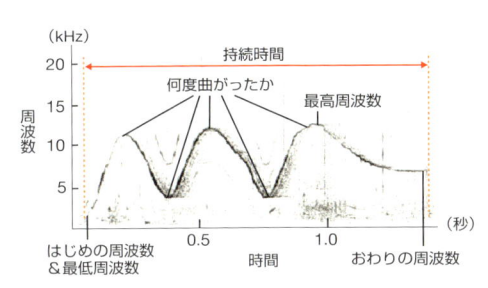

図1　ホイッスル音のスペクトログラムと計測した音響パラメータの例
横軸を時間(秒)、縦軸を周波数(kHz)であらわし、色の濃さが音の大きさを示す

水の中に潜ると、どこからともなく聞こえてくるピューイという澄んだ鳴音、カチカチという音。やがてイルカの群れが近づき、私に一瞥をくれたのち、ふたたび紺碧の海の闇に消えていく……。私がはじめて野生のイルカに海中で出合ったときのようすである。

水中では、陸上にくらべて音は約4倍のスピードで進む。音がやってきた方向を両耳に届くわずかな時間のズレで判断（音源定位）している私たち人間には、ズレが小さくなるだけに、水中で音の来る方向を知るのは困難になる。

研究者はなんとか音源定位をしようと、さまざまな工夫を行なっている。市川光太郎さんもその一人だ（164ページ参照）。しかし、

←写真1　御蔵島のミナミハンドウイルカ

写真2　テッポウエビ
(写真提供・京都水族館、撮影・京都水族館展示飼育部 蔵敷明子)

写真3　コシャチイルカ

イルカ自身は水中マイクなどを使わず鳴音を交換し、音源定位もしている。現実に、なにも見えない夜間や透明度の悪い場所でもイルカたちは群れで生活しているのだから、かなり音に依存しているはずである。

だから彼らの発する鳴音をうまく記録できれば、彼らの生態や行動の秘密にせまり、こころの中をのぞくこともできるのではないか。そんな期待を胸に研究を行なっている。

イルカの「方言」はなぜ生まれたか

イルカに方言はあるのだろうか。小笠原諸島、伊豆諸島御蔵島、天草下島諸島に棲むミナミハンドウイルカ（*Tursiops aduncus*、写真1）の鳴音（ホイッスル音）を水中マイクで収録した。研究室に戻り、音響解析ソフトで図1のようなスペクトログラムを表示し、これをもちいてはじめの周波数、おわりの周波数、最高周波数などのいくつかのわかりやすい数値を計測して、定量的にホイッスル音が地域によってどのくらい違うのかを調べた。

すると、やはり地域によってその特徴に違いがあった。とくに天草下島諸島のイルカは、低くて単調なホイッスル音を出すことがわかった。イルカも地域によって鳴音が違うのである。しかし人間の方言のようなはっき

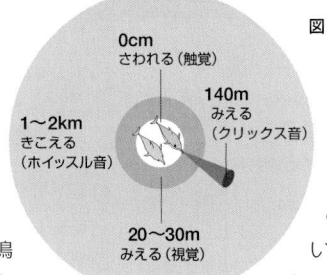

図2 御蔵島のイルカの感覚と距離の関係

りとした特徴の違いがあるわけではなく、全体的になんとなく違うという感じなので、方言は言いすぎだろう。それにしても、どうして天草下島諸島のイルカだけ鳴音が低くて単調なのだろうか。

イルカの鳴音を変えたテッポウエビ

天草下島諸島での録音を聞くと、とても海がうるさく、イルカのホイッスル音が聞きとりにくい。ラジオの周波数がぴったり合わずにジャージャーと雑音が入っている中で懸命にラジオ番組を聞こうとしている感じである。きっとイルカも苦労しているんだろうな。そんな経験からさらに研究を続け、上記したイルカの地域差は海のうるささに関係するのであろう、と考えた。

つまり、うるさい海では音が遠くに届かない。だからうるさい海に棲むイルカたちはホイッスル音を遠くに届かせるために、その物理的な特徴を変化させたのだろう。逆にいえば、イルカはたんにホイッスル音を出しているだけではなく、きちんと群れの仲間にホイッスル音を届かせる必要があるということを示している。

ちなみに、海のうるささはおもに、体長5cmほどのテッポウエビ（写真2）という小さな甲殻類がその特殊化したハサミで発する音である。たくさんのテッポウエビがこの地域にひしめきあっているために、海がうるさいのである。小さいテッポウエビがイルカの鳴音を変えていたのである！

イルカの「感覚世界」

イルカは音で周りを探索することができる。この能力をエコーロケーションとよび、陸上動物ではコウモリなどがこの能力を具えていることが知られている。イルカは「カチカチ……」、「ギー」などと聞こえるクリックス音によって、このエコーロケーションを行なっている。

伊豆諸島御蔵島のイルカたちは、普段140mくらいの範囲を漠然と見ているという報告がある。では、御蔵島のイルカのホイッスル音はどのくらい遠くまで届くのだろうか。これを知るために、イルカの出している音の大きさ、つまり音圧を測定した。さらに、その海の中で距離に応じて音がどのくらい小さくなるかという減衰率を、塩分濃度や水温などの物理的な特徴から計算した。すると、御蔵島ではだいたい、ホイッスル音が1〜2kmまで届くと推定できた。

御蔵島のイルカの感覚と距離との関係を整理してみよう（図2）。最短距離は0cm、つまり「触る」距離である。これは酒井麻衣さんの研究（174ページ参照）のような触れあい行動の距離である。つぎに、水中の透明度の限界である20〜30mていどの「見える」距離である。これは視覚をもちいたコミュニケーション、たとえば近くにいる、行動を同期させるなどの行動の距離である。

つづいてエコーロケーションで漠然と見ている140mの距離、つまり「音で見える」距離である。最後にホイッスル音が届く2kmていどの距離、つまり「聞こえる」距離である。これ以上離れてしまうと仲間を見つけることもできなくなるため、群れ生活には不適な距離となる。

距離に比例して、その信号の信頼度は落ちる。つまり、音は嘘がつきやすいため、こうしたいくつかの段階をうまく使い分けながらイルカたちは群れの生活を営んでいると考えられる。

人間には聞こえないイルカの音を録音する

南アフリカやナミビアなどにしかいない珍しいコシャチイルカ（*Cephalorhynchus*

写真4　音響データロガーA-tagを棒の両端に取り付け、さらに水中マイクを三つ取り付ける準備をする筆者
コードやロープがからまないように気をつける。このシステムを船から吊り下げ、イルカの音を収録する

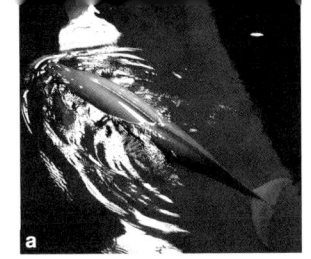

写真5　ネズミイルカ科　a) スナメリ、b) ネズミイルカ。ともに日本にも棲息する

heavisidii、写真3）の音を録音する機会に恵まれた。コシャチイルカの属するセッパリイルカ属は、上記した遠くまで届く便利なホイッスル音を出さず、しかもクリックス音が人間には聞こえない高い音、つまり超音波のみであることが報告されていた。しかし、コシャチイルカの報告はまだなかった。

このイルカの音を収録するには、約150kHzという高い周波数の音を収録できる水中マイクと録音機材が必要である。ちなみに、人間が聞こえるのはせいぜい20kHzまでである。そこで、日本発の音響データロガーであるA-tagという機械などを開発者の赤松友成博士（独立行政法人水産総合研究センター水産工学研究所）からお借りした。これでシステムをつくって（写真4）南アフリカに出かけ、録音することになった。機材の故障は頻発したが、無事調査を終えると、彼らがやはりほかのセッパリイルカ属と同じような超音波を発することがわかった。

自ら音を失ったイルカたち

しかし、なぜ彼らはホイッスル音を出さず、クリックス音もほかのイルカとずいぶん異なるのだろうか。私はこれまでさまざまな研究者が行なってきたイルカの音の研究に関わる学術論文や文献を可能なかぎり集め、どのイルカがホイッスル音を出すのか、どのイルカのクリックス音が異なっているのかをまとめた。

そこから浮かびあがってきたのは、ホイッスル音を「失った」グループの存在であった。小型で、大きな群れをつくらず、ひっそりと浅い海で暮らすネズミイルカ科（写真5）、前出のマイルカ科の中のセッパリイルカ属、そしてラプラタカワイルカ科である。

これらの3グループのクリックス音は、前記したようにはかとはずいぶん異なっており、周波数がとても高い。しかも、すべての特徴が「隠ぺい」という言葉でつながる。つまり、捕食者であるシャチ（*Orcinus orca*）に見つからないように、彼らはホイッスル音をみずから失い、シャチに聞こえないクリックス音を発し、浅い海でひっそりと生活するように進化していたのである！

音のない群れ社会はなぜ成立するのか

しかし、群れ生活に重要なホイッスル音を失っても、彼らは大丈夫なのだろうか。現在、京都大学野生動物研究センターに所属する吉田弥生さんや酒井麻衣さんらとともに、ホイッスル以外の音や接触コミュニケーションが重要だと考え、ホイッスルを失ったイルカ、とくに日本の水族館で飼育されているイロワケイルカのコミュニケーションに関する研究を進めている。

こんごもイルカの音をさまざまな方法で記録し、彼らの不思議な生態にせまっていきたいと考えている。人間の感覚とはおそらくまったく異なるイルカの感覚世界を知ることで、イルカのことを深く理解するのみならず、私たち人間とはなにかについても考える絶好の材料を得ることになるはずだからである。

さまざまな分析技術

　動物の糞を拾う人が、まさかその動物のこころの研究者とは思わないだろう。さまざまな目覚ましい技術の革新があり、動物をめぐる研究手法はバラエティに富んだものとなってきた。その技術革新を支えるものが、人間の医療や生活の質を向上させようとする強い要請と、科学者のあくなき探究心（これが知りたい！　という気持ち）である。

　たとえば人間において人工授精の技術や繁殖に関わるホルモン研究が進み、その手法や分析技術が確立してきたことは、動物における繁殖研究の発展にはとても重要である。人間の遺伝子配列を読み、病気に関わる遺伝子をみつけだそうという試みが、次つぎに革新的な分析技術を生みだし、このおかげで人間の性格や特徴といった個人差、そしていまや動物の性格まで遺伝子からみようとする試みがなされている。また、その技術は動物の進化の道筋を知るうえで重要な技術となっている。

　かつては、化石が産出されないと進化の道筋はみえなかった。しかし、いまや現生の動物の、しかも糞などのサンプルから、その動物たちの来し方をいきいきと描きだすことができるようになってきた。いっぽう、科学者たちの探究心がもたらした革新的技術が人間の生活の質向上に役だつこともある。安定同位体比分析は地球科学や生態学で発展した技術であるが、現在ではたとえばドーピング検査や食品の産地判定などに使われるようになっている。本章では、海の動物をあつかう4名の研究者が最先端の分析技術（安定同位体比分析、性ホルモン分析、次世代シーケンサー）をもちいるようすとその結果を紹介する。（森阪匡通）

3 魚類の生態を読み解く新たなカギ
棲息していた環境情報を伝える安定同位体比

笠井亮秀（京都大学フィールド科学教育研究センター）

陸上で生活している人間には、海の中のことはわからないことが多い。日本人は魚をたくさん食べるから、ほかの国の人たちよりは魚を身近に感じているかもしれないが、私たちが日常生活で目にするのはたいてい食卓にあがる魚くらいだろう。

生きた魚がいつ、どこにいるのか、そしてなにを食べて暮らしているのか。解明されていそうだが、じつはわかっていないことが多い。それをひも解く新しい研究手法、それが安定同位体比分析である。

軽い同位体と重い同位体の割合の変化

地球上には100を超える元素が存在する。ところが、それぞれの元素には陽子の数がおなじ、つまりおなじ元素番号であっても、重さすなわち質量数が異なるものがある。たとえば、窒素には質量数が14の^{14}Nと15の^{15}Nとがある。どちらも核の中に7個の陽子をもっているのだが、^{14}Nは7個の、^{15}Nは8個の中性子をもっている。この中性子の数の違いにより、おなじ元素でも質量数が異なる。これが同位体である。

同位体のなかでも構造が不安定で、時間とともに放射能を発して崩壊するものがある。これを放射性同位体という。これに対し、安定同位体はその名のとおり、自然界にも普遍的に安定して存在し、半永久的に崩壊しない。

一般に、重い同位体は軽い同位体にくらべてかなり量が少ない。炭素を例にとると、自然界の98.9％が^{12}Cで、^{13}Cはわずか1.1％しかない。それでも、体重50kgの人であれば、炭素や酸素、窒素などの体を構成する主要な元素の重い同位体を225gほどもっている。しかも、この重い同位体のわずかな割合が、生体の種類や状態によって微妙に変化する。じつは、この微小な変化を捉えることにより、肉眼では見ることのできない貴重な情報が手に入るのである。

なにを食べているかが生態系の基本

生物の生きている世界を、個々の個体や種だけでなく、それをとりまく生物や環境までを含めたシステムとして捉えたものが生態系である。その生態系の基礎となるのが、「食う・食われる」の関係である。それゆえ、生態系を理解するには、そのシステムに含まれる動物がなにを食べているかを調べる必要がある。

陸上の動物であれば、摂餌（せつじ）行動を観察すれば餌がなにであるかは推定できる。しかし、海中の生物の摂餌行動を直接観察する

図1 食物網をとおした同位体比の変化（概念図）
植物プランクトンは動物プランクトンに食べられ、動物プランクトンはスズキに食べられる。そのような食物連鎖にともなって、安定同位体比は徐々に大きくなる

ことは容易ではない。そこでまず行なうのは、胃内容物の調査である。ある動物を捕獲し、胃や腸などの消化管を調べると、その動物が食べたものがわかる。しかし、観察できるのはあくまでも、捕獲した魚がたまたま直前に食べていたものだけで、それとおなじ餌をいつも食べているとはかぎらない。しかも、胃の中に残るのは消化しにくいもので、速やかに消化吸収された餌は胃内容物からは観察できないことも多い。

あるいは、動物プランクトンのように小さな動物や、二枚貝などのように取りこんだ水の中の有機物を餌とする場合は、消化管を顕微鏡で観察してもその中身を特定することは難しい。このような場合に、安定同位体比分析が威力を発揮する。

餌と動物の同位体を調べて餌起源や栄養段階を知る

おなじ元素からなる分子でも、軽い同位体からなる分子のほうが、重い同位体のそれよりも分子間の結合が切れやすい。つまり、軽い同位体のほうが反応速度が速い。動物の体内で起こっている消化や吸収、代謝などの諸過程もやはり化学反応の組み合わせであるから、軽い同位体のほうが早く体から抜けやすい。

このため、ある動物とその餌の同位体をくらべると、餌よりもそれを食べる動物のほうが、わずかではあるが重い同位体の割合が大きくなる。そして、その割合は（δ表記で）炭素で約1‰、窒素で約3‰高くなることが知られている（184ページ参照）。

この関係をもちいれば、餌候補と動物の同位体とを調べることで、餌起源や栄養段階を知ることができる。たとえば図1に示

すように、植物プランクトン→動物プランクトン→スズキという食物連鎖が成りたっていたとすると、動物プランクトンの同位体比は植物プランクトンよりも炭素で1‰、窒素で3‰高くなり、動物プランクトンを食べるスズキはさらにそれよりも1‰と3‰ずつ高くなる。

また、もしマダイが動物プランクトンとゴカイの両方を食べるならば、マダイの同位体比はスズキとマガレイの中間の値となる。このように、ある海域に棲息するさまざまな生物の同位体比を調べることで、生態系構造をあきらかにできる。

海洋生物の移動と安定同位体

では、もし動物の餌が変わると、同位体比はどう変化するであろうか。図2は、スズキの稚魚を2種類の異なる餌で飼育し、その同位体比の変化を調べた結果である。いっぽうのグループ（●）では実験期間を通しておなじ餌で飼育し、もういっぽうのグループ（▲）では途中から餌を変えて飼育した。

この結果、餌を変えなかったグループではスズキの同位体比も変化しなかったのに対し、餌を変えたグループでは徐々にその値が変化し、餌を変えてから50日ほどで一

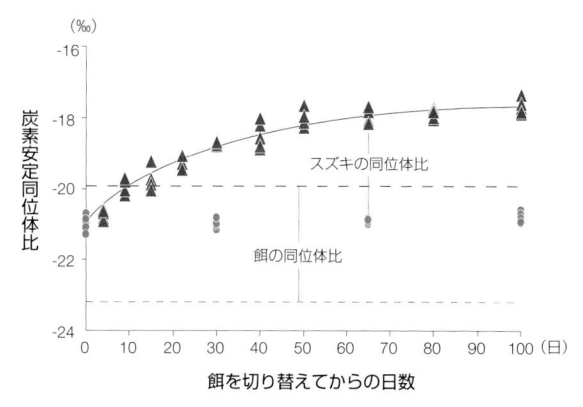

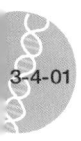

図2　餌切り替え実験によるスズキ稚魚の筋肉の炭素安定同位体比の変化
●は実験期間中おなじ餌で飼育、▲は途中（図中の日数0の時）で餌を変えて飼育。マークで示した値がスズキの同位体比、点線がおのおのの餌の同位体比。餌を変えないグループのスズキは同位体比が一定なのに対し、餌を変えたグループのスズキは新しい餌の同位体比を反映した値に変化していく

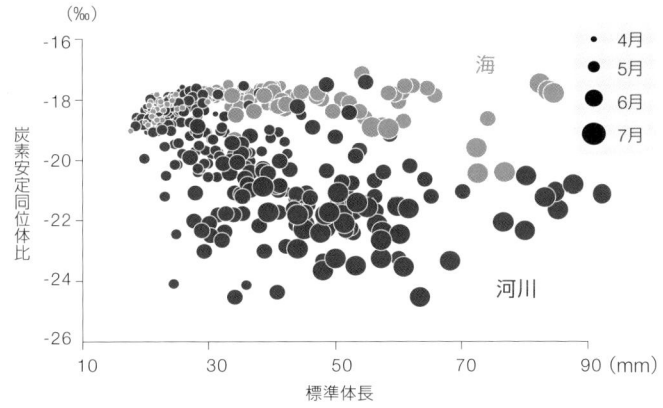

図3 由良川(濃い灰色)と丹後海(薄い灰色)で採集されたスズキ稚魚の炭素安定同位体比
マークの小さいほうが早い時期に獲れた個体。河川にのぼったスズキは、河川で食べた餌の値を反映して、その同位体比が下がっていく

定値となった。つまり、スズキの同位体比は、餌の同位体比を反映して変化するということである。また、餌が切り替わると同時に動物の同位体比も変化しはじめるが、それが完全に反映されるまでにはあるていどの時間がかかることもわかる。

じっさいの海でも、魚が棲息場所を変えるなどして、それまでとは異なる餌を食べるようになることはよく起こる。スズキは淡水が流れこむ河口付近に棲息しており、しばしば川にのぼることが知られている。これは成魚に限ったことではなく、稚魚期にも一部の個体が川にのぼることが最近わかってきた。

海のスズキと川のスズキはどう違うか

しかし、河川でスズキの稚魚が獲れたとしても、どういうタイミングで川にのぼるのか、川で獲れたスズキがいつごろから川にのぼっていたのかなどについては、従来の生態調査だけではわからない。そこで、川にのぼったスズキと海にとどまっていたスズキの同位体比を調べてみた（図3）。この調査は、京都府北部を流れ丹後海に注ぎこむ由良川の下流域と河口域で行なった。

スズキの稚魚は、丹後海でも由良川でもアミとよばれる動物プランクトンを食べるが、海と川とではアミの種類が異なっている。しかも、丹後海のアミと由良川のアミとでは炭素の同位体比も異なっていて、丹後海のアミのほうが由良川のアミよりも同位体比は高い。この餌の違いは、スズキ稚魚の同位体比にも反映されるはずである。

スズキ稚魚は4月に由良川をのぼりはじめていた

図3を見ると、海で捕獲されたスズキの同位体比はその時期や大きさによらず、ほぼ一定の高い同位体比を示していることがわかる。いっぽう、川で捕獲されたスズキは4月には海のスズキとおなじくらいの高い値を示しているものの、その後時間がたって大きくなっていくにつれて同位体比が下がっていった。

これを先ほどの餌を変化させて飼育した実験の結果と組み合わせて、海域のアミと同様の同位体比を示すものを「遡上直後の個体」、海域のアミと河川のアミの中間ていどの同位体比を示すものを「遡上後少し時間がたった個体（短期滞在）」、そして河川のアミに近い同位体比を示すものを「遡上後十分時間がたった個体（長期滞在）」として、それらの割合を計算した結果が図4である。

4月には遡上直後個体の割合が大きい。5月に入るとその割合が減少し、6月以降にはほぼ遡上直後の個体は見られなくなる。

このことからスズキ稚魚は、4月から由良川にのぼりはじめ、5月には遡上が完了することがわかる。

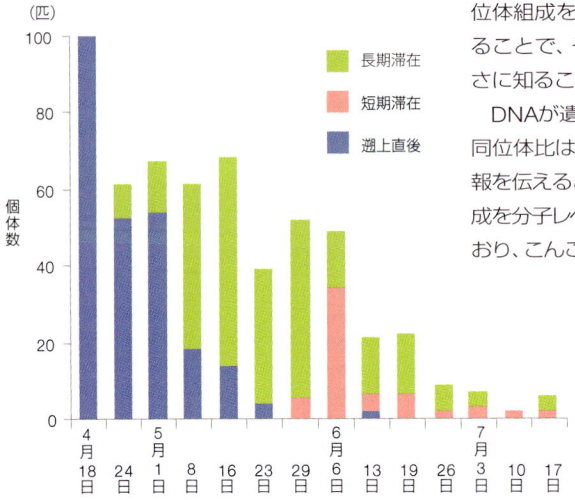

図4 炭素安定同位体比から推定した、由良川で採集されたスズキ稚魚の遡上してからの滞在時間の変化
同位体比を調べることで、スズキ稚魚が4月から5月にかけて河川にのぼることがわかる

これから

天然に存在するすべての生物は、物理化学的・生物学的な変化の履歴を反映した同位体組成をもっている。これを詳細に調べることで、その生物がたどった足跡をつぶさに知ることができるかもしれない。

DNAが遺伝情報を伝えるのに対し、安定同位体比はその生物が棲息してきた環境情報を伝えるともいえる。近年では同位体の組成を分子レベルで測定する研究も行なわれており、こんごの研究の発展が期待される。

コラム③

同位体比の表記方法

笠井亮秀
（京都大学フィールド科学教育研究センター）

$$\delta X = \left(\frac{R_{sample}}{R_{standard}} - 1\right) \times 1000 (‰)$$

自然界における重い同位体元素の割合（同位体比）は、多くの場合1%以下ととても小さい。同位体をもちいた研究は、その変動が重要なので、さらに小さな値に注目する必要がある。そのため、ある物質の同位体比をそのまま表記（たとえば$^{13}C/^{12}C$など）して物質間で比較しようとすると、差が小さすぎてわかりにくくなってしまう。この微小な差をわかりやすくするため、同位体比は右記のように標準物質からの差を千分率（‰）であらわすのが慣例となっている。

ここでXは^{13}Cや^{15}Nなどの重い同位体、Rは同位体比（$^{13}C/^{12}C$、$^{15}N/^{14}N$など）、standardは標準物質をあらわす。これをδ（デルタ）表記法といい、質量数の大きい方の同位体の記号にδをつける。国際的な標準物質として、炭素ではPDB（Pee Dee層から産出されたベレムナイトの化石）、窒素では大気中の窒素がもちいられている。

サンプルが、標準物質よりも重い同位体を多く含んでいればδ値は正となり、少ない場合は負となる。海洋生物では、重い炭素同位体（^{13}C）の割合が標準物質より小さいことが多いので、$\delta^{13}C$は一般に負の値をとる。

種の保存を目的として動物の繁殖にヒトが手を貸す時代 セイウチの性ホルモン分析と腟細胞診

木下こづえ（京都大学野生動物研究センター）

近年、過去に類をみないほどの速度で、多くの野生動物の絶滅が進行している。哺乳類は、地球上に存在する種の約20％が危機的状態にある。そういう動物種の保全策の一つに、動物園や水族館で飼育されている動物に子どもを産ませて繁殖させ、動物の個体数を増加・維持する「生息域外保全」の方法がある。

この飼育下繁殖を成功させるには、動物の発情パターンを理解し、繁殖・交配に適した時期を正確かつ迅速に把握して繁殖効率を上げる必要がある。

「発情行動の観察」で繁殖に適した時期を知る

ジャイアントパンダやゾウなど、数多くの陸棲哺乳類の繁殖に関わるこれまでの研究によって、発情などの繁殖生理の解明や人工繁殖の成功例などは多数報告されている。しかし、海棲哺乳類に関する研究は少なく、とくに鰭脚類ではほとんど行なわれていない。それでも近年はセイウチなどの直接飼育や馴致技術が発展し、飼育下での研究報告も少しずつ増えている。

では、動物の繁殖に適した時期、つまりもっとも雌が発情している時期を知るにはどのような方法があるのか。

もっとも簡単な方法として知られているのは、「発情行動の観察」である。動物に危害を加えることもなく、間接的に、動物の発情状態をいちばん早く知ることのできる方法である。とはいえ、その行動は動物によって異なることから、どの行動が発情を示しているのか判別しにくい動物がたくさんいる。行動変化が緩やかなことから発情のピーク、つまり交配適期を的確に予測することが困難な場合もあれば、観察者による主観の違いが生じる可能性もある。

「ホルモン分析」で生理状態を数値化する

そこで、行動変化の観察とあわせて使用されるのが「ホルモン分析」である。血液や、排泄物の糞と尿、唾液などの分泌物に含まれる性ステロイドホルモン、それにペプチドホルモンの濃度を測定して動物の生理状態を知る方法である。

たとえば、卵巣で産生されるエストロゲン濃度を調べれば卵胞の成熟、つまり発情のステージがわかる。排卵後に卵巣で形成

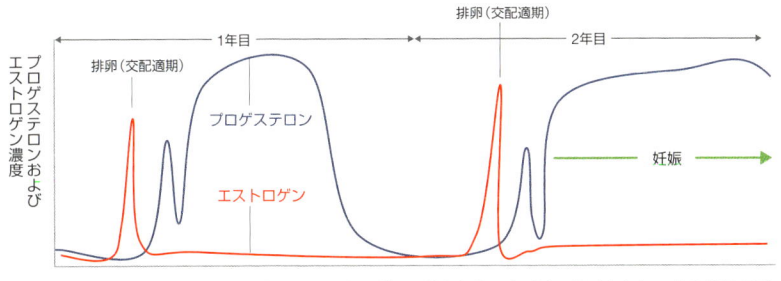

図　セイウチのホルモン動態例

エストロゲンの動きから、1年めも2年めも年に一度の発情のピークがあり、その後のプロゲステロン濃度の上昇から排卵したとわかる。また、2年めはプロゲステロン濃度が長期間高いことから、妊娠したと判断できる

185

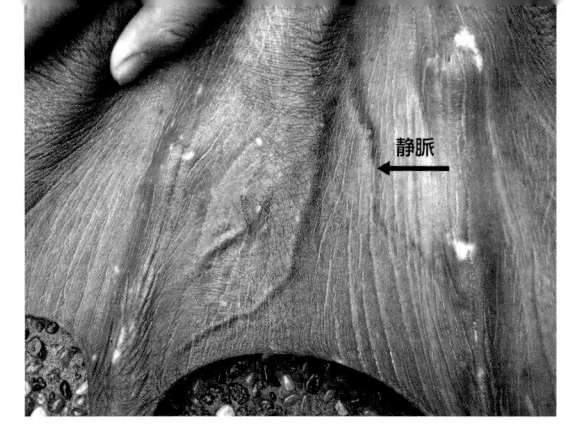

写真1　セイウチ後脚のひれの静脈
ホルモン分析で使う血液の採取部位。セイウチの後脚のひれにある静脈から血液を採取する（撮影地・大分マリーンパレス水族館うみたまご）

される黄体から生成されるプロゲステロン濃度を調べれば、排卵の有無を知ることができる。このホルモンは、妊娠時に母体内で形成される胎盤からも産生される。したがって、長期間でプロゲステロンが高濃度を維持するかどうかを調べれば、妊娠しているかどうかを診断できる（図）。

　このようにホルモンを分析することで、さまざまな生理状態を数値化して知ることができる。ほかにも、未成熟個体か成熟個体かを判別したり、雄であれば精巣で産生されるテストステロンを調べたりすることで、精子が形成される造精期を知ることができる。ホルモン分析は、動物の生理状態を知る有用な方法なのである。

リアルタイムでモニターする「膣細胞診」

　上記のホルモンの濃度の測定には、通常は免疫測定法がもちいられている。この方法は、結果を得るまでに早くても約1日を要し、多くの試薬も必要である。したがって、動物園や水族館では、測定に従事できる職員の不足や、継続的な測定が経済的に困難な場合が多いことから、園館内でホルモンを分析しているところは少なく、大学や分析会社に測定を依頼するケースが多くなっている。

　しかし、鰭脚類の場合は、エストロゲンのピーク（交配適期）は図に示すように1年に1回であり、その期間もかなり短い。大学や分析会社に測定を依頼しているあいだに交配適期を逃す可能性もある。

　そこで、ホルモン分析にくわえてもちいられるのが「膣細胞診」である。膣の粘膜上皮細胞を採取・染色して、雌の生理状態を間接的にリアルタイムでモニターする方法である。細胞の染色は1時間以内ですみ、結果を得るのも早い。動物園では、直接飼育が可能なように馴致トレーニングされたジャイアントパンダなどの自然繁殖や人工授精の適期の把握に便利であることが実証されている。

セイウチの飼育個体の性ホルモンを調べる

　セイウチの野生個体の解剖に関する研究報告はあったが、飼育個体における性ステロイドホルモンなどの繁殖に関する研究報告はなかった。そこで、私は国内の飼育下にある雌セイウチの血中の性ステロイドホ

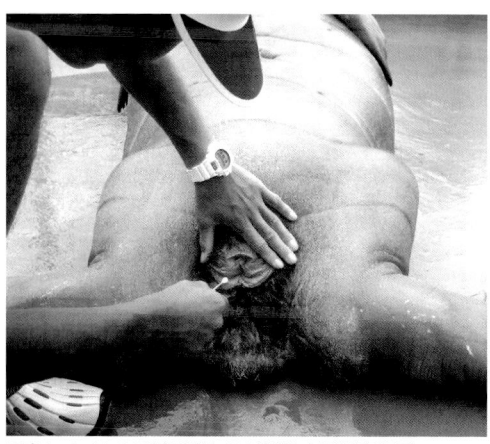

写真2　セイウチの膣前庭部からの粘膜上皮細胞採取風景
セイウチの外陰部を手で拡げ、生理食塩水で湿らせた綿棒を膣の前庭部内に入れ、数回綿棒を回して粘膜の上皮細胞を採取する（撮影地・大分マリーンパレス水族館うみたまご）

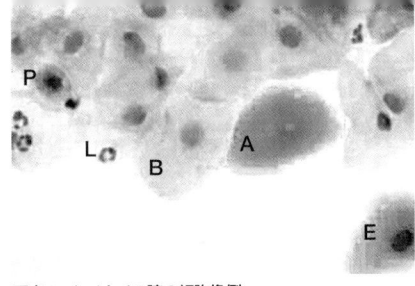

写真3 セイウチの腟の細胞像例
P: 傍基底細胞、B: 中間細胞、E: 中間－表層細胞、A: 無核細胞、L: 白血球。発情のピーク時には無核細胞の割合が増える。また、排卵後は白血球の数が増えるため、これらを調べることでセイウチの発情と排卵を知ることができる

ルモン濃度を調べることにした。

　まず、後脚のひれにある静脈（写真1）と背中の静脈から血液を採取した。採血は、動物に負担がかかるために週に1回にとどめた。そのかわりに、腟の前庭部から粘膜上皮細胞を毎日採取（写真2）して細胞変化を観察することにした（写真3）。

　すると、血中プロゲステロン濃度は、8歳以上の個体では3月下旬から5月上旬にかけて大きな上昇が認められた。ところが、7歳未満の2個体では、ほとんど変動が認められなかった。セイウチの雌は、野生下では一般に4歳で初めて排卵（春機発動）し、7〜8歳で妊娠可能になるといわれている。今回研究に用いたセイウチは、7歳で初めて排卵を起こした可能性が考えられた。

腟細胞診で生理状態がわかるセイウチ

　いっぽう、腟細胞診の結果から、血中プロゲステロン濃度の上昇が確認された数日前に無核細胞の割合が最高値を示した。プロゲステロン濃度の上昇にともなって、白血球の出現も認められるようになった。

　この変化は、ラットやイヌなど多くの動物でみられる変化と共通している。セイウチも同様の細胞変化を示すことがわかった。したがって、セイウチについても腟細胞診を行なえばホルモンを分析することなく、少ないストレスで簡便に生理状態を知ることができることがわかった。

　そのように、腟細胞診は有用な方法だが、ウサギのように細胞に変化がみられない種がいたり、細胞変化はみられるが排卵後の白血球増加の変化がみられないチーターなどの種がいたりする。かならずしもすべての種で汎用できる方法ではない。しかし、セイウチについては、無核細胞と白血球を指標とすれば、腟細胞診により本種の授精（交配）適期を含めた生理状態をかんたんに把握できる可能性が示された。

　こんごは、行動観察やホルモン分析に加えて、腟細胞診の手法をあわせることで、飼育員や獣医師によって客観的指標のもとに牛理状態を簡便に迅速にモニタリングできるようになるであろう。飼育下での繁殖効率の向上も期待できると考えている。

現行の飼育方法が繁殖に有効かどうか

　最後に、ホルモン分析のほかの利用方法を紹介する。じつは、ホルモン分析方法は、交配を促すために雌の生理状態を把握する方法としてだけでなく、現行の飼育方法が繁殖に有効であるのかどうかを調べる方法としても有用である。

　陸棲哺乳類に、雌と雄は冬季のみ生活をともにするユキヒョウがいる。この行動を私が調べたところ、ユキヒョウは飼育下で通年で雄と同居させるよりも、冬季のみ雄と同居させるほうがエストロゲンが高値を示し、交尾をうながしやすいことが判明した。

　セイウチなどの鰭脚類には、野生下ではハーレムを形成する種もいれば、単独行動をする種もあり、生活様式はさまざまである。そのような通常の生活様式とは異なる環境で飼育されている動物たちについて、飼育方法の違いが動物の繁殖能力に与える影響などはあまり調べられていない。

　さまざまな種の鰭脚類が飼育されるようになり、その馴致技術が発展してきた現在、繁殖を含むこんごの鰭脚類に関する研究の発展に、私は貢献したいと願っている。

海洋環境への適応進化をウミヘビに探る

岸田拓士（京都大学大学院理学研究科生物科学専攻）

私たち脊椎動物は太古の海で誕生し、デボン紀（図）にその中から四肢動物が派生して陸上へと進出した。だが、陸上環境への適応進化は一朝一夕にはいかなかったようだ。水中環境との縁を完全に絶つことができた羊膜動物[*1]は、デボン紀の次の時代の石炭紀になってようやく出現する。

登場まもない四肢動物は、現在の両棲類と同様に、卵や幼生の時代を水中ですごす必要があった。仔を産み育てることが、陸で生きていくうえで最後のハードルだった[*2]。

陸上進出で劇的に変化した ニオイ遺伝子

こうした脊椎動物の陸上への進出にさいして、ゲノムもまた大きく変化した。当時どのようにゲノムが変化したのかを知るには、現在生きている魚類と両棲類と羊膜類のゲノムを比較すればよい。

意外なことに、陸上進出にともなってもっとも劇的に変化したのは、呼吸や手足のつくりに関する遺伝子よりもむしろ感覚をつかさどる遺伝子、とくに嗅覚をコードする遺伝子の数と多様性である。ゲノムという観点からみると、ニオイ感覚の適応進化こそが陸上での生活にも重要なことだったのだ。

ちなみに、私たちヒトはゲノム中にニオイ感覚をつかさどる嗅覚受容体遺伝子をおよそ400個保持している。ゲノム中の遺伝子の総数は約3万個と見積もられているので、私たちの遺伝子のうち100個に1個以上は嗅覚に関与する遺伝子ということになる。ゲノム中で最大の遺伝子族だ。

この遺伝子の一部は私たちの祖先が陸上に進出したあとで多様化しており、水中との縁が切れた石炭紀に、陸上環境で多様化しなかった遺伝子のほぼすべてを失っている（図）。ゲノムに刻まれたこの進化の痕跡はおそらく、陸上環境に進出したことで空気中に揮発しているニオイを感知できる能力を獲得し、水中環境との縁が切れると水中に溶解しているニオイを嗅ぐ能力が失われたことを示している。

逆もまた真なり？

逆に、羊膜動物が陸から海へと生息地を移す場合を考えよう。この場合もまた一般的に、両棲的な段階を経る。たとえばジュラ紀の首長竜は胎生で一生を海ですごしたが、彼らの祖先と考えられている三畳紀のノトサウルスは、産卵のために陸地を利用した。現在の海洋性羊膜類を代表する鯨類もま

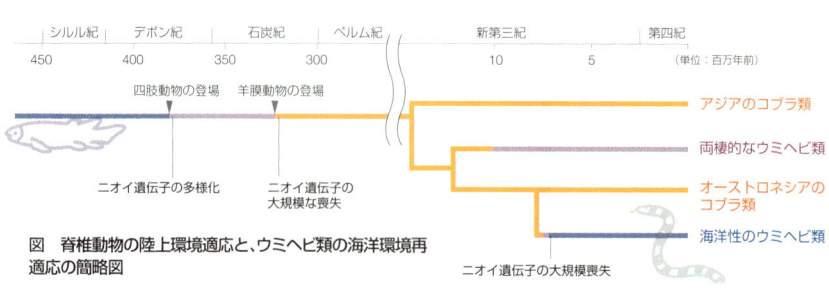

シルル紀	デボン紀	石炭紀	ペルム紀	新第三紀	第四紀
450	400	350	300	10	5 （単位：百万年前）

四肢動物の登場　羊膜動物の登場

ニオイ遺伝子の多様化　ニオイ遺伝子の大規模喪失

アジアのコブラ類
両棲的なウミヘビ類
オーストラロネシアのコブラ類
海洋性のウミヘビ類

ニオイ遺伝子の大規模喪失

図　脊椎動物の陸上環境適応と、ウミヘビ類の海洋環境再適応の簡略図

青色の枝は水中生活、紫色は両棲生活、黄色は陸上生活を、それぞれあらわす。いわゆる「ウミヘビ類」というものは多系統であり、両棲的なウミヘビ類と海洋性のウミヘビ類とは分類学上は別物である

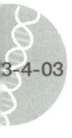

写真1　両棲的なウミヘビの1種、ヒロオウミヘビ（*Laticauda laticaudata*）
このウミヘビは陸上の石灰岩質の岩場で産卵する。泳ぐために必要な広い尾をもついっぽうで、陸上を這うために必要な腹板もよく発達している
（京都大学総合博物館収蔵：標本番号 KUZR65807）

写真2　海洋性のウミヘビの1種、クロガシラウミヘビ（*Hydrophis melanocephalus*）
このウミヘビは胎生で、陸に上がることはない。泳ぐための広い尾をもつが、陸を這うための腹板は退化している
（京都大学総合博物館収蔵：標本番号 KUZR65822）

た、始新世[*3]のおよそ2,000万年間にわたって両棲的な生活をしており、始新世の末に「逆子を産む」[*4]ことができるようになってようやく陸との縁が切れた。海洋環境への適応進化の場合もやはり、仔を生み育てる方法が最後の難関となるようだ。この場合、ニオイ遺伝子はどうなるのだろうか。

ウミヘビ、この素晴らしい動物

　一部の例外を除いて、化石のDNAを直接読むことはできない。ゲノム研究にはいま生きている種が必要だ。残念ながら、祖先的（両棲的）な種と海洋性の種のどちらもが現存している羊膜類は存在しない。しかし、それに近い生物群がただ一つ存在する。ウミヘビ類である。

　ウミヘビはコブラ科に属するヘビの仲間で、両棲的なグループ（写真1）と海洋性のグループ（写真2）の両方が存在する。この二つのグループは互いに独立に海洋環境へと進出した（図）ため、厳密には両棲的なグループが「祖先的」とはいえない。しかし、両者は系統的にとても近縁なため、そのように近似的に考えることは可能だろう。すくなくとも、海洋環境への適応進化の分子的基盤を考えるうえでウミヘビより優れた羊膜動物は存在しない（と筆者は断言する）。

　両棲的なグループは卵生で、産卵のために陸地を利用し、海洋性のグループは胎生で一生を海中ですごす。ゲノム中の嗅覚受容体遺伝子も、海洋性のグループでだけその数が激減している。

　私たち陸上性羊膜類の嗅覚能力は、やはり空気中でしか役にたたないのだ。

[*1]　発生の初期段階の胚が羊膜をもつ四肢動物の総称。現在の哺乳類と爬虫類と鳥類とが含まれる。

[*2]　詳しくは、Michael J. Benton著、鈴木寿志・岸田拓士訳『生命の歴史——進化と絶滅の40億年』（丸善出版、2013）を参照のこと。

[*3]　地質時代の一つ。新生代古第三紀（旧成紀）の2番めの世で、いまからおよそ5,500万年〜3,500万年前に相当する。

[*4]　通常、哺乳類の出産では仔は頭部から生まれるが、現生の鯨類の場合は尾部から生まれる。この理由は諸説あるが、出産の最後まで呼吸器官を母体内に留めることで、新生児が呼吸できなくなる危険を防ぐためだと考えられている。従来から、始新世の鯨類の祖先が両棲的であった理由の一つは逆子出産ができなかったからという仮説が提案されていた。米国ミシガン大学のグループがマイアケトゥスという始新世の両棲的な鯨類の化石を詳細に調べて、彼らは頭部から生まれていたことを2009年に報告した。

写真3　南太平洋のバヌアツ共和国にのみ生息するウミヘビ、バヌアツアオマダラ（*Laticauda frontalis*）を求めて
同国エファテ島北東のンギオリキ岩礁にて。ウミヘビは南太平洋の美しい温暖な海にしか生息しないため、ウミヘビ研究者になるとこんな素敵な場所で調査ができる

海洋環境への適応進化をウミヘビに探る——岸田拓士

生きものたちのこころを分子のことばで あらわしたい 動物の性格を遺伝子から知る

村山美穂（京都大学野生動物研究センター）

子どものころに、「ドリトル先生」シリーズを夢中になって読み、動物と話ができる未来を夢見た人は多いのではないだろうか。

私はそういう一人だった。「イヌ語」の翻訳機「バウリンガル」（タカラトミー）のヒットは、この夢に近づくものといえるが、いまだ動物と自由に話ができるようにはなってはいない。私たちは、動物の心を理解するために、遺伝子からのアプローチを考えた。

こころの理解の 有効なアプローチ

こころのありようは、行動にあらわれる。一定の傾向を示す行動、すなわち行動特性、性格の個体差は、哺乳類、鳥類から魚類、頭足類まで、幅広い動物種にみられる。環境の影響も大きいが、遺伝子の影響も少なからずある。私たちの顔かたちや体格などの外観が1人ずつ違うのとおなじようなものだ。

とはいえ、性格の個体差は、体格などと違い外観からは容易に判別できない。したがって、遺伝子の関与している部分の解明は、こころの理解にむけての有効なアプローチになると期待されている。分子のことばを使えば、こころのありようを、いくらかでも客観的に記述できるかもしれない。

ヒトでは、神経伝達関連遺伝子に多様性が存在し、個体の遺伝子型と性格とが関連していることが報告されている。たとえば、ドーパミン受容体D_4にはアミノ酸16個がくり返している領域があり、くり返しの数が多く長いタイプの遺伝子をもつと、アンケートにもとづく性格評定で好奇心スコアが強い傾向にあることが報告されている。

相性のよい 繁殖ペアを見つける

しかし、ヒトや実験動物以外での情報はまだ少ない。多様な種の比較により、共通点や差異が見つかれば、ヒトをはじめとする動物の脳機能全般の理解や、種特有の行動や社会の進化的背景の解明にも役だつかもしれない。さらには、保全や福祉への具体的な活用も期待される。

飼育下の希少動物の多くは、野外からの新規導入は困難あるいは不可能になりつつあり、現在の飼育集団の維持が必要である。コウノトリなどでは、飼育下繁殖個体の再導入による野生集団の回復も試みられている。とはいえ、多くの動物では、飼育下の繁殖は、野外に匹敵する環境の実現が困難なためもあって難しい。

しかし、個体差を遺伝子のような客観的指標で推定できれば、繁殖ペアの形成に役だつと考えられる。あるいは、ヒトの性格は病気の罹（かか）りやすさに影響することが知られているが、個体のストレス感受性などを考慮した健康管理にも役だつと考えられる。

写真1　名古屋港水族館でのイルカの皮膚の採取
綿棒でこすり取った皮膚表面の垢からDNAを抽出する。なるべく動物に影響が少ない方法で試料を採取できるよう工夫している

生理機能に影響する「性格遺伝子」

では、遺伝子はどのようにして性格に影響するのだろうか。ヒトやマウスの研究から、脳内の神経細胞の間隙部分（シナプス）での伝達物質の合成・放出・受容・回収・分解の一連の作用に関与する受容体や分解酵素の遺伝子に多様性があると、シグナル伝達効率の差異、ひいては性格の差異に影響すると考えられている。

いっぽう、テストステロンやオキシトシンなど、脳以外でも機能するホルモンの受容体の遺伝子の多様性も、攻撃性や社会性などに影響するとの報告がある。

これらさまざまな生理機能に影響する遺伝子は、「性格遺伝子」とよばれることもある。いうまでもなく、ひとつの性格傾向には多様な遺伝子がかかわり、環境要因も影響することから、「性格遺伝子」についての情報は慎重かつ正確に伝える必要があるだろう。

私たちは、ヒト以外の動物で遺伝子の相同領域を分析し、性格と比較する研究を行なっている。ほかの動物種の研究のうち、霊長類とイヌの例を紹介しよう。

霊長類の個性を どうあらわすか

霊長類はヒトに系統的に近く、イヌは社会的に近いために、ともに情報が集まりやすく関心も高いことから研究が進んでいる。

先述のドーパミン受容体D_4遺伝子を霊長類の種間で比較すると、ヒトから遠い原猿類では短いタイプ、ヒトに近縁の種では長いタイプ、すなわちヒトでの「強い好奇心」タイプが多いことがわかった。また、短いと不安を感じやすいとされるセロトニントランスポーター遺伝子の発現調節領域は、ヒトに近縁の種で短くなっていた。好奇心が強いいっぽうで、用心深い性格が人類進化の原動力となったのかもしれない。

霊長類の遺伝子を比較して、種間や種内での差があることがわかった。では、ヒトのような遺伝子と性格の関連はあるのだろうか。これを調べるには、個性をどう評価するかが課題である。

ヒトの場合にはアンケートによる自己評定が一般的だが、ほかの動物では、たとえば飼育者にアンケートを依頼する。動物種によって、さらには飼育環境や飼育者と動物とのかかわり方によって、個性をあらわすのに適した質問は異なる。日本語と英語ではイメージが異なる場合もある。より客観的な評定のために、行動観察や、ホルモン分析、脳画像など生理指標による言語に頼らないデータをもちいることも考えられる。しかし、アンケートと比較すると時間がかかり、動物種によっては難しいなど、それぞれの方法に一長一短がある。

私たちは多数のチンパンジーで、飼育担当者に評定を依頼し、遺伝子型を調べた。その結果、セロトニンの合成酵素であるトリプトファンヒドロキシラーゼ2遺伝子の塩基置換が酵素活性に影響し、不安を感じやすい性格と関連していることを見いだした。

長い遺伝子をもつイヌは 攻撃性が高い？

イヌについてはどうか。家畜化の過程で祖先であるオオカミから大きく変化したイヌの行動特性は、遺伝子の変化にも反映されていると考えられ、行動と遺伝子の関係を調べるには最適の動物といえる。

前出のドーパミン受容体D_4遺伝子をイヌで調べたところ、霊長類と配列は違うものの、同様に長さの多型があった。品種間でも違いがあり、獣医師へのアンケートによる品種の性格と比較すると、長い遺伝子を高頻度にもつ品種は攻撃性が高く社会性が低い傾向がみられた。

また、長い遺伝子の頻度は、イヌの祖先のオオカミで高かった。これは、イヌの家畜化の過程でオオカミの攻撃性を抑制する選抜が行なわれたことと一致している。

私たちは、品種内で個性の差に影響する遺伝子を見いだすことで、有用犬の適性を予測して、選抜試験での合格率を高めたいと考えている。すでに、集中力が必要な麻薬探知犬は、関連する遺伝子型で選抜すれば、合格率を上げられる可能性が出てきた。

海棲動物の
こころの理解へ

　ほかの動物種でも、ゾウやシジュウカラで性格と遺伝子との関連の報告がある。海棲動物でも、先述のドーパミン受容体で、イルカやクジラで種間差や個体差が見つかっているが、飼育頭数が多く性格評定のしやすいハンドウイルカでの個体差は小さい。そこで私たちは、ハンドウイルカで候補遺伝子を探すとともに、水族館に依頼して性格評定と遺伝子の試料を集めている（写真1、2）。

　海の霊長類とよばれ、発達した知性を示す頭足類のイカやタコでも、自己や他者の認知、役割分担などの機能をそなえる群れ構造などが、長期飼育システムと個体識別によって観察され、行動の個体差もあきらかにされつつある。イカ類でも性格の遺伝的基盤の研究を開始している（写真3）。

　性格遺伝子の研究は、多方面からの興味を集める学際的な分野であると同時に、多様な知識を統合しなければ解明が難しい課題といえる。一度の反応でゲノムの長い領域の塩基配列を解読できるように改良された「次世代シークエンサー」をはじめとする新しい解析技術を駆使したアプローチによるハード面の革新と同時に、ソフトとしての多様な経験をもつ研究者の参入やヒトと動物の関係の文化的背景を考慮することも重要と考えている（写真4）。

＊

　私の所属する京都大学野生動物研究センターは、全国共同利用研究施設として多様な研究者を受け入れている。国籍はヨーロッパやアフリカなど、研究背景も文系理系とさまざまである。動物園の獣医師として働く社会人学生もいる。

　国や地域や立場によって動物との接し方が異なれば、「性格」の意味も異なる。多様な価値観や専門分野を統合することで、動物のこころの理解を深めることができるのではないかと考えている。

写真2　御蔵島のミナミハンドウイルカが糞をするところ
海中で、糞をした個体を識別し、ストッキングなどで糞をすくい取って容器に入れるには、熟練の技術が必要だ。糞はエタノール漬けにして、DNAを抽出するまで保存する（撮影・森阪匡通、酒井麻衣）

写真4　シークエンサーをもちいた遺伝子型判定
DNAを抽出し、遺伝子の多型領域をPCR増幅して、シークエンサーをもちいた塩基配列を解析し、個体ごとの遺伝子型を判定する。行動データと遺伝子型データを比較して、関連性を解析する

写真3　蛍光マーカーで識別した飼育アオリイカの集団
共同研究を行なっている琉球大学の池田研究室では、アオリイカ（Sepioteuthis lessoniana）の集団における行動の個体差を観察している（撮影・杉本親要）

第4部

海と人の営み

「江豚を打ち廻す図」
（石川県立歴史博物館蔵）

海には多様な顔があり、大きな生産のひろがりを私たちに与えてきた。私たちは陸に生きる生物である。海との接点は海岸線に集約される。ひとくちに海岸線といっても、その姿は多様である。岩石海岸、礫浜、砂浜、泥、干潟……。海水と風の営力がかたちづくる自然の妙である。しかも海岸線の位置は、時代とともに変化している。

第4部では、海岸線に焦点をしぼり、人と海との交流の例を紹介する。なかでも、京都大学の研究者たちが永年にわたり関与してきた素材を中心に構成し、人の営みとのかかわりの深い最終氷期以降の日本を描像してみる。

*

地球史的には、現在は第四紀完新世である。第四紀は、10万年単位で氷期・間氷期をくり返す時代で、現在は後氷期とよばれる間氷期にあたる。ひとつ前の氷期は最終氷期とよばれ、その最盛期は約2万年前とされている。

当時の海面は現在よりも120mほど低く、海岸線ははるか沖に後退していた。日本列島の海と人の営みは、縄文時代の海面上昇による海岸線と対応しつつ、海岸付近で展開されてきた。その証拠は、貝塚などの遺跡として数多く残されている。

*

4-1では、日本をとりまく三つの海域——日本海（対馬暖流）、太平洋（黒潮）、瀬戸内海に着目し、海と人の営みを一つずつ紹介する。

石川県能登半島の富山湾に面した「真脇遺跡」は、縄文時代のイルカの骨などが密集して産出することで知られる。「瀬戸遺跡」は、太平洋に面した和歌山県白浜の瀬戸臨海に位置する。太平洋の荒波がつくりだした海浜砂と砂丘砂の地形上に発達した人の営みや、黒潮からの贈りものを紹介する。瀬戸内海との関係では、大分県の「姫島」と「横尾貝塚」に注目する。姫島産の黒曜石は西南日本の各地にひろがるが、内海での物品輸送の例として、横尾貝塚との関係をとりあげる。

*

4-2では、人間による日本列島の海岸域の大規模利活用の現代の象徴として、関西国際空港の計画をとりあげる。地球科学的・工学的な視点で、埋め立てによる空港建設を考察し、海域に陸域をひろげるようとする人類の叡智と、それにともなうさまざまな課題を紹介する。

（竹村恵二）

4部で紹介するおもな地域
（図版提供・地域地盤環境研究所　井上直人）

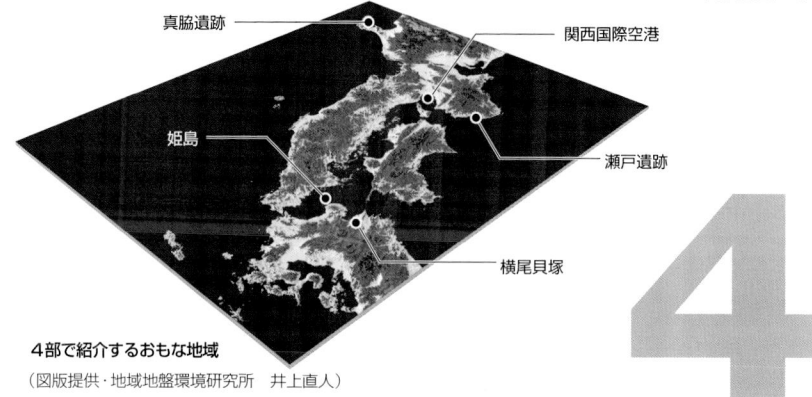

遺跡からよみとく先人の叡智

　完新世の温暖期の海岸線は、海と人との交流の歴史を彩ってきた。日本列島での海と人との交流は、海岸線を中心として、大きな文化圏をかたちづくってきた。海岸線の海進にともなって分布を拡げた貝塚はその象徴だ。貝塚には当時の生活状況の痕跡が多く残されている。日本のような酸性の土壌地域では、骨などの石灰質は保存されにくいが、貝塚からは生物の骨などが多数発見される。

　海岸に面した環境は多くの豊饒の海の恵みを人類にあたえてきた。人類は自然と共存し、自然から多くの恩恵をもらいながら生きてきた。本章では、縄文時代以降の日本列島周辺の海岸線での人間活動の例を紹介している。

　西南日本は、三つの特徴的な海域に面している。日本海、太平洋、瀬戸内海である。それぞれの海岸線では、その海域と対応した文化が形成され、社会が育まれた。日本海側では対馬暖流の影響で、冬の多雪や強い北西の季節風などの特徴的な自然と共存する必要があった。石川県能登半島の真脇遺跡では縄文時代の地層からイルカ骨が多量に発掘された。海と人間との営みの貴重な例といえる。太平洋側の海岸では、黒潮の流れが大きな影響をもたらした。その流れは、和歌山県の白浜地域にまでおよび、瀬戸遺跡では、縄文時代以降の生活の痕跡が、人骨も含めて多量に発掘された。当時の海浜の砂からは漂流した軽石が発見され、その上位には風成の砂が堆積している。海岸での海の営力・風の営力が海岸線の地形を形成し、製塩土器を中心として営まれた海岸での生活の跡をたどることができる。瀬戸内海はおだやかな海である。最終氷期の陸域から、完新世の後氷期の海域へと変貌を遂げた内海は、多くの恩恵を人びとに与えた。瀬戸内海の西端に位置する姫島の黒曜石は、大分平野の横尾貝塚などからわかる当時の物流のひろがりを教えてくれる。

（竹村恵二）

最終氷期から縄文時代の日本海と真脇遺跡

竹村惠二（京都大学大学院理学研究科附属地球熱学研究施設）
高田秀樹（能登町真脇遺跡縄文館）

約2万年前の最終氷期最盛期は、海面が120mほど大きく低下していたことが知られており、日本海の海況や海岸線は現在と大きく異なった様相をしていた。現在の日本海側の豪雪・多雪などの気候に大きな影響を与えている対馬暖流も流れていなかった。

真脇遺跡は縄文前期から古墳時代の複合遺跡

1万数千年前の縄文時代の早期には、最大海面低下期から少しずつ気候は温暖化していた。海面は上昇し、対馬暖流がその影響をみせはじめたのは縄文早期から前期にかけての約1万年前ごろであり、徐々に現在の環境がかたちづくられてきた。

真脇遺跡は、能登半島の富山湾側の内湾に面した海岸の入りこんだ入江奥に形成された縄文前期から古墳時代の複合遺跡である（図1、写真）。1982年から83年にかけての圃場整備にともなう発掘は、真脇遺跡が予想をはるかに超えた遺跡であることをあきらかにした。その内容は、縄文時代前期初頭から晩期終末までの分厚い包含層からの多種多様な遺物の出土であり、とくにイルカの骨が密集して発見された縄文時代前期末のイルカ層の存在、晩期の環状木柱列の発掘などの点で大きな調査成果となった。発掘終了後の1989年に国指定史跡となり、史跡整備のための事前調査が実施・継続されている。

写真　北から望む真脇遺跡と海岸線
（写真提供・能登町教育委員会）

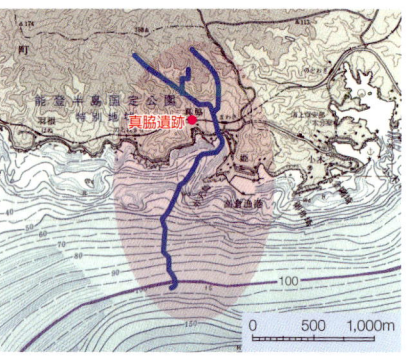

図2　真脇遺跡の位置と南方の海底地形等深線からみた最終氷期当時の水系（青線）

最終氷期最盛期には海面が120mほど低下していたとすると、当時の真脇遺跡が面している海岸線は遠く離れており、真脇の内湾も存在していなかった（引用・海上保安庁（1981）「沿岸の海の基本図・海底地形図6334-6」珠洲岬から引用）

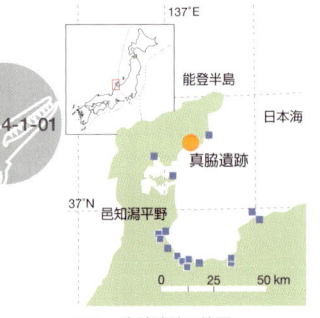

図1　真脇遺跡の位置
（Itoh et al., 2011をもとに作成）

真脇遺跡は、海岸線と関連した人の営みが継続してきた遺跡である。遺跡は南むきの内湾に面し、湾の水深は急に深くなる。遺跡の北側は小規模の水系を形成し、北側の山は海抜100～200m程度で平坦地形をなしている。

図2の100m水深に注目していただきたい。真脇にむかって谷状地形がみられる。

4 イルカの骨が語る縄文時代の人と海
海岸線の歴史的変遷と人の営み

高田秀樹（能登町真脇遺跡縄文館）
竹村惠二（京都大学大学院理学研究科附属地球熱学研究施設）

真脇遺跡は、海と縄文時代に生きた人たちの営みの様相を示す貴重な遺跡である。特筆すべきは、ある層準に、あるひろがりで集中して発掘されたイルカの骨の密集層である（写真1、2）。真脇遺跡ではこの層をイルカ層とよんでいる。

石槍でカマイルカを捕らえる

この密集層は、「どのような環境でどのように保存されてきたのか」、「人との関係はどうであったのか」など、大きな謎をはらんでいる。イルカ層は集中的に分布し、層位的にも分布範囲も限られた状況がみられる（図1）。この層には土器や石器をはじめ、大量の動物遺存体が廃棄状況を呈しながら堆積している。

イルカの骨の密集層は発掘時に大きく報じられ、真脇遺跡を特徴づける貴重な発見となった。平口哲夫氏らの研究[*1]によれば、

写真1　イルカ骨密集層　細長く写っているのがイルカのくちばし。中央は頭蓋骨（写真提供・能登町教育委員会）

イルカ層で出土する哺乳動物個体数のうちの約90％をイルカが占め、6種類のイルカのうちもっとも多いのはカマイルカで、石槍の出土が北陸の縄文遺跡の中では多いという特徴がある。

丸木舟で漕ぎ出し、獲物は浜辺で分配

このようなイルカ層の存在は、人間が海岸やイルカとどのように関わっていたかを考えさせる。出土するイルカ骨を観察すると、解体痕とみられる引っ掻き傷がみられるものがある。また、イルカ上腕骨、橈（とう）骨、尺骨の連結資料は多いが、解体痕保有率は低い。それでも、イルカをどのように解体し利用しようとしたかの一端を垣間見ることができる。

写真2　イルカ骨と土器
土器は真脇式土器で、口縁にはラッパ状の突起が1個つき、胴部上半に細い粘土紐がジグザグに貼られている。左側はイルカの脊椎骨（写真提供・能登町教育委員会）

*1　詳細は、『考古学の最前線Ⅲ 科学が解き明かす縄文・真脇遺跡の生活』（日本文化財科学会、2005）を参照されたい。

図1　イルカ層の分布
真脇遺跡は、現在の海岸線から約300mの地点に位置し、標高は4〜12m（資料提供・能登町教育委員会）

イルカ骨には、分断の際につけられた解体痕も認められ、頭部から尾部までの一体分の骨がまとまって出土する例はない。同一個体の部位の骨もごくわずかしか検出できない。このことから、海岸で分配していたと想定されている。

イルカ層は標高4m程度の地点に広がっているが、その地層のケイ藻の分析から海水性のケイ藻が検出され、海の影響が認められる。つまり、当時の海水面は標高4m付近まであがり、イルカ層はその波打ち際

で形成されたと考えられる。

これらのイルカ層の分布は、時代や範囲が限られているが、『能登国採魚図会』(1838年)の「江豚を打ち廻す図」には、毎年回遊してくるイルカの群れを追い込む様子が記されている（図2）。この海域の地形が手漕ぎ丸木舟でのイルカ漁にふさわしい環境であったようだ。人間と海、そこで生きる生物たちとの密接な関係が縄文時代から継続してきたことがしのばれる。

縄文の真脇遺跡周辺をボーリング調査する

真脇遺跡は、現在の海岸線から約300mの地点に位置し、標高は4〜12mにわたっている。縄文時代のイルカ層が堆積した時期には、遺跡のある地点付近に海岸があったことは確実である。海岸線はその後、現在の位置にまで移動してきた。

その変遷の様子をみてみよう。真脇遺跡では、発掘地点以外の地下の地層の分布、性質、堆積環境を調べるために、ボーリング調査やジオスライサー調査が実施された（写真3）。

図3は、真脇遺跡のボーリング調査結果の年代と堆積物の層相を、遺跡から現在の海岸まで並べたものである。ここで重要なのは、海の環境のもとで堆積した粘土層を主体とする地層があることである。約8,000年前ころには、現在の真脇遺跡のあたりにまで海岸線が迫っていたことが理解できる。

海水準の停滞[*2]とともに少しずつ内湾化し、砂堆が発達し、真脇遺跡にみられるイルカ層を含む海岸沿いの地層が保存されて

図2　「江豚を打ち廻す図」（石川県立歴史博物館蔵）
『能登国採魚図会』には、捕鯨の図を中心に能登近海での江豚漁、突漁、網漁などが描かれている

図3　真脇遺跡のボーリング調査のCLine（南北）に沿った断面図

図1のC1-C8が図3の断面図のライン。固い岩盤（基盤）の起伏を埋めて軟らかい堆積物がたまっている。8,000年前〜7,500年前にかけて、短い期間で海水面が急速に上昇した（佐藤ほか、2005年をもとに作成）

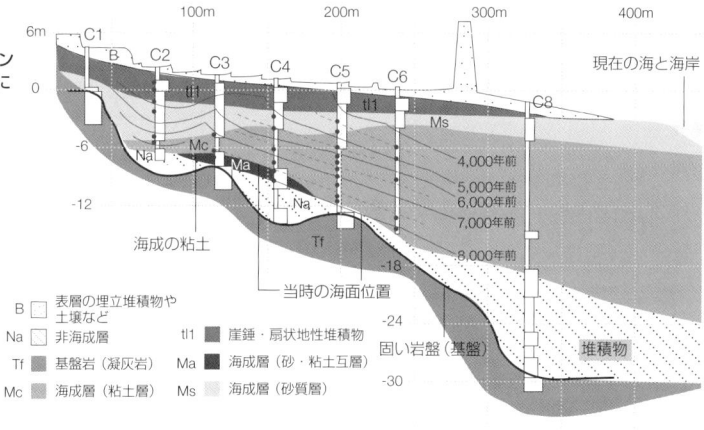

B　表層の埋立堆積物や土壌など
Na　非海成層
Tf　基盤岩（凝灰岩）
Mc　海成層（粘土層）
tl1　崖錐・扇状地性堆積物
Ma　海成層（砂・粘土互層）
Ms　海成層（砂質層）

いる。海岸線を含む内湾性のこの環境が真脇遺跡の周辺にみられたのは、主にこの時代であり、あるていどの時間、この環境は維持されていた。

このあと、海岸線は陸域からの土砂供給や海面の変化をともないながら、少しずつ後退している。その後、古代の塩田に海岸線の位置の痕跡を残しながら、現在の海岸線になっていった。

イルカと人間との関係が真脇遺跡で見つかるのは縄文時代の特定の層準にかぎられるが、この関係は先に述べたように古文書等にもみることができる。地元の古老からの聞き取り調査で、昭和30年代時点では当地域においてイルカ漁が行なわれており、近年まで継続していたと考えられる（写真4）。

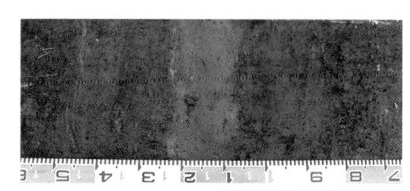

写真3　ジオスライサーで採取された地下の地層

地表から鋼矢板を打ち込み、地下の地層を方向を決めて乱さずに採取することで、堆積した順序や堆積環境の解析をすることができる

写真4　明治・大正のイルカ漁（絵はがき）
写真の下には「The Dolphin to Capture of Tsukumowan. 珠州郡九十九湾内ニ於ケル海豚大漁ノ景」と記されている

＊2　最終氷期の2万年前ころから急速に上昇した海水面は、このころにほぼおなじ高さに位置するようになる。これに対応して陸からの砂や泥などが運ばれ、海岸線の様子は変化することになる。

4 最終氷期から縄文時代の西部太平洋と瀬戸遺跡

1-03

竹村惠二（京都大学大学院理学研究科附属地球熱学研究施設）
泉 拓良（京都大学大学院総合生存学館総合生存学専攻）

京都大学には、構内の遺跡を発掘調査する組織が存在する。文化財総合研究センターである。京都大学のある京都盆地は長い歴史があり、吉田キャンパスをはじめとする構内で多くの遺跡が発掘調査されてきた。

なかでも、もっとも海と関連した遺跡は和歌山県白浜町瀬戸にある京都大学瀬戸臨海実験所の構内の瀬戸遺跡であろう（写真1、図）。縄文中期以降の複合遺跡である。瀬戸臨海実験所は1922年に設置され、いまでは京都大学白浜水族館なども併設されている。

地形と堆積物に残された人の営みを解く鍵

現在の瀬戸臨海は紀伊半島西岸にあり、紀伊水道から太平洋にでる田辺湾口に位置する。白浜町の西北端、番所崎の頸部の砂州に立地し、この半島の北は田辺湾、南は鉛山湾に面している。

冬季平均気温は7℃前後、風は強い。夏季平均気温27℃前後、雨量は6月の梅雨と9～10月の台風シーズンに多い。多湿だが、冬季は乾燥する。海域は黒潮分枝流の影響を強く受けて番所崎付近の表面海水温は年平均約20℃と温暖、冬季でも12℃以下になることはめずらしい。塩分濃度は31～35‰、透明度8m、潮位差1.4～2.0mである。

海岸地形は複雑で切り立った崖と大小の入り江と浜、暗礁や小島からなる。底質は

写真1　瀬戸臨海の遠望
正面の低い平坦地形に遺跡がある。白い建物は京都大学白浜水族館

岩盤、転石、礫、砂、泥であり、田辺湾中央部の水深は約30mである。遠浅の砂浜や干潟はない。海岸で観察される海と風の営力・侵食でつくられた地形と堆積物には、海と人の営みを解く鍵がたくさん残されている。

海面は縄文前期にかけて急速に上昇

最終氷期最盛期には、水深は現在より120mていど低かったと考えられている。白浜の現在の海岸から海にむかって約20km離れた地点が現在の水深120mである。したがって、ここまで当時の海岸線は遠ざかっていた。しかし、縄文時代にかけて海面が急速に上昇するにつれて、海岸線はこの遺跡あたりまで近づいてくる。

遺跡の発掘記録やボーリングによる堆積物から、海面の上昇・停滞によって変化する瀬戸臨海の海況変遷をたどることができる。現在の瀬戸臨海は、ほぼ6mの標高の地形が広く分布している。周辺の丘陵に露出する

岩盤は、ボーリングによればもっとも深い地点で地表から23.16mや21.0mの深さにある。海抜にしてほぼ−18mと−16mである。

砂の堆積の時代からはじまった人の営み

海面の上昇とともに海水に覆われる暖かい時代が、縄文前期である。地下地層の記録では、縄文時代前期には瀬戸臨海あたりの風景、とくに海岸線は現在と大きく異なり、海水に覆われてサンゴ礁が形成されていた。現在より海面も高く暖かい時代である。

その後、若干の海面低下と停滞により、この地域に砂が運ばれて現在の瀬戸臨海地域が陸繋島として成立する過程がみられる。海浜の砂がここに堆積し、黒潮からの贈り物の「漂流軽石」も含まれ（203ページ参照）、その上位に砂丘砂（風成砂）が堆積した。写真1の遠くに水平にみえる地形が、風成砂で覆われた平坦な面である。

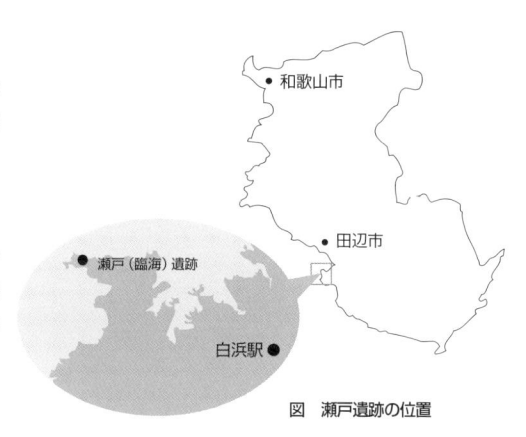

海岸での人の営みは海浜の砂の堆積の時代からはじまり、風成砂の時代に活発になった。発掘調査では、人骨の発見、製塩土器の製作など、生業に関わる遺跡や遺物が出土し、海と人の営みの様相をみることができる。

図　瀬戸遺跡の位置

写真2　瀬戸遺跡の立地　丘陵側（東）から半島方向（西）をのぞむ。中央の低い部分が海側の島をつないだ砂州である

最終氷期から縄文時代の西部太平洋と瀬戸遺跡——竹村惠二／泉　拓良

海浜砂と砂丘砂
海底火山噴火などの痕跡も流れ着く

竹村惠二（京都大学大学院理学研究科附属地球熱学研究施設）

　瀬戸遺跡の立地地層や地形の形成は、最終氷期最盛期以降の海面変動と大きく関係している。瀬戸臨海の地層は、標高6mの位置では20mほどの堆積物が積み重なって形成されている。基盤は、白浜周辺に分布する第三紀（6,430万年前から260万年前まで）の地層である砂岩層である。

　その上位の地層は、下位から砂質泥層（約6m）、泥質砂層（6.7m）、粗粒砂と中礫層（砂礫層、約6m）、砂層（約3m）の順に重なり、地表になる。

縄文晩期の遺物が もっとも古い

　砂礫層の厚さは変化するが、この下位に群体サンゴが発見され、基盤の高まり*1の岸からやや離れたところにサンゴ礁が形成されたことがわかる。時代は、炭素14(^{14}C)年代測定によって推定されている。また、サンゴ礁直下の試料からは、鹿児島県南部の鬼界カルデラから7,300年前に噴出した鬼界アカホヤ火山灰が発見されている（写真1）。

　サンゴ礁が形成された海域のあとは、砂と細〜中礫の堆積が続いている。そして、その上位に2〜3mの水成砂が重なった。層の下位には、海域環境を示すサンドパイプもよくみられる。サンドパイプは海底の砂の中で生息していた生き物の巣穴の跡で、穴の最上部が当時の海底であったと推定できる。

　遺物は縄文晩期のものがもっとも古く、その包含層は水成の砂層の上の砂層であり、砂州の発達は縄文晩期以前に起こったと考えられる。

海浜から陸域化と土壌化、 そして砂丘の発達

　興味深い堆積物についてみてみよう。ボーリングは建物の建築にともなって地下の堆積物情報を収集する方法であるが、各地点での堆積物の物性等を把握できるという利

写真1　アカホヤ火山灰中の火山ガラス写真の例
バブルウォールとよばれる扁平・透明な火山ガラスが多く、色つきのガラスも含まれる。広い範囲に分布する広域火山灰の代表的なものである

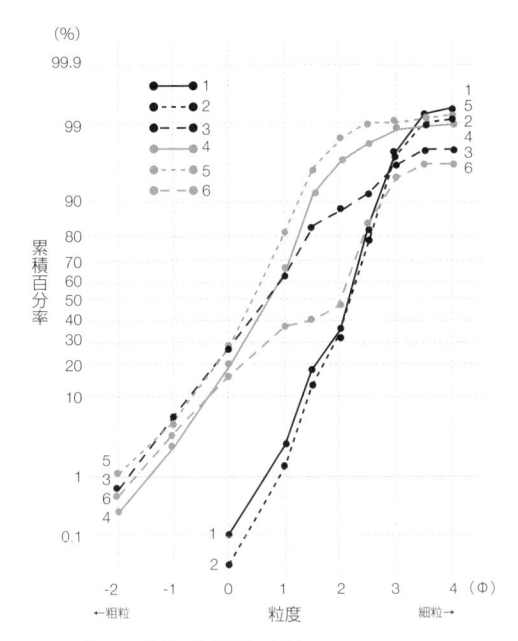

図 A7地点の粒度分析の結果
横軸は2 ^{φ} スケールの粒度。$φ=0$ は1mm、左側が粗粒を示す。縦軸は両対数で表現した累積百分率

点がある。考古学の発掘調査では、一般に平面として全体を掘り下げることで、人間の生活の痕跡を空間的にあきらかにする。

そういう考古学の発掘は、いくつかの地点で実施された。得られた地層断面では、粒度組成の分析、堆積物の構成物の分析から、表層の砂層にいくつかの特徴があることがわかった。

A7地点（砂州南側/研究棟南側）での解析では、約6mの地表面付近には粒度がそろった細砂からなる風成の砂丘砂が堆積している（図の試料：2、1）。その下位は特徴的な二つのピークのある試料（6）があり、さらにやや土壌化した粒度がそろわない粗粒砂（3）がある。次は細かい貝殻片の少ない粗粒砂（4）があり、断面の最下位は細かい貝殻片を多量に含む粗粒な海浜砂（5）から構成されている。

地形・地表の変化とともに人の生活圏が拡がる

このように、海浜から陸域化と土壌化、その後の砂丘の発達という地形・地表の変化過程をみることができた。この変化にあわせて、人の生活圏が拡がっていったと考えられる。なお、この堆積物からわかる砂州形成の最終段階の海浜の砂層堆積以降の変化は、人間の生活圏の拡がりと海岸地形の発達や海岸利用の面で興味深い。

発掘地点の砂には、軽石やスコリア[*2]が発見される（写真2）。これらの軽石・スコリアは、白浜周辺の地層から供給されたとは考えられず、砂州形成の砂供給のおりに、黒潮に乗って流されてきた海底火山噴火などの火山活動の痕跡である可能性が高い。このような軽石を漂流軽石（ドリフトパミス）という。

白浜周辺に活火山はしられていない。突然の灰色黒色の粒子の来襲に、海岸周辺に生活していた縄文の人たちは驚きとまどったことと思われる。

[*1] 基盤岩の標高が相対的に高い場所。
[*2] 火山の噴火により噴出した、塊状で発泡して多孔質のもののうち暗色をしたもの。

写真2 瀬戸遺跡から発見された軽石
遺跡からは、褐色を呈し、角がとれて丸みをおびた、大小さまざまな形状の軽石が採集されている。最奥のもので8cm大

4 瀬戸遺跡が語る人の営み
1-05 黒潮のつくる地形と植生、そして製塩土器と人骨

伊藤淳史（京都大学文化財総合研究センター）
泉 拓良（京都大学大学院総合生存学館総合生存学専攻）
竹村惠二（京都大学大学院理学研究科附属地球熱学研究施設）

瀬戸遺跡は、京都大学瀬戸臨海実験所の施設建築のために、5次にわたる発掘調査が実施された、縄文時代以降中世にいたるまでの複合遺跡である（写真1、2）。この遺跡でとくに注目されるのは、人骨の発見と製塩土器の質・量の多さである[*1]。

抜歯した壮年女性の縄文人骨

瀬戸遺跡からは縄文中期以降の遺物が出土しているが、活動が活発なのは縄文晩期後葉～弥生前期、古墳前期、奈良時代の3時期である。

縄文晩期後葉の人骨は、横臥屈葬状態で発見され、20歳から40歳までの壮年女性と推定されている。抜歯があり、当該期の貴重な人骨例である（写真3）。

また、縄文晩期～弥生前期の遺構・遺物としては、5,000点を超える土器・石器類のほか、配石墓[*2]や土器片が集中する土器溜まり、土坑などの遺構がある。土器は、縄文晩期後葉の凸帯文土器と弥生前期の遠賀川式土器[*3]が主体で、弥生前期遠賀川式土器の壺に縄文晩期後葉の深鉢の技術的な系譜をひく「瀬戸タイプ」とよばれる土器をともなって出土した。太平洋沿岸における弥生文化の伝播状況を考察するうえで重要な情報を提供する遺跡として注目される。

塩生産の実態を示す土器と製塩炉が出土

3、4世紀の古墳時代前期および8世紀の奈良時代では、製塩関連資料の出土がある。これは、古代における塩生産の実態を示す重要遺跡となっている。

古墳時代前期では「目良式」と呼ばれる薄

写真2　瀬戸遺跡発掘風景（2）

写真1　瀬戸遺跡発掘風景（1）
通常広い面積の発掘は、層を削るように慎重に掘り下げ、遺物や活動痕跡を見つけていく。土はベルトコンベアーで搬出する（写真1）。瀬戸遺跡では、トレンチとよばれる深い竪坑による断面検討を重視した調査も併用し（写真2）、遺跡の範囲確認や地形成過程の復元に成果を得た

（写真1～5　京都大学文化財総合研究センター提供）

写真3　発掘された縄文晩期の人骨
良好に遺存する骨や歯とともに、手足を折り曲げた屈葬の姿勢を鮮明にうかがうことができる。ここでは頭を北、顔面を西に向け、体の右側面を下にした横臥状態である。左側の白っぽい石は約15cm大で、標石の可能性があろう。縄文時代の葬制研究にとって重要な事例である

写真4　古墳時代の製塩土器
高さ約20cm。溝を刻んだ木の板で叩いて薄く造るため、全面に筋状の痕跡が残るのを特徴とする。これらの多量出土は、瀬戸周辺が初期大和王権への塩供給地であったことをうかがわせる

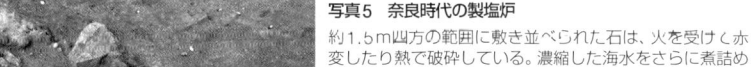

写真5　奈良時代の製塩炉
約1.5m四方の範囲に敷き並べられた石は、火を受けて赤変したり熱で破砕している。濃縮した海水をさらに煮詰めて塩の結晶を得ていくための施設であったとわかる

手コップ形の特徴的な製塩土器（写真4）が、約1,000個体出土している。奈良時代では、約30個の扁平な石を用いた石敷の製塩炉（写真5）とともに、厚手丸底形の製塩土器が多数出土している。いずれも被熱の著しい状態である。塩生産にともなう遺構の確認例は稀少であり、重要な遺構として注目される。製塩炉は、京都大学白浜水族館前に移築復元されている。

黒潮の恩恵の下での自然と人の営み

現在の瀬戸臨海周辺の海岸植生は、黒潮の恩恵を受けて照葉樹林を形成している。京都大学白浜水族館のすぐそばの標高約30mの番所山には、著名な博物学者の南方熊楠の記念館が設置されている。

この海成段丘地形の山は、縄文時代前期には島であった。瀬戸臨海は、黒潮の影響をうけた海岸が形成されるとともに植生が醸成され、海と関連した人の営みが継続してきたことを感じさせる場所である。

＊1　詳細は『京都大学構内遺跡調査研究年報』（京都大学文化財総合研究センター、昭和51年度、52年度、54年度、57年度）に報告されている。

＊2　一定の範囲に石を集めた遺構を配石とよび、そこから人骨や棺とみられる土器が出土して墓であると想定できる場合は、配石墓とされる。縄文時代に多い墓制である。

＊3　九州〜伊勢湾岸にいたる西日本に、ひろく共通した特徴をもって分布する弥生前期土器の総称。水稲農耕を基盤とする弥生文化の拡がりを象徴するものと認識されている。

4 瀬戸内海が川の流れる谷間だったころ
1-06 最終氷期から縄文時代の瀬戸内海地域の変遷

竹村惠二（京都大学大学院理学研究科附属地球熱学研究施設）

　瀬戸内海の海底からは、いろいろな時代の数多くのゾウ化石が漁業関係者によって採取されている。人類の時代である第四紀（258万年前から現代まで）の氷期・間氷期に対応して、瀬戸内海地域は海になったり、陸になったりをくり返したことがわかる。最終氷期の最盛期には、現在より120mほどの海面低下があったとされている。したがって、現在の瀬戸内海地域には、海面は拡がっていなかった。

高梁川あたりの水は豊後水道に、千種川や揖保川の水は紀伊水道に

　図1は、最終氷期の最盛期当時の水系を復元した図である。瀬戸内海地域には東西に流れる水系がみられ、西に流れた水は四国西部から現在の豊予海峡地域をへて豊後水道に、東に流れた水は紀淡海峡地域から熊野水道に流れ出していた。美しい島々が点在する現在の瀬戸内海は、氷期以後の海水面変動によって形成された景観である。

　やがて海になった瀬戸内海では、海と関わって生きる人の暮らしに、多様な海岸線が重要な役割を果たしてきた。九州と関西とをつなぐ内海の平穏な海上交通は、瀬戸内海地域が海となって以来、人間の活動に大きな影響を与えてきたのである。物品の移動・輸送の大動脈であったに違いない。

気候変動と海面変動の存在はなぜ立証できるか

　氷期・間氷期は、ほぼ10万年間隔でくり返してきた（図2）。したがって、現在の瀬戸内海の沿岸や海底には、海進時の堆積物が保存されている。海進というのは陸域に海水が入りこむことで、多くは海水面上昇に

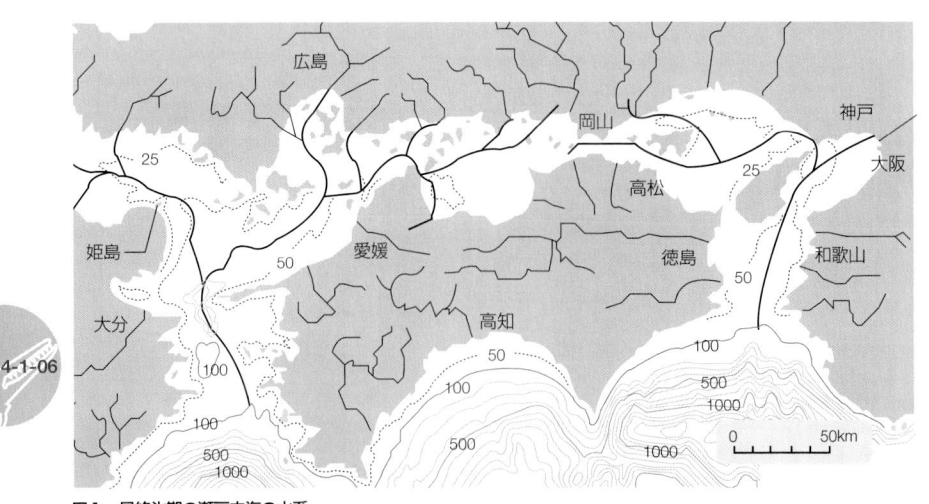

図1　最終氷期の瀬戸内海の水系
黒い実線が水系を示す。海中の数字は現在の水深（m）を表すが、瀬戸内海地域には120m以上深い地域はない。したがって、海は拡がっていなかった（桑代、1959をもとに作成）

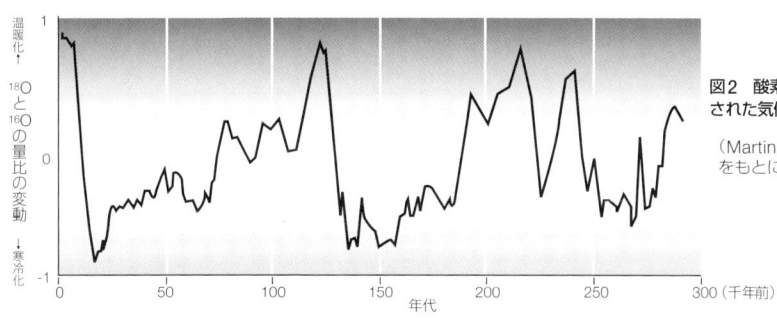

図2 酸素同位体比曲線に示された気候変動と海面変動

（Martinson et al., 1987 をもとに作成）

よりおこる。関西国際空港の地盤調査では15回の海進時の堆積物が記録されていた。香川県坂出市番の州では、本州四国連絡橋建設の調査時に発見されている。また、大分平野や大阪湾を取り巻く丘陵地帯でも同様に堆積物が残されている。

図2は、海底のプランクトンの化石に含まれる酸素の同位体である^{18}Oと^{16}Oの量比の変化を示したものである。酸素原子は通常、^{16}Oが多い。しかし、ごく少量存在する^{18}Oの水分子は重いために相対的に蒸発しにくく、海水中に残りやすい。

気候が寒冷化すると、これにともなって高山や高緯度地域では氷河が拡がり、陸上に氷として固定される^{16}Oの量が増加することになる。すると、海水中では^{16}Oは減少し、^{18}Oの濃度は増加することになる。海水中の^{18}O量が増加すると、プランクトンの殻中の^{18}O量も変化することになる。プランクトンの化石は、その時代時代の海水中の^{18}O量、つまりは陸上の氷河の発達・衰退の歴史を記録することになる。

地球上の水の量はほぼ一定であることから、気候の寒冷化により陸上の氷河が拡がると海水が減り、海水面は低下することになる。そのような^{18}Oと^{16}Oの量比の変動を、海水面高度の変動に読みかえることができるのである。

ナウマンゾウが闊歩していた姫島

海面が下がった氷期に陸域となった瀬戸内には、大型の陸上動物が生活していた痕跡が残されている。現在も「瀬戸*」の名称が残るような場所では、ゾウなどの多くの化石が発見されている（写真）。

現在の瀬戸内の海は、後氷期といわれる温暖期にみられる風景であり、第四紀後半においては、ほぼ10万年間のうちの1万年間だけにみられる風景である。旧石器時代の人たちは、満々と海水をたたえたこの景色を見ることはなかった。

写真 姫島のナウマンゾウの化石

現在の瀬戸内海の西端付近の周防灘と伊予灘の間に位置する、大分県姫島で産出したナウマンゾウの化石。部位は歯つきの右側の下顎である。現在の瀬戸内海域に大型哺乳動物が海面低下の時期に生息していたことの証拠である。（写真提供・埼玉県立自然の博物館 北川博道）

*陸地ではさまれている狭い海路（海峡）を瀬戸という。本土や島、島と島の間に位置する狭い海路の一般的な名称で、「瀬戸」のつく地名は日本各地に多数ある。

瀬戸内海が川の流れる谷間だったころ 最終氷期から縄文時代の瀬戸内海地域の変遷——竹村恵二

内海に浮かぶ黒曜石の島、姫島

竹村惠二（京都大学大学院理学研究科附属地球熱学研究施設）

　瀬戸内海国立公園は、満々と水をたたえた瀬戸内に多くの島々が点在する風景が重要な景観である。その瀬戸内海の西端あたり、周防灘と伊予灘とのあいだ、大分県国東半島の北東の沖合に、火山活動でできた島が存在する。姫島である（写真1）。

　姫島は、標高266mの矢筈岳などからなる火山でできた島である。約200万年前から60万年前ころの堆積岩の地層群と、20〜30万年前からの火山活動による火山岩や火山性の地層からなる。新しい時代の火山活動であり、海面付近にある溶岩ドーム、火口地形、火砕丘などの貴重な火山地形をまぢかに観察できる。

　この姫島をとくに有名にしているのが、城山火山地域に分布する黒曜石である。国指定の天然記念物である。この岩石を含む城山溶岩の大部分は細かく発泡した乳白色の溶岩だが、城山北方の観音崎火口周辺には灰黒色の黒曜岩が分布する。発泡のよい乳白色部と黒曜岩質部の境界部分では、発泡部と黒曜岩質部とが縞目状を呈している。溶岩のうち、乳白色部は塊状である。

　観音崎に露出する黒曜岩（写真2）は、瀬戸内を中心とする西日本一帯で、縄文時代に広く使用された石器の材料となった。姫島産の黒曜石が広域に使用されたのは、海面の上昇により黒曜石原石の採取が容易になり、海上交通の利便性と相まって、物流が拡がっていったからであると考えられる。

写真2　観音崎の黒曜岩露頭（写真提供・姫島村）

写真1　姫島の全景　　　　　　　　　南西から望む（写真提供・姫島村）

4 横尾貝塚
中部九州交易の拠点、縄文海進の海岸利用

塩地潤一（大分市教育委員会文化財課）
竹村惠二（京都大学大学院理学研究科附属地球熱学研究施設）

写真1　横尾貝塚全景
上方は別府湾の海岸線（写真提供・大分市教育委員会）

海面変動により、島となった黒曜石を産する姫島から、黒曜石はどのように流通していったのであろうか。産出場所が海上に浮かんだことでアプローチは容易になり、しかも海上輸送は多量かつ速く消費地に石材を運ぶ有効な手段になったと考えられる。大分県の横尾貝塚にその痕跡をみることができる。横尾貝塚は、九州を代表する縄文時代の遺跡であり、別府湾に臨む大分平野の大野川左岸の河口から約8kmに位置している（写真1）。

横尾貝塚は立地地形と湧水に恵まれ、しかも最終氷期最盛期後の海面上昇により海域が遺跡周辺にまで及んだことが、遺跡立地の大きな要因であったと考えられる。海進のピークは縄文前期であるが、横尾貝塚の位置する谷は縄文早期後葉にはすでに海域となり内湾が形成されていた。横尾貝塚からは、集落の形成当初の大型石核を含む姫島産黒曜石製石器が出土している（写真2）。

縄文時代早期前・中葉には、姫島産黒曜石の流通が開始し、早期後葉になるとほかの石材と比較して圧倒的多数を占めるようになった。遺跡は河口部にもっとも近い緩斜面上に位置することから海上交通、河川交通の適地であり、縄文時代早期後葉から末にかけて、姫島産黒曜石の交易の中継地機能を果たす集落であったと考えられる。

この横尾地域には、鬼界カルデラから噴出した7,300年前の鬼界アカホヤ火山灰と同時の津波堆積物がみられ、被害が大きかったことを想像させる（写真3）。集落は一度断絶したようであるが、定住に適したこの地は、その後は継続的に集落がいとなまれていた。

写真2　カゴに収納された姫島産黒曜石
縄文時代早期末期と推定される（写真提供・大分市教育委員会）

写真3　（下位から上位にかけて、粒度が減じている堆積の様子がみられる）アカホヤ火山灰層
中央部から下位の白色部分に級化（写真提供・大分市教育委員会）

関西国際空港に結集する現代人の叡智

　海岸線近くの海域の利活用は、人間社会が取り組んできた歴史でもある。海洋に囲まれた日本列島では、陸域の拡大、海域での土地の安定的確保は、より重要になっていった。歴史的にも、海岸における埋め立て（土地造成）は、日本人にとって、重要な社会・経済活動の基礎となってきた。とくに、20世紀後半以降は、大規模な物流拠点としての港湾や空港を整備することが、海に囲まれた日本の重要な課題となった。また、空港がかかえる騒音などの課題に対しても的確に答えながら進めていくことは、時代の要請でもあった。関西国際空港の建設は、20世紀の大規模プロジェクトである。まさに、現代における日本列島と海とのかかわりを代表するプロジェクトといえるだろう。

　海域を大規模に埋め立て、安定的に利活用するための多くの課題に、地球科学、地盤工学、土木工学、建築学などの学問を融合させつつ取り組んできた経緯は、まさに現代人の叡智を結集したプロジェクトである。空港建設にあたって、地盤工学と地質学の融合がなしえた功績は大きい。地下堆積物の構造・物性の三次元的ひろがりの解明と、時間的経過による地盤挙動の高度な予測が可能になり、こうした基礎のうえに、さらに土木技術の発達が、その安定的構築とメンテナンスを可能にした。

　陸域の環境保全、騒音の課題を海域の利用によって解決しようとする方向性は、20世紀の人間社会から要請された重要な課題であった。現代人は、海域を埋め立てて、陸域をつくり、その有効活用をめざしている。その利活用を効率的に行うための科学技術の進展も同時に進めていく方向性が、また現代の人類と海との関わりの中で重要になっていく課題である。また、海域への人類の大規模な進出と、それらの環境への負荷の評価と新たな環境創造の取り組みも21世紀の重要な課題として挙げられる。（竹村惠二）

関西国際空港の誕生

江村 剛（新関西国際空港株式会社）
三村 衛（京都大学大学院工学研究科都市社会工学専攻）
竹村惠二（京都大学大学院理学研究科附属地球熱学研究施設）

　空港は文字どおり「空のみなと」。日本では、その歴史も海と関わりがあったようだ。1922年、水上機を利用して、いまの大阪府堺市大浜の水辺と徳島県小松島市横須海岸を飛行場として航空路が開かれた。それがわが国初の民間航空路線であった。飛行場はその後、大阪市大正区の木津川沿いや現在の大阪国際空港の伊丹飛行場に移るが、騒音や空港拡張の必要性などの問題から、70年あまりの時を経て、ふたたび空港の立地を大阪湾上の水辺に求めたのである。

20世紀の10大プロジェクトの一つに

　大阪湾の泉州沖約5kmに建設された関西国際空港は、1994年に本格的な海上空港として開港した。「パナマ運河」をはじめとする20世紀の10大プロジェクトの一つとして、2001年に米国土木学会から「モニュメント・オブ・ザ・ミレニアム」を受賞した。関空の埋め立てに要した土砂は、1期、2期工事を合わせると4.5億m^3。大阪ドームの容積で換算すると、その400倍近くになる。「パナマ運河」で扱われた土量は1.8億m^3。時代や工事内容の違いはあるものの、土量という尺度でみても関空は世界最大級のプロジェクトであった。

　関空は、騒音問題を極力抑えるために大阪湾の沖合を建設場所としたことから、大水深、軟弱地盤という自然条件が立ちはだかった。大量の土砂を使用して、短期間で空港島を建設しなければならなかった。滑走路に凹凸などを生じさせては空港機能が台無しである。埋め立て段階から綿密な工事管理を行なった。

　また、世界最長の2重トラスによる空港連絡橋の建設や、不同沈下対策として旅客ターミナルビルにジャッキアップシステムを導入するなど、随所に先駆的な技術を採り入れて困難な技術課題を克服してきた。米国土木学会からの表彰は、こうした関空の建設プロジェクトのチャレンジ精神が評価されたものである。

人とモノの交流の巨大装置

　1期オープンから5年を経た1999年にスタートして約8年の工期を要した2期工事は、2007年8月2日に2本目の滑走路と誘導路等の供用を開始した（写真）。2本の滑走路を備えることでわが国初の完全24時間空港が実現でき、ようやく世界標準の空港に近づきつつある。

　2012年10月には、2期島にローコストキャリア（格安航空会社）の拠点として第2ターミナルがオープンした。大阪湾を舞台に、人・モノの交流はさらに深まることであろう。

写真　関西国際空港の全景
（写真提供・新関西国際空港株式会社、2013年1月撮影）

軟らかい粘土層を埋め立てる先進の技術と智恵
平坦で不同沈下しない海岸陸地をいかにつくるか

江村 剛（新関西国際空港株式会社）

　空港の大きさは、滑走路の長さやターミナルビルの大きさなどによって決まる。大型機が旅客や貨物を満載して長距離路線を運航しようとすると、離陸滑走距離は長くなる。

　関西国際空港の1期島には3,500m、2期島には4,000mの滑走路がある。世界の標準クラスの滑走路である。空港島の面積は1期島が510ha、2期島は545haである。合計1,055ha、甲子園球場270個分である。京都の地図と重ねてみると、2期島の南端と北端との間は、京阪電車の出町柳駅から七条駅あたりまでの距離に相当する（図1）。このような広大な用地を、軟弱な海底地盤上にどのようにしてつくったのか。

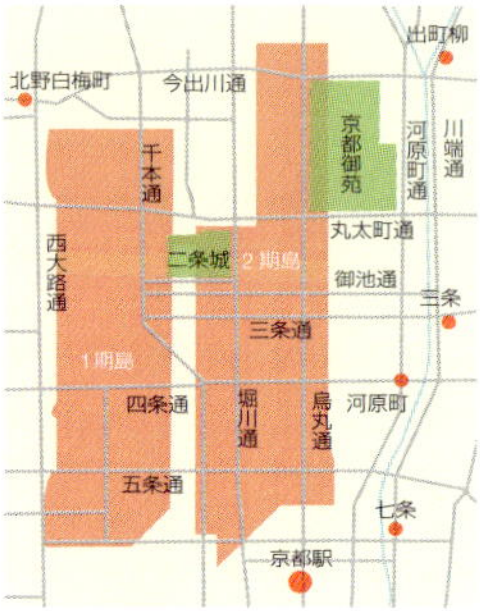

図1　関西国際空港の大きさ

海底地盤は指で押せば凹む粘土層

　海底地盤には20〜25mの厚さで沖積粘土層が堆積している。その下には洪積粘土層が数百mにわたって堆積している。埋め立てる土砂の厚さは約30m〜45m。1m²あたり45t〜55tの重さになる。乗用車1台が1tていどであるから、埋立土砂の重さがいかに大きいかがわかる。

　沖積粘土層は、指で押せばすぐに凹むくらい軟らかい。その粘土層に空港島の重さが加わると、粘土の中の水分が絞りだされて体積が減少する。これが沈下の原因になる。この沖積粘土層は地盤を改良し（図2）、沈下を早期に終了させる必要がある。不均一に沈下すると、開港後の滑走路等に凹凸ができるからである。

　いっぽう、洪積層は深度が深くて地盤改良が届かない。埋立をできるかぎり均一にして、不同沈下の抑制につとめることにした。そのうえで、長期にわたって継続する沈下を前提に、空港島の高さをあらかじめ高くしておくことにした。

220万本の砂杭で沖積層の地盤を改良する

　沖積層の地盤改良には、サンドドレーン工法（図3）を採用した。サンドドレーン船が装備した、先の閉じた直径40cmのパイプを粘土層に押しこみ、その中に砂を投入する工法である。パイプを引き上げると、粘土の中に砂杭ができあがる。これを2.5m間隔で打設した。1期島で100万本、2期島で120万本の砂杭を打設した。埋め立て土砂の重みによって粘土層から絞りだされた水は、この砂杭を通って排水が促進され、沈下が早期に終了する。

　なにも対策をせずに埋め立てると30年以上かかる排水が、この地盤改良によって沖積層の沈下は1年足らずで終了した。

　なお、海底地盤の形成過程や地質などは、次項でのべる。

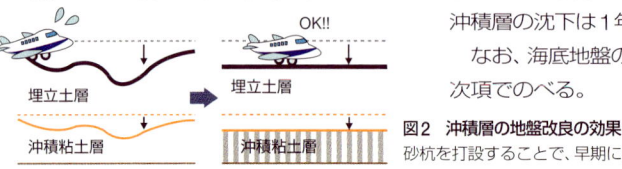

図2　沖積層の地盤改良の効果
砂杭を打設することで、早期に沈下を促進させる

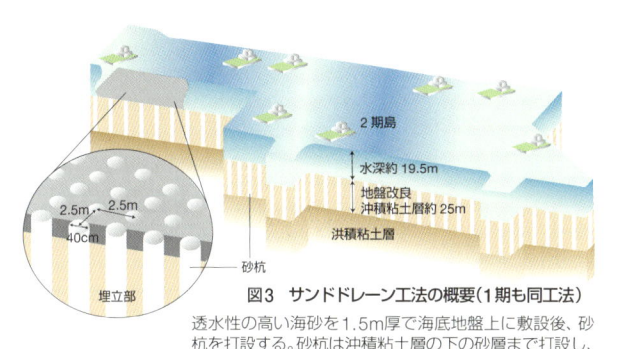

図3 サンドドレーン工法の概要（1期も同工法）

透水性の高い海砂を1.5m厚で海底地盤上に敷設後、砂杭を打設する。砂杭は沖積粘土層の下の砂層まで打設し、砂杭と上下面の砂層を連続させて排水性を向上させる

写真2 海面がしだいに陸化する

土砂を落とすコンベアの先にGPSを搭載し投入位置を管理している

図4 埋立土砂採取地

大阪湾からの眺めが変わらないように稜線（山の峰）より内陸側で土砂を採取したため、土砂採取場から海上桟橋まではベルトコンベアで搬送し、土運船で運搬された

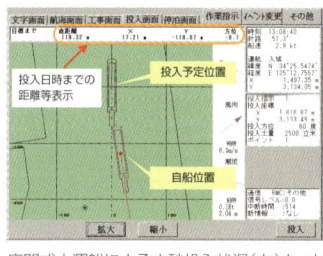

写真1 GPSを搭載した土運船による土砂投入

底開式土運船による土砂投入状況（右）と、土運船など作業船の誘導モニタ（左）

月間600万m³の土砂を搬入

大量の土砂をいかにスムーズに調達・運搬するかが、よりよい埋立地をつくる重要なポイントの一つである。埋め立てる順番の時間差が大きくなると、沈下の進み具合にも差ができ、表面の凹凸の原因になるからである。

広大な面積を均等なペースで埋め立てるために、大阪湾周辺で新たに開発された土砂採取地（図4）から土砂が搬入された。最盛期には、月間600万m³（大阪ドーム5杯分）の土砂が搬入された。

地盤改良の終了後は、土砂が周辺海域に流出しないように空港島の護岸を建設した。護岸は堤防形式で、堤は緩やかな傾斜構造である。この緩傾斜石積護岸構造（図5）が海域の自然環境の創造に一役買っているが、それはあとでのべる。

土砂の投入に活躍したGPS

護岸で海域をおおむね囲ったあと、土砂運搬船によって土砂を投入した。

広大な空港島をいかに均一に埋め立てるかがポイントであると先にのべたが、これを助けたのが情報化技術である。土砂を投入する土運船に車のナビゲーションシステムとおなじ原理のGPSを搭載し、高い精度で土砂を投入する位置を決めた（写真1、2）。

土砂の投入後は、やはりGPSを搭載したナローマルチビームで深浅測量（音響測深）を行ない、次の投入計画を立てた。これをくりかえして埋立を均一にした。

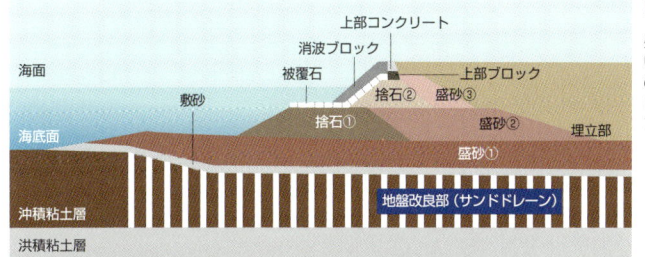

図5 緩傾斜石積護岸（消波工）の構造

盛砂材料は山砂を使用。波当たりの強い海側に面する部分は5～100kg/個の石材（捨石）を使用。さらに被覆石（1t/個）で海側を補強し、その上に消波ブロックを設置している

軟らかい粘土層を埋め立てる先進の技術と智恵　平坦で不同沈下しない海岸陸地をいかにつくるか――江村　剛

大深度ボーリングのデータという証人
関空地底の新第三紀鮮新世から現代までの地層

竹村惠二（京都大学大学院理学研究科附属地球熱学研究施設）
北田奈緒子（一般財団法人地域地盤環境研究所）

関西国際空港は、海上に造成された島である。造成にあたってのあらかじめの調査で、水深20m〜30mには海底面があり、その下には堆積物が1,000m以上堆積していることが予想されていた。埋め立ての実施やこれにともなう沈下の予測には、堆積する地層の性状や時代を知ることが必要になる。それには長辺が4km、1,000haを超える埋め立て面積の地下に、堆積物がどのように分布しているかを調べることも重要な調査課題の一つであった。

海底の堆積物を1,328m掘削してようやく基盤岩石に到達

2期島で実施した岩盤までの掘削によって、空港島の下の地層の積み重なりと性状の全貌はあきらかになった。掘削は2006年度に実施され、KIX18-1と名づけられた。

どの深さまで掘削するかは、掘削法や経費の観点から重要であるが、この深さを決めるのも地球科学者の役割の一つである。周辺の地層の状況、反射法地震探査[*1]の情報、空港島での重力測定[*2]の結果等を総合して、掘削深度（岩盤到達予想深度）が決められた。まず結果をご覧いただこう。

掘削は、1,346.75mまで実施された。基盤岩とよばれる古い堅固な岩石（写真1）と堆積物との境界は1,328.6mであった。つまり、基盤岩石を約20m掘りぬいて、確実に基盤岩まで掘削が到達したことを確認した（写真2）。基盤岩は花崗閃緑岩からなることもわかった。

多彩で多様な驚きのデータがそろう

1,328.6mにおよぶ堆積物の部分は、火山灰対比による年代推定[*3]や古地磁気測定[*4]などの年代決定手法から、新第三紀鮮新世から現在にかけて堆積したことがあきらかになった（図1）。基盤岩までの約100mは、狭い谷の河川底の堆積物や扇状地などにたまった堆積物がみられる。1,200m〜500mは淡水成の堆積物で、砂層と厚さ約10m程度の粘土が繰り返し堆積している。

深度500m付近からは、内湾に堆積したと考えられる海成粘土がリズミカルに観察でき、海水準変動の影響を受ける堆積場になったと考えられる。図1で、岩相層序と書かれたコラムの濃い青色で表現された部分で、大阪湾にはいってきた海の堆積物の基準（大阪層群の層序）と対比して、Maの番号が記載されている。大阪湾域ではすくなくとも15回の海進があり、進入した海の堆積物（粘土）が広く分布している。Maはこれにつけられた番号である。

関空地下の堆積物もこのMa番号に対比することができる。この海成粘土層は、陸域の調査にもとづいて下位からMa-1〜Ma13と名づけられ、Ma13が現在（後氷期）の大阪湾への海進時の堆積物である。

堆積物の中の化石、火山灰、地磁気の方向などの多方面からの分析により、堆積物の時代や環境が決定されている。これらの情報から、関空地下の地盤の様相や堆積環境の変遷がまとめられた（図1の右端）。また、堆積年代から年代―深度グラフを作成するとほぼ1直線になることもわかり、大阪湾地域が少しずつ沈降しつつ、堆積物を保

写真1　最深部の基盤岩は花崗閃緑岩でできていた

存させてきたことが理解できる。

空港地盤地質のでき方を検証する調査技術

空港島の地下の堆積物は、ほとんどが主に第四紀に堆積した大阪層群とよばれる地層で、大阪湾内、大阪平野、これをとりまく丘陵地域に広く分布している。大阪湾には、10万年単位でくりかえす汎地球規模の気候変動（海水準変動）と対応して堆積した海成粘土層（Ma）も堆積している。

この堆積物に保存されている化石、鉱物、火山ガラスなどの構成物を調べて、対比に使用する試みが進められた。地盤の対比には、大阪大学の中世古幸次郎博士（故人）のグループが考案した手法が大きな役割を果たした。この手法は、微化石総合調査やナンノ化石調査として、現在も海底地盤調査に活用されている。

微化石総合調査は、堆積物の構成物を顕微鏡観察などで丹念に調べて含まれるすべての種類の粒子を洗い出し、分類して、その量の多寡を5段階程度に分けてデータを取得する方法である。この結果を総合することにより、堆積物の示す堆積環境を決定して地層を分類することができる（写真4）。

ナンノ化石調査も、地盤地層対比で大きな役割を果たした。ナンノプランクトンは石灰質のプランクトンであり、その遺骸が海底下に堆積したものがナンノ化石である（写真5）。その多くは大きさが5〜30μm。海底には、海水環境の堆積物がほぼ水平にたまる特性があり、ナンノプランクトンは外洋性の海にも住むプランクトンであることから、関空の地盤の地層の拡がりをあきらかにするなど、地層の対比の重要な方法となる。この結果は、沈下の計算などにも生かされた。

関空調査では、これらの構成化石や粒子の存在量、火山灰の降灰層準を用いて、空港島およびその周辺の地下の地層がどのように対比されるかをあきらかにしてきた（図2）。それらは地下地盤の分布状態の情報として貴重な役割を果たしてきた。

空港地盤の構造を物理探査と堆積環境から調べる

ボーリング試料の解析によって各地点の地層を対比することで、その拡がりを確認することができた。しかし、全域の連続的な構造を詳細にあきらかにするには、連続的な地下の断面や地層の分布形状の想定を実施することが必要である。

そこで、既存のボーリング結果に加えて、反射法地震探査による連続的な断面を用いることにした。さらに、堆積物の堆積環境をあきらかにして、それぞれの地層の空間的拡がりや厚さの分布等の総合的モデルを作成することが要請された。地球科学的地盤モデルの構築である。

地下の構造把握では、地球物理学的探査が大きな威力を発揮する。地下密度を測る重力探査（写真6）、地下の物性構造境界や地震波速度の分布状態を調査する地震波探査などである。関空周辺でもいくつかの調査が実施された（図3）。反射法地震探査で

写真2　基盤岩と堆積物との境界

＊1　地表または海面上から人工的に地震波を地下に送り、反射してくる波の到達時間から地下の構造を把握する。
＊2　地表や空中、海面上などから、ある地点の重力値を重力計で測定すれば、重力値から、その地点の地下の密度構造を把握することができる。
＊3　とくに広い範囲に分布する広域火山灰は、重要な同時間面の対比基準になる。年代が測定されている火山灰が発見されれば、これに挟まれた地層の年代が決定できる。
＊4　堆積物や岩石の磁化方向を測定すると、堆積した当時の磁化方位を知ることができる。磁化方位は年代ごとに決まっているので、磁化方位の測定から年代を決めることができるのである。

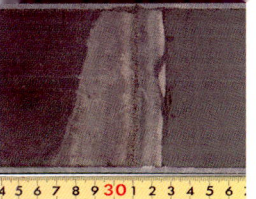

写真3 挟まれていた火山灰層
約90万年前に大分県の猪牟田カルデラから噴出し飛来したアズキ火山灰。色調がアズキアイスに似ていたことから名がついた

は、複数の明瞭な反射面が確認でき、地下堆積物中の物性の境界の深度が決まり、その分布状況も把握できた(図4)。

地層のおおまかな対比と地下構造を把握したあとも、空港島の地盤安定を確保するには地下の堆積物の局所的な不均質情報が必要である。堆積環境指標のまとめは、これに有効だった。とくに砂層の分布状況とその組成や堆積相の解析は重要であった。

関空のような海岸付近では、海岸に直交する方向の河川系の砂層の堆積と、海岸に平行な分布の砂層とが存在している(図5)。これらの解析で細かい地下地層分布の状態があきらかになった。砂層は粘土が圧密(218ページ参照)を受けて水を排出するさいの水道になるので、その分布状況を知ることは沈下の大きさの予測をするうえで貴重な情報となり、空港島のメンテナンスに大きな役割を果たしている。

写真4 約100μm以上の構成物の顕微鏡写真
有孔虫、貝殻、火山ガラスなどがみられる
(出典・関西国際空港地盤調査報告書)

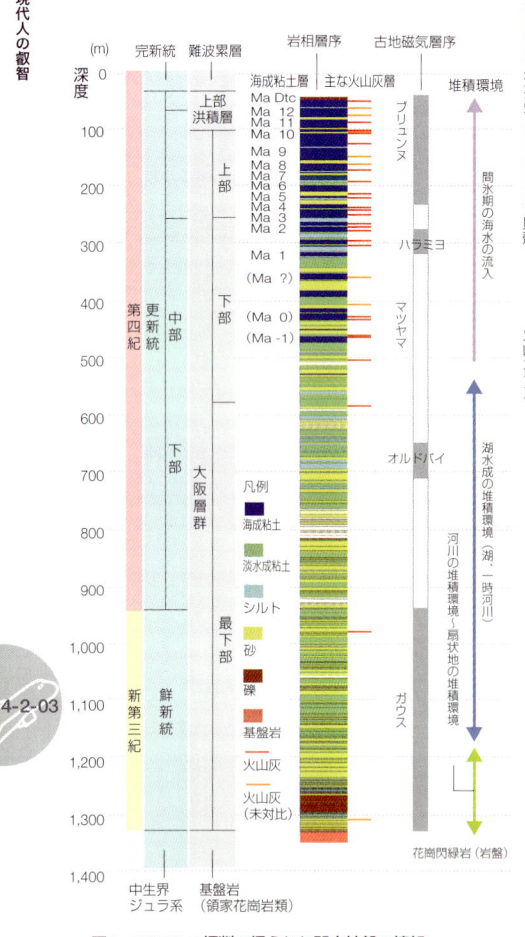

図1 KIX18-1掘削で得られた関空地盤の情報

図3 関西国際空港での反射法地震探査の例
地下の物性の異なる深度により、人工的につくった波が反射することを示す場所が黒く示されている。図は、その黒い場所が連続的に分布しているようすを表現している。すなわち、黒い線(反射面)は堆積物の物性が変わる深さを示している。左右の色はその分類を示している(Itoh et al., 2001)

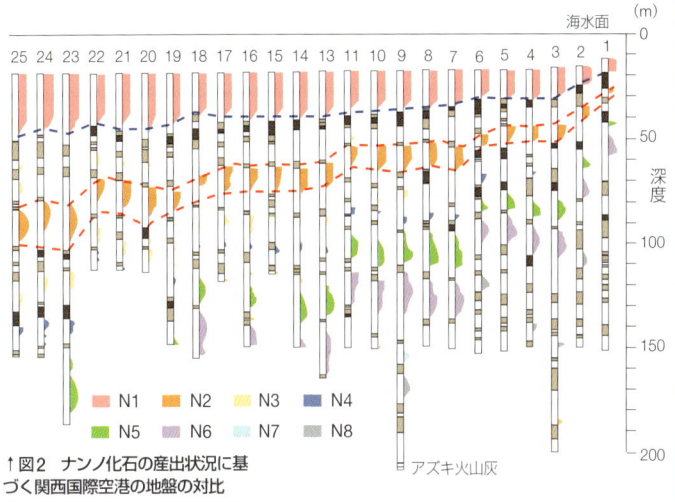

写真5 関西国際空港地盤に見られるナンノプランクトン化石
（関西国際空港地盤調査、中世古ほか、1984 から引用）

写真6 重力探査風景

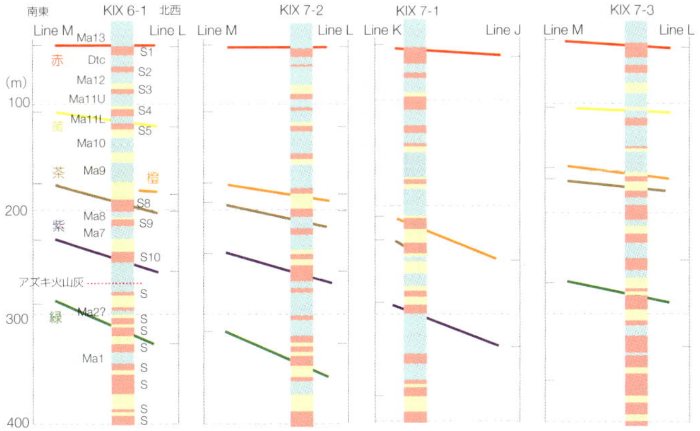

↑図2 ナンノ化石の産出状況に基づく関西国際空港の地盤の対比

関空の堆積物のナンノ化石の産出頻度を総合的に分析して、おなじ時代の海成層を対比した図。上部の番号は1981年度のコアの番号。N1～N8はナンノ化石の産出層準を上位から番号づけしたもの。おなじ時代の地層であっても、地点によって出現する深度が異なることがわかる（関西国際空港地盤調査、中世古ほか、1984から引用）

→図4 反射法地震探査の反射面と地下地層の対比

連続的な反射法地震探査でみられた反射面の深度（物性の境界を示す）とボーリングで得られた堆積物の地層状況との対応から、関空敷地内の地下の堆積物の分布状況を3次元的に把握することができる
（Itoh et al., 2001）

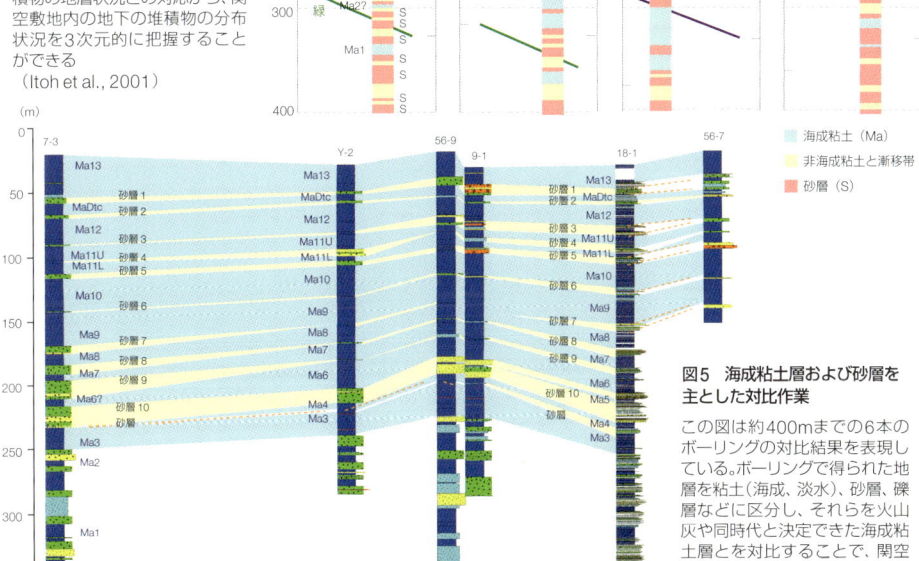

図5 海成粘土層および砂層を主とした対比作業

この図は約400mまでの6本のボーリングの対比結果を表現している。ボーリングで得られた地層を粘土（海成、淡水）、砂層、礫層などに区分し、それらを火山灰や同時代と決定できた海成粘土層とを対比することで、関空地盤の傾きや厚さの分布などの構造がわかる。海成粘土層間の砂層の分布のようすもわかる

大深度ボーリングのデータという証人　関空地底の新第三紀鮮新世から現代までの地層——竹村恵二／北田奈緒子

217

4 埋立の地盤沈下はなぜ起こるのか
自然のしくみと人間の挑戦

三村 衛（京都大学大学院工学研究科都市社会工学専攻）

　土は、土粒子と土粒子間の空隙の組み合わせでかたちづくられている（図1）。土粒子と土粒子との空隙には、地下の水環境に応じて空気と水が存在しうる。地下水位以下の地層では、この空隙は完全に水で満たされており、この状態にある土は飽和土とよばれる。埋立などによって外部から力を受けると、土は圧縮変形やせん断変形を生じるが、このとき変形するのは土粒子ではなく、じつは土粒子間の空隙である。

土粒子間の空隙が多いと土は軟らかくなる

　土粒子は石英などの鉱物であり硬質である。粘土のように軟らかい塊でも個々の粒子レベルではたいへん硬い。粒径が数μmと極小であるために、人間の手ではその硬さが実感できないだけである。

　いっぽう、粒子間の空隙は剛性がほとんどないので、外力を受けると粒子はこの空隙に落ちこむように移動しようとする。したがって、この空隙が多いと粒子が移動できる領域が大きくなるので変形しやすい。言いかえると、空隙の多い土は軟らかい状態の土だということである。専門的には、体積比による空隙の土粒子に対する割合を間隙比といい、砂では0.7前後、粘土だと1.5〜2.5程度の値をとる。つまり、土塊には大きな空隙が存在しているのである。

埋め立てればどんどん凹む粘土層

　関西国際空港の基礎地盤には、最上部に地質時代区分でもっとも新しい完新世に形成された沖積層（完新統主体）の

軟弱粘土（沖積粘土）が十数mにわたって堆積している。それを砂礫層が支え、その下位に更新世の地層（更新統）*の粘土と砂礫の互層が厚く堆積する構造になっている（図2）。

　関空の1期島が建設された地点の水深は平均18m、沖合の2期島地点の水深は20mである。空港として供用するには、最低でも水深分の厚さの土を海中に投入することになる。海底地盤に作用する外力となる土の単位体積あたりの有効重量は、水中では浮力を受けるのでおよそ $γ'=1.2tf/m^3$ となり、18m分の厚さになると $21.6tf/m^2$（$1m^2$ あたり21.6t）という荷重が載荷されることになる。さらに数mの高さの陸地を構築するから、水面上に出る部分の単位体積あたりの重量 $γ_t=2.2tf/m^3$ 分が加算される。

すばやく水を吐きだすのが苦手な粘土層

　この間も刻々と沈下が進行するため、沈下分については水中埋立層厚が増大することになる。現在の関空1期島による有効上載応力はじっさいには $1m^2$ あたり40数tに及んでいる。これだけの外力が海底地盤を押さえつけるので、図1に示す構造の土は粒子が空隙に落ちこむように変形しようとする。ところが空隙には水が満たされているので、土はこの空隙中の水を押しださないと変形できない。この過程で、水を通しにくい粘土では排水に長い時間を要するため、変形もじわじわと進行することになる。

　この間隙水の排水に連動する長時間変形のことを、専門用

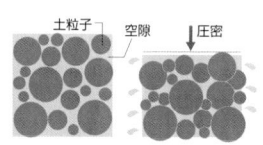

図1　土の構造を表す模式図
外部から圧力を受けると土粒子の空隙が変形し、空隙内の空気と水が外に押しだされる

＊工学分野では洪積層と呼ばれるが、地質学的に正確を期すためにここでは更新統と記述した

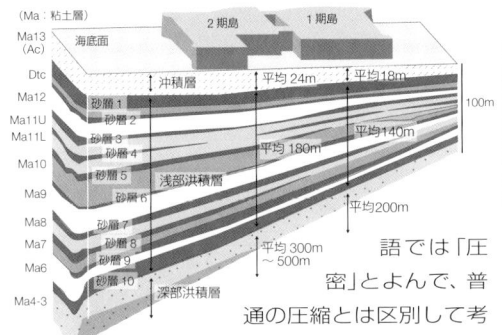

図2 関西国際空港基礎地盤

泉州沖の海底地盤は、古い地層の上に新しい地層が連続して堆積している。大阪湾の基底地盤（岩盤層）はテクトニックな活動によって沈下し続けており、そこに気候変動による海水面の上昇と下降がくり返し起こることによって、海水面が上昇して、流れのない海の環境になったときは細かい粘土がゆっくり堆積し、下降して流れのある河川環境になると砂や砂礫が堆積する。これを300万年以上くり返すことによって粘土と砂礫層の互層（交互に堆積している地層状態）ができあがる

語では「圧密」とよんで、普通の圧縮とは区別して考えている。水は砂礫層では流れやすく、粘土層では流れにくいため、関空の基礎地盤のような粘土と砂礫の互層地盤では、粘土からの排水にたいへん長い時間を要する。しかも多くの粘土層が変形するので、各層の圧縮量を加算した総沈下量はますます大きくなる。これが、関空が埋立によって建設されて20年以上が経過しているにもかかわらず、収まりつつあるとはいえ、現在も沈下が継続して進行している理由の一つである。

軟らかい粘土層ほど
圧縮されやすく強度も低い

次に、粘土層ごとの沈下への寄与について考えてみよう。古い地層の上につぎつぎに新しい土が堆積するので、一般的に浅いところに存在するものは新しく、深いところに存在するものは古い。堆積して時間が経過すると、堆積する土の層が厚くなり、どんどん圧縮されるので硬く、強くなる。

逆に浅いところの新しい土は、上に乗る土はさほどなく、あまり圧縮されないので軟らかく、弱いままである。こうした状態の地盤に埋立載荷を行なうと、浅いところの軟らかい粘土層は大きく圧縮し、深いところの比較的硬い粘土層の圧縮量は相対的に小さくなる。しかも、軟らかい粘土層は強度も低いので、場合によっては埋立の途中で破壊する危険性もある。

このため、埋立には、サンドドレーンという砂の杭を一定間隔で打設し、軟らかい粘土層から素早く排水させて強度増加を促進し、破壊を防止するとともに、変形を早く完了させる工法が採用される。

関空構築時にも、海底の最上層である沖積粘土層部分には全面にわたってサンドドレーンが打設され、埋立による圧密変形が早期に完了するように工夫された。

深部の更新統粘土層は
いまだに沈下が進む

図3に示した1期島の中央部で計測されている沖積粘土層とその下位の更新統粘土層の沈下の時刻歴を見ると、サンドドレーンが打設されている沖積粘土層では、埋立開始と同時に沈下が大きく進み、数年の間にほぼ6mに及ぶ沈下の大半が終了している。これに対し、深部にあるためにこうした改良ができない更新統粘土層では圧密に長い時間を要するため、ゆっくりとした速度で沈下が進行していることがわかる。

しかし、前述したように、多くの粘土層の圧縮量を足し合わせることになるので、沖積粘土層一層とほぼ同等の沈下量になる。現在も生じている沈下はこの更新統粘土層の圧縮によるもので、量的にはわずかであるが、いまだ継続的に発生している。

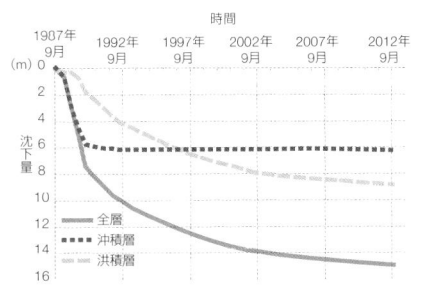

図3 関西国際空港1期島基礎地盤の沈下の時刻歴

地表面もしくは沖積層の上面（埋立層と沖積層の境界）で沈下量を測定すると、埋立によって海底地盤全体でどの程度沈下が起こったかがわかる。同時に洪積層との境界で沈下量を測定すると、下位の洪積層のみの沈下を分離することができる。全体の沈下量から洪積層のみの沈下量を差し引くと沖積層の圧縮量がわかる。このような測定値と比較するために、数値計算の求められた各沈下量を分離して表示した

沈下の観測と地盤モデル、沈下予測

江村 剛（新関西国際空港株式会社）
三村 衛（京都大学大学院工学研究科都市社会工学専攻）
竹村 惠二（京都大学大学院理学研究科附属地球熱学研究施設）

　関西国際空港の建設海域は、1期島と2期島を合わせると、おおむね5km四方の広さにおよぶ。埋め立て地の沈下を予測するには、地域性や深度方向の変化も考慮して建設海域全体に展開させた地盤モデルを構築する必要がある。もとになるのは、図1に示す位置のボーリング情報である。泉南地域の海底地盤は、大阪湾の中でも沖積層以深の砂層が薄く、粘土層が卓越した地盤構成であることが特徴である。

地盤の特性を3次元でとらえた海底地盤モデル

　沈下は埋め立ての重さによって粘土層から水が絞り出されることにともなう現象である。その水は、粘土層に接する砂層を通って排出される。その排水性の良し悪しが、沈下量や沈下の早さに影響を与える。したがって、砂層の拡がりや繋がりをモデル化することは沈下解析にとって重要なポイントである。しかも、地盤モデルは沈下解析の土台となるものであることから、その設定方法の明確なルール化も念頭に地盤モデルの構築を進めた。

　関空の地盤モデル作成において特筆されることは、前述の地質学的調査が広範囲の地層構成を同定する技術として導入されたことである。計70本にのぼるボーリングコアの微化石総合調査を中心とする地質学的調査は、コア間対比に有効な役割を果たすことになる。これらの地質学的調査と反射法地震探査などの結果に加えて、深度方向に連続する線としてのボーリング情報は3次元的な情報として拡がり、219ページの図2に示すような海底地盤モデルが構築された。

平面的に12地域、深度方向に71層に細分

　地質・土質特性の検討結果から、各層の層厚変化（地層の傾斜方向）、ボーリングデータの分布密度などを考慮に入れて、モデル設定の地域は図2のように区分した。区分は沖合方向には空港島に平行な6ライン、空港島方向には南北の地区に2分割とした。粘土層厚の違いは沈下量に及ぼす影響が大きいので、圧密定数モデルは変えないまでも、層厚は10mの平面メッシュごとに変化させて設定している。

　また、おなじ名前でよばれる1枚の粘土層であっても、深度方向に物性が変化し、圧密特性は異なっている。それらの実態を地盤モデルに反映させるために、地質特性と土質特性の変化を分析し、地域区分と各粘土層の細分化を行なっている。

　たとえば、Ma13層（沖積粘土層）については、図3に示すように上層（U）と下層（L）に二分した。上・下層の境界付近には約7,000年前に降灰したアカホヤ火山灰の存

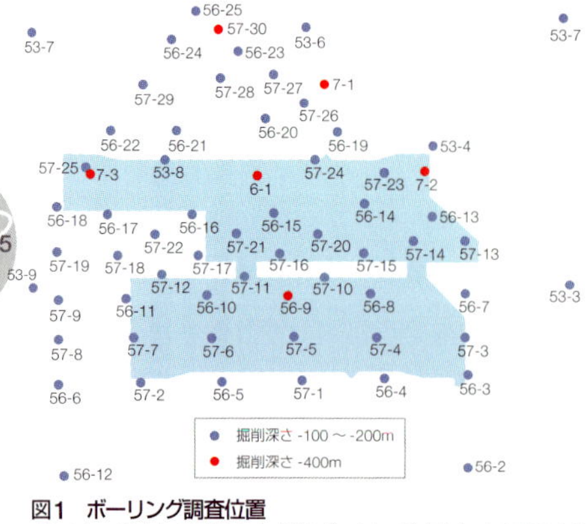

図1　ボーリング調査位置
ボーリング地点の添字の左側はボーリング実施年度（昭和または平成）

図2 地盤モデルの地域区分設定

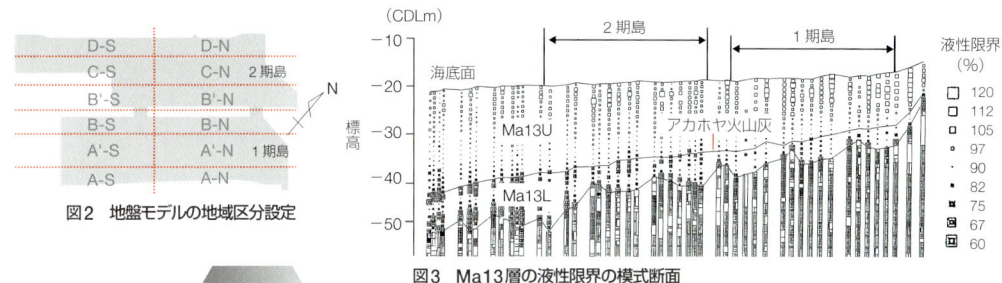

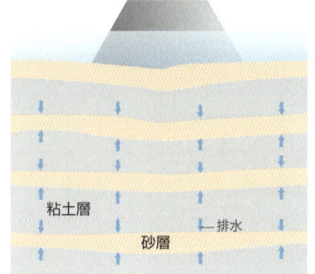

図3 Ma13層の液性限界の模式断面

図4 沈下にともなう粘土層から砂層への排水イメージ

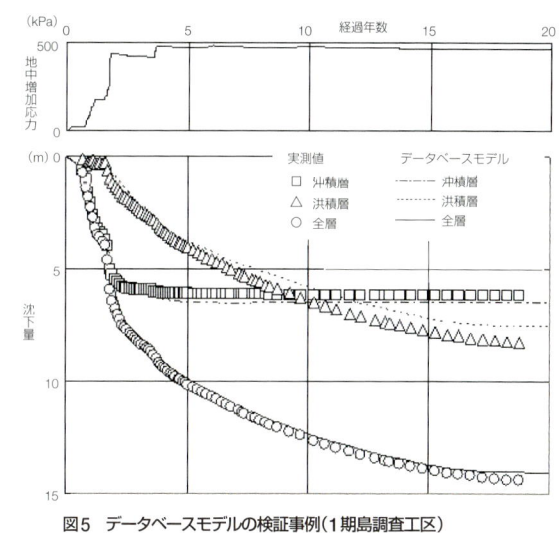

図5 データベースモデルの検証事例（1期島調査工区）

在が認められ、それを境として上層では物性値が同様なパターンで深度方向に変化している。また、このほかにもMa12層とMa11層を2層に区分した。

各粘土層の深度方向の物性変化は、自然含水比などの深度分布を用いて地層を細分することによって考慮した。細分層の区切りは、それぞれの細分層で試験データがモデルを設定するのに十分な数であることを確認しながら3〜6層としている。その結果、平面的に12地域、深度方向に71層に細分した海底地盤モデルとなっている。

沈下の予測と沈下の観測

砂層の厚さや透水性を考慮した砂層の浸透流解析[*1]（図4）を行なえば、粘土層に作用する水圧が予測できる。水圧は粘土層にとっては上からの埋立荷重に抵抗する成分となるので、その分を差し引いて粘土にかかる荷重を計算する。

いっぽう、粘土の圧密試験[*2]から荷重と圧縮量の関係がわかっているので、圧縮量の計算は可能となる。各層にわたって同様に計算して合計すれば海底面の沈下量となる。これを時間の経過ごとに行なえば、沈下量の時刻変化が予測できるのである。

関空の建設では、このような水圧シミュレーションと、先に示したデータベース化した地盤モデルによって沈下予測を行うシステムをデータベースモデルとよんで、空港島の建設に適用した。図5は1期島におけるデータベースモデルによる予測値と実測値とを比較し再現性を検証したものである。

こうした実学的なアプローチとあわせて、大学や研究機関では、更新統粘土や砂の精

* 1 砂層の厚さや透水性を条件にして砂層を流れる水の量や水圧変化を推定する解析のこと。
* 2 採取した粘土に段階的に荷重をかけ、そのときの粘土の変形量を計測し、荷重と変形量の関係を求める試験のこと。

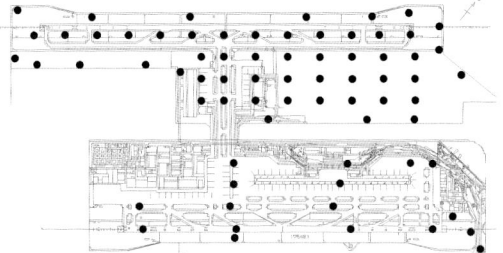

図6 埋立部の沈下計測位置

緻な力学モデルを用いた学術的な研究が継続的に進められている。変形の速度が沈下量にどのように影響するのか、1期島と2期島が200mの距離で建設されたことによって起こる過剰間隙水圧の伝播現象[*3]が両空港島の沈下にどのように寄与するのかなど、難しい問題が残されている。

こんごも発生する後続沈下の予測は、空港の安定的な供用にとって極めて重要な意味があり、新関西国際空港株式会社と大学や研究機関が協力してよりよい沈下予測モデルを確立することが強く求められている。

関空では、建設時から供用開始後の今日まで、沈下量などを計測しながら空港島を管理している。図6はその計測ポイントを示している。

❶沈下量の計測方法

1期の空港島建設開始時に、鋼製の底板に鋼管を取り付けた沈下板（写真1、図7）を海底面に設置した。埋め立て施工中は、鋼管の上部の水圧をダイバーが計測し、その変化を沈下量に換算していた。工事が進むにつれ、鋼管を継ぎ足して、鋼管の上部の計測を継続している。

2期では、沈下板のほかに磁気伝送式水圧式沈下計（写真2）を設置した。水圧を測る原理はおなじだが、データの蓄積と磁気による伝送が行なえるしくみになっている。荒天時も連続的に計測ができ、収録したデータは船舶に搭載した受信機によって回収できる（図7）。埋立の完成後は、地面に受信機を置けばデータが回収できるしくみだ。

❷層別沈下量の計測

海底に設置した沈下板等は、海底地盤全体の沈下量を計測するもので、219ページの図

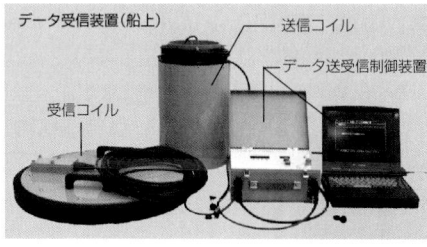

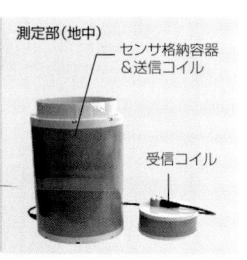

写真1 海底に設置した沈下板

写真2 磁気伝送式水圧式沈下計

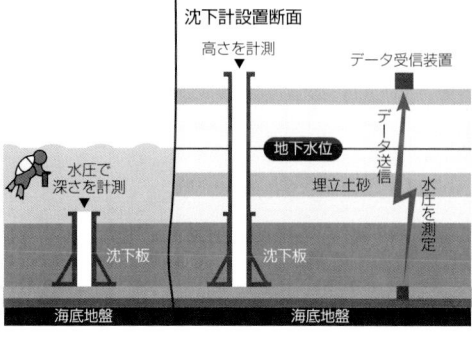

図7 沈下板と磁気伝送式水圧式沈下計の計測のしくみのイメージおよび写真

a　ロッド式沈下計

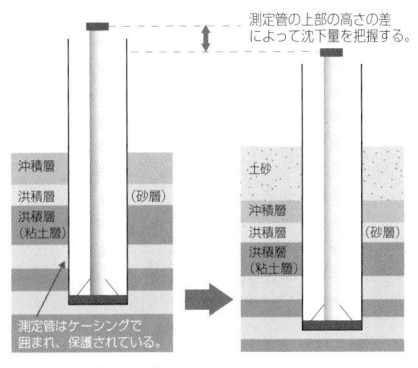

b　センサ式層別沈下計

図8　層別沈下計の仕組み

2や本稿図5に示したような沖積層と洪積層の層別の沈下量までは計測できない。したがって、どの層がどれくらい沈下しているかを把握するために1期島、2期島それぞれ数か所ずつで、層別に沈下量を計測している。

沖積層と洪積層の沈下量を分けて計測するには、図8-aに示すように洪積層の上面までボーリングして鋼管を挿入し、その中にロッド（鋼棒）を建てこみ、上面に出たロッドの上部の高さの変化を計ることで洪積層の沈下量を計測している。

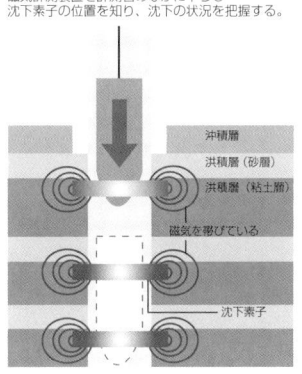

幾層にも重なる洪積層については、海底地盤のどの層がどれくらい沈下しているのかを層別に計測している。その方法はまず、図8-bに示すように、海底地盤をボーリングしながら層ごとに磁気を帯びたリング（沈下素子）を設置する。地上からは計測管の中にセンサを挿入して沈下素子の磁気を検知する深度を測り、その変化を沈下量に換算するのである。

❸過剰間隙水圧計測

沈下予測の項でも述べたように、沈下が進むと粘土層から絞り出された水が、砂層を通って排出される。円滑に排水が促されると砂層の水圧は上昇しないが、砂層に細粒分が混ざっていたり、砂層自体の厚さが薄いなど、排水性が良好でない場合は水圧が上昇する。排水性と沈下のスピードとは密接な関係があるため、間隙水圧を測って排水性を確認している。

1期島、2期島それぞれ数か所ずつで間隙水圧を計っている。計測の原理は、砂層と粘土層をボーリングして平衡弁式の水圧計を埋設し、地上からガスを注入して地中の弁に作用する水圧と平衡するガス圧力を読み取ることで水圧を計測している（図9）。

＊3　先に埋め立てた1期島下の粘土層や砂層の水圧が2期島の埋め立ての影響によって上昇する現象。水枕の端を押せば片方が膨らむ現象に例え「水枕現象」と呼ぶこともある。

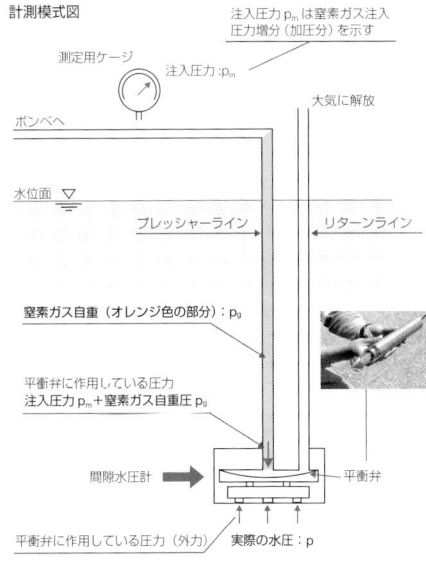

図9　間隙水圧計のしくみ

4 空港島の不同沈下と水災害対策
空港の安全と安心の確保

江村 剛（新関西国際空港株式会社）
三村 衛（京都大学大学院工学研究科都市社会工学専攻）

　海底地盤の上層にある沖積粘土層は地盤改良によって、沈下は終了している。しかし、その下の数百mにおよぶ洪積粘土層の沈下は、現在も続いている。洪積粘土層は深度が大きく、地盤改良は困難なのだ。したがって、継続する沈下にそなえて関西国際空港空港島の地盤をあらかじめ高くしておくことで対応している。場所ごとに沈下量が異なる不同沈下には、ジャッキアップシステムを導入するなどで対応している。以下に、継続する沈下に対抗して空港機能を維持する対応事例を紹介する。

**建物の沈下を均一にする
ジャッキアップシステム**

　「不同沈下」とは、場所ごとの荷重の差や地質の違い、地質のバラツキによって生じる不均一な沈下のことをいう。現在、空港

写真　第一旅客ターミナルビル

島で発生している不同沈下は、地質の変化やバラツキによるものが支配的だと考えられている。
　改めて空港用地の広さを思い出していただきたい。2期島の長辺は、京都市の鴨川沿いの七条から出町柳くらいの距離になる（212ページ図1）。このスケールを考えれば、空港用地内の場所ごとに海底地盤の地質性状に違いがあるのは当然とも言える。
　旅客ターミナルビル（写真）は多くの機能が集積する長さ1,700mもの巨大な建物であり、やはり不同沈下が生じている。不同沈下は建物の使用、あるいはその構造維持に影響を与える。そのためターミナルビルの約900本のすべての柱は、沈下量を自動計測して、1本1本の柱の高さをジャッキアップ（図1、2、3）によって修正して建物に影響が出ないようにしている。

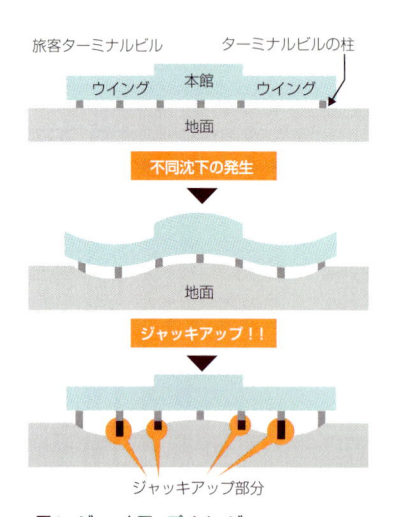

図1　ジャッキアップイメージ
建設時は水平だったターミナルビルが不同沈下によって、平坦性や構造の健全性が確保ができなくなるため、柱の高さをジャッキアップによって修正している

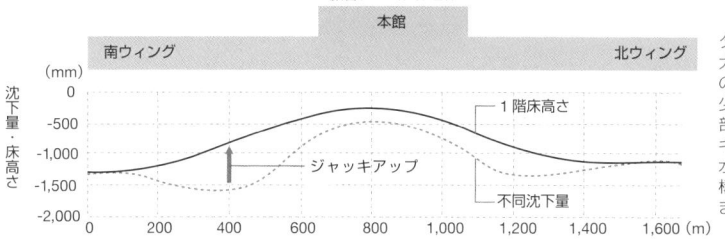

図2 不同沈下量と対策状況（2007年現在）

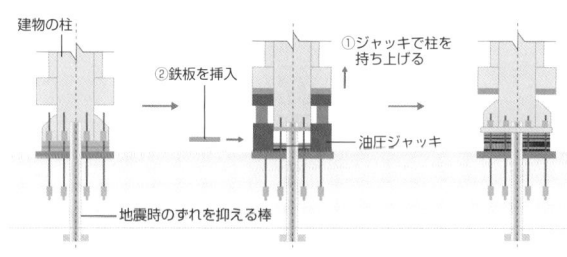

ターミナルビル本館には大きな地下室があり、そのぶん埋め立て土砂が少なく沈下量がウイング部よりも小さい。ジャッキアップは柱高を完全に水平に戻すのではなく、構造上許容される勾配まで修正する

図3 ジャッキアップシステムの仕組み

柱を固定しているボルトを緩め、4つの油圧ジャッキ（合計能力1,200t）をセットする。1回約1cmジャッキアップし、柱と基礎の隙間に鉄板を挿入し高さを調整する

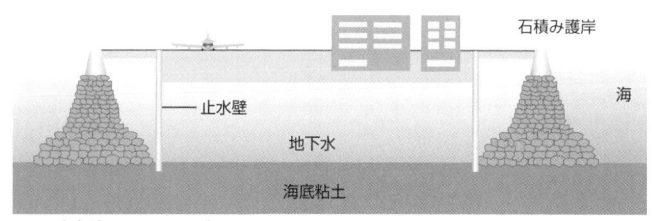

図4 止水壁設置のイメージ

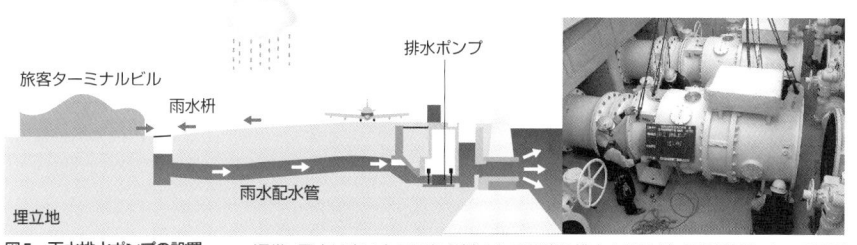

石積み護岸は透水性が高いため、潮位が高くなると空港島の地下水位も高くなっていた。コンクリート製の止水壁を設置し、海水の浸入を遮断し地下水位を低下させている

図5 雨水排水ポンプの設置

通常、雨水は高いところから低いところへ流れ排水されるが、不同沈下によって流下が困難になったため排水ポンプを流末に設置し、強制的に雨水を排水させている

水災害には、止水壁と雨水排水ポンプで対応する

　関空は海上空港ゆえに、台風などによる水災害を受けやすい環境にある。しかも埋め立て土砂の透水性が高いことから、1期島では島を取り囲む止水壁（図4）を設置して海水の流入による地下水の上昇を防いでいる。

　さらに、不同沈下によって雨水の排水性が低下したことから、1期島には排水ポンプを10か所設置したので、豪雨があっても速やかな排水が可能となった（図5）。

4 空港島の周辺環境
どのように維持・管理されているか

江村 剛（新関西国際空港株式会社）

　関西国際空港は、増大する航空需要と大阪国際空港における航空機騒音問題に対処するために、「公害の無い、地域と共存共栄する空港づくり」を原点として、大阪湾南部の泉州沖5kmの海上を埋め立てて建設された。

関西国際空港建設の原点

　騒音問題を解消するために海上に建設することになったのが関空である。関空は、その成り立ちそのものが、騒音という空港にとって根幹的な環境問題と関わっていたのである。航空機騒音の影響予測では、滑走路の運用最大時（離着陸回数は年間23万回）においても、環境基準を超える範囲は海上部分にとどまるよう設計することが求められた。したがって、工事段階から環境への影響を監視するにとどまらず、環境保全・創造にむけてさまざまな環境施策目標を掲げ、積極的な取り組みが行なわれてきた。

写真2　関西国際空港周辺の水質調査の様子

それでも、騒音問題解消の代償として豊かな海を消滅させたことも事実である（写真1）。

環境保全・創造への取り組み

　環境保全と環境創造は、「環境監視」と「環境負荷低減」の二つの方向から実施されている。環境の状況の監視は、騒音、水質、大気汚染、底質などの項目を計画的に測定・調査し（写真2）、環境監視データはすべて公開されている。

　環境負荷低減については、「スマート愛ランド推進計画」[*]を策定して、環境負荷低減に取り組んでいる。たとえば空港からの排水は、放流水質基準をクリアするよう浄化センター（排水処理施設）で高度に浄化されている。浄化した排水（中水）は植物への散水や舗装面の清掃、トイレの洗浄に再利用するなど、中水は積極的に利用されている。排水リサイクル率を向上させることで、上水供給量の節減に努めているのである。

温室効果ガス排出量を削減

　温室効果ガス排出量の削減の面では、駐

写真1　大阪国際空港を飛び立つジェット機（1967年）
（出典・財団法人関西空港調査会「関西国際空港──建設へのみちのり」、写真提供・読売新聞社大阪本社）

機中の航空機の空調等に必要な動力を航空機に搭載された補助エンジン（APU）によらず、地上動力装置（GPU）の利用を促進するよう努めている（図1）。

「環境と共生し、公害のない地域と共存共栄する」を原点に、低騒音型航空機の導入、航空機による電波障害の対策実施率100％の維持、低公害車の導入などにも取り組んでいる。その成果は環境パフォーマンスデータ（図2）として現れている。

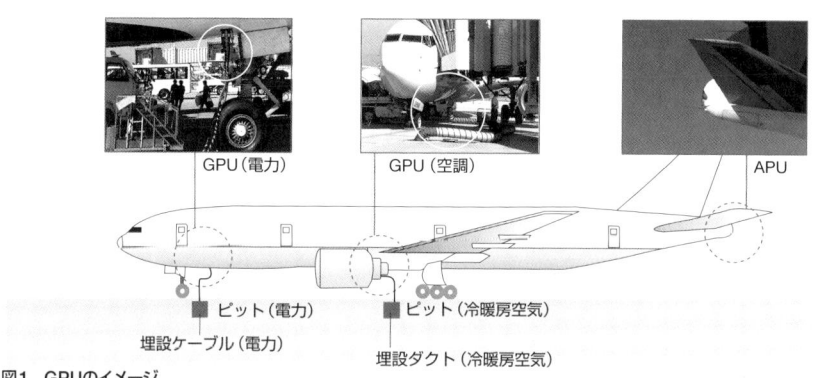

図1　GPUのイメージ
GPUは、地上動力装置（グラウンド・パワー・ユニット）の略称で、駐機中の飛行機への電源供給や温度調整された空気を供給するための地上設備のこと。APU（エアクラフト・パワー・ユニット）は、飛行機の尾翼付近にある発電のための補助エンジンのこと

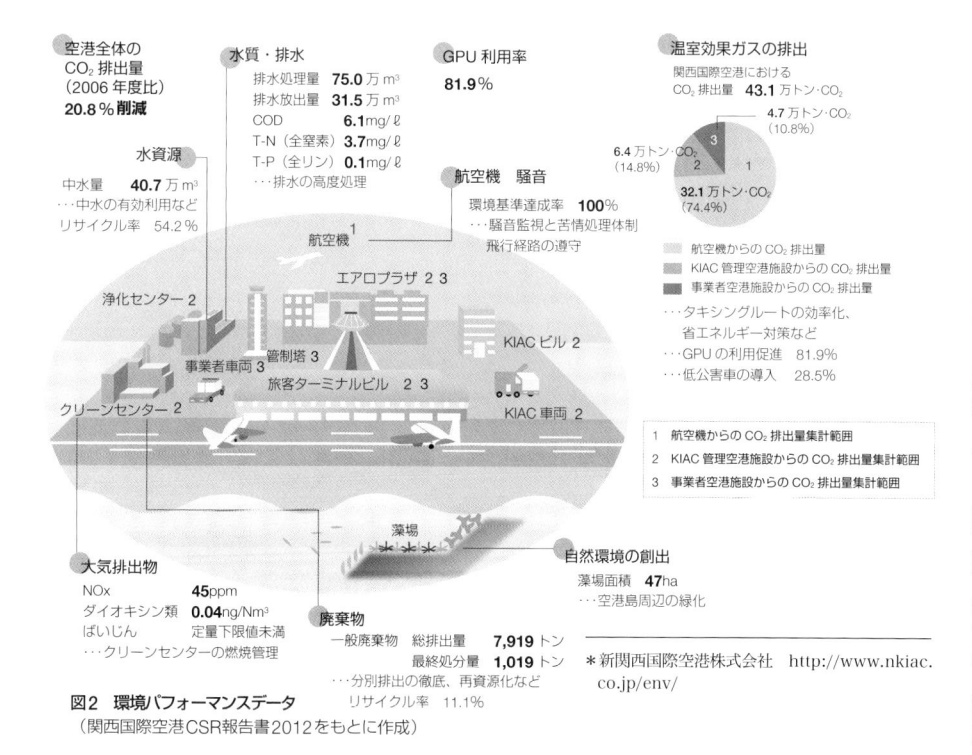

- 空港全体のCO_2排出量（2006年度比）**20.8％削減**
- 水資源　中水量　40.7万m^3　…中水の有効利用などリサイクル率　54.2％
- 水質・排水
  - 排水処理量　75.0万m^3
  - 排水放出量　31.5万m^3
  - COD　6.1mg/ℓ
  - T-N（全窒素）　3.7mg/ℓ
  - T-P（全リン）　0.1mg/ℓ
  - …排水の高度処理
- GPU 利用率　**81.9％**
- 航空機 騒音　環境基準達成率　**100％**　…騒音監視と苦情処理体制　飛行経路の遵守
- 温室効果ガスの排出　関西国際空港におけるCO_2排出量　43.1万トン・CO_2
  - 4.7万トン・CO_2（10.8％）
  - 6.4万トン・CO_2（14.8％）
  - 32.1万トン・CO_2（74.4％）
  - 1 航空機からのCO_2排出量
  - 2 KIAC管理空港施設からのCO_2排出量
  - 3 事業者空港施設からのCO_2排出量
  - …タキシングルートの効率化、省エネルギー対策など
  - …GPUの利用促進　81.9％
  - …低公害車の導入　28.5％
  1 航空機からのCO_2排出量集計範囲
  2 KIAC管理空港施設からのCO_2排出量集計範囲
  3 事業者空港施設からのCO_2排出量集計範囲
- 大気排出物
  - NOx　45ppm
  - ダイオキシン類　0.04ng/Nm^3
  - ばいじん　定量下限値未満
  - …クリーンセンターの燃焼管理
- 廃棄物
  - 一般廃棄物　総排出量　7,919トン
  - 最終処分量　1,019トン
  - …分別排出の徹底、再資源化など
  - リサイクル率　11.1％
- 自然環境の創出　藻場面積　47ha　…空港島周辺の緑化

＊新関西国際空港株式会社　http://www.nkiac.co.jp/env/

図2　環境パフォーマンスデータ
（関西国際空港CSR報告書2012をもとに作成）

空港島の周辺環境　どのように維持・管理されているか——江村 剛

執筆者の所属機関

京都大学

- 工学研究科
- 人間・環境学研究科
- 情報学研究科
- 農学研究科
- 総合生存学館

- 理学研究科
  - 数学・数理解析専攻
  - 物理学・宇宙物理学専攻
  - 化学専攻
  - 生物科学専攻
  - 地磁気世界資料解析センター
  - 地球熱学研究施設
  - 天文台
  - 植物園
  - 地球惑星科学専攻
    - 地球物理学分野
      - 測地学及び地殻変動論分科
      - 地震学及び地球内部物理学分科
      - 地殻物理学及び活構造論分科
      - 火山物理学分科
      - 地球熱学分科
      - 環境地圏科学分科
      - 陸水物理学分科
      - 海洋物理学分科
      - 気象学・気候学及び大気物理学分科
      - 太陽惑星系電磁気学分科
      - 地球内部電磁気学分科
    - 地質学鉱物学分野
      - 地球テクトニクス分科
      - 地球物質科学分科
      - 地球生物圏史分科
      - 宇宙地球化学分科

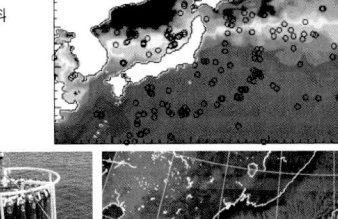

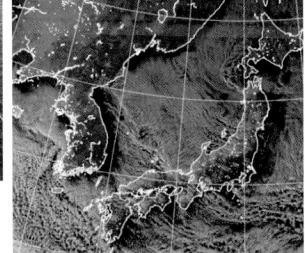

- 総合博物館
- 霊長類研究所
- フィールド科学教育研究センター
- 化学研究所
- 野生動物研究センター
- 防災研究所
- 文化財総合研究センター
- 国際高等教育院

その他の機関

- 総合地球環境学研究所
- 能登町真脇遺跡縄文館
- 米国海洋大気庁
- 海洋研究開発機構地球情報研究センター
- 新関西国際空港株式会社
- 東京大学 総合防災情報研究センター
- 地域地盤環境研究所
- 大分市教育委員会

執筆者の紹介

五十音順・敬称略、所属・役職は2013年7月1日現在　〈　〉内は執筆担当ページ　◎は本誌編集委員

◎ **秋友和典**　あきとも・かずのり ……………………………………………………………〈88、91、93、100〉
京都大学大学院理学研究科地球惑星科学専攻 教授、京都大学理学博士
- 研究テーマ：おもに数値モデル実験によって、黒潮の流路変動、対流と深層水形成過程などの海洋物理現象の力学メカニズムを研究
- 著作・論文ほか：Akitomo K. 2008. Effects of stratification and mesoscale eddies on Kuroshio path variation south of Japan. *Deep-Sea Research Part I* 55, 997-1008. Akitomo K. 2011. Two types of thermobaric deep convection possible in the Greenland Sea. *Journal of Geophysical Research* 116, C08012.

◎ **荒井修亮**　あらい・のぶあき ………………………………………………………………………………〈144〉
京都大学フィールド科学教育研究センター海洋生態系部門および農学研究科 教授、京都大学博士（農学）
- 研究テーマ：マイクロデータロガーや超音波発信機などを利用した水圏生物の生態解析ならびにこれらの機器開発
- 著作・論文ほか：荒井修亮ほか. 2009.　日本バイオロギング研究会編.『WAKUWAKUときめきサイエンス バイオロギング――最新科学で解明する動物生態学』京都通信社. Yokota T, Machida M, Takeuchi H, Masuma S, Masuda R and Arai N. 2011. Anti-predatory performance in hatchery-reared red tilefish (*Branchiostegus japonicas*) and behavioral characteristics of two predators; Acoustic telemetry, video observation and predation trials. *Aquaculture*, 319, 290-297.

◎ **淡路敏之**　あわじ・としゆき …………………………………………………………………………………〈103〉
京都大学理事・副学長、京都大学理学博士
- 研究テーマ：海洋気候変動のメカニズムの解明および将来予測
- 著作・論文ほか：淡路敏之, 蒲地政文, 池田元美, 石川洋一編. 2009.『データ同化――観測・実験とモデルを融合するイノベーション』. 京都大学学術出版会. Masuda S, Awaji T, Sugiura N, Matthews JP, Toyoda T, Kawai Y, Doi T, Kouketsu S, Igarashi H, Katsumata K, Uchida H, Kawano T, Fukasawa M. 2010. Simulated rapid warming of abyssal North Pacific waters. *Science* 329, 319-322.

石岡圭一　いしおか・けいいち ……………………………………………………………………………〈96、99〉
京都大学大学院理学研究科地球惑星科学専攻 准教授、京都大学博士（理学）
- 研究テーマ：地球・惑星大気を念頭に置いた地球流体力学に関する研究
- 著作・論文ほか：石岡圭一. 2004.『スペクトル法による数値計算入門』. 東京大学出版会. Saito N and Ishioka K. 2011. Interaction between thermal convection and mean flow in a rotating system with a tilted axis. *Fluid Dynamics Research* 43, 065503.

石川裕彦　いしかわ・ひろひこ ……………………………………………………………………………………〈109〉
京都大学防災研究所気象・水象災害研究部門 教授、京都大学博士（理学）
- 研究テーマ：台風、暴風雨、強風など激しい気象現象とそれらにともなう災害の研究。人間生活と関わりの深い地面近くの気象現象
- 著作・論文ほか：石川裕彦. 2008.「森は水を呼ぶか？」. 林隆久編.『森をとりもどすために』. 海青社, 第5章, 149-172. Ishikawa H, Oku Y, Kim S, Takemi T Yoshino J. 2013. Estimation of a possible maximum flood event in the Tone River basin, Japan caused by a tropical cyclone. *Hydrological Processes*.

石川洋一　いしかわ・よういち ……………………………………………………………………………〈103、106〉
独立行政法人海洋研究開発機構地球情報研究センターデータ統融合付加価値グループ グループ・リーダー、京都大学博士（理学）
- 研究テーマ：海洋大循環モデリングおよびデータ同化
- 著作・論文ほか：淡路敏之, 蒲地政文, 池田元美, 石川洋一編. 2009.『データ同化――観測・実験とモデルを融合するイノベーション』. 京都大学学術出版会. Ishikawa Y, Awaji T, Toyoda T, In T, Nishina K, Nakayama T, Shima S and Masuda S. 2009. High-resolution synthetic monitoring by a 4-dimensional variational data assimilation system in the northwestern North Pacific. *Journal of Marine Systems*. 78, 237-248.

泉 拓良　いずみ・たくら ………………………………………………………………………………〈200、204〉
京都大学大学院総合生存学館総合生存学専攻 特定教授、京都大学修士（文学）
- 研究テーマ：西日本縄文人の生活と文化的な特性について
- 著作・論文ほか：泉 拓良, 今村啓爾編. 2013.『講座◎日本の考古学3 縄文時代（上）』. 第1版. 青木書店. 泉 拓良, 上原真人編. 2009.『考古学――その方法と現状』第1版. 放送大学教育振興会.

市川光太郎　いちかわ・こうたろう　〈164〉

総合地球環境学研究所研究部 プロジェクト研究員、京都大学博士（情報学）
- 研究テーマ：海産哺乳類の鳴音機能の研究、魚類の高精度音響測定手法の開発
- 著作・論文ほか：Ichikawa K, Akamatsu T, Shinke T, Arai N, Adulyanukosol K. 2012. Clumped distribution of vocalising dugongs (*Dugong dugon*) monitored by passive acoustic and visual observations in Thai waters. *Proceedings of Acoustics 2012-Fremantle*, 130-133. Ichikawa K, Akamatsu T, Arai N, Shinke T, Adulyanukosol K. 2011. Callback response of dugongs to conspecific chirp playbacks. *Journal of the Acoustical Society of America*. 129, 3623-3629.

一田昌宏　いちだ・まさひろ　〈50〉

京都大学総合博物館 研究員、京都大学博士（理学）
- 研究テーマ：タフォノミー（化石化のプロセスを研究する学問分野）と炭酸塩堆積学の視点から、紡錘虫類の古生態学的研究を進めている
- 著作・論文ほか：Erwin DH著, 大野照文監訳, 沼波信, 一田昌宏訳. 2009.『大絶滅――2億5千万年前、終末寸前まで追い詰められた地球生命の物語』. 共立出版. Ichida M, Ohno T ,Yasuo Nogami Y. 2009. Bashkirian to Artinskian fusulinids of a lost carbonate platform in the Jurassic accretionary complex of Japan. *Carboniferous Type Sections in Russia and Potential Global Stratotypes: Proceedings of the International Field Meeting*

伊藤淳史　いとう・あつし　〈204〉

京都大学文化財総合研究センター 助教、京都大学修士（文学）
- 研究テーマ：弥生時代の土器や遺跡の解析から、集団間の関係や社会動向を解明する
- 著作・論文ほか：伊藤淳史. 2005.「国家形成前夜の遺跡動態――京都府南部（山城）地域の事例から」, 前川和也, 岡村秀典編,『国家形成の比較研究』. 学生社, 282-303.

江村 剛　えむら・つよし　〈211、212、220、224、226〉

新関西国際空港株式会社 技術・施設部次長
- 担当業務：関西国際空港の埋め立ておよび空港施設の計画・設計等

大沢信二　おおさわ・しんじ　〈32〉

京都大学大学院理学研究科附属地球熱学研究施設 教授、東京大学博士（理学）
- 研究テーマ：地球の水を物質科学的に調べ、その起源や成分の由来などを探る
- 著作・論文ほか：大沢信二. 2006.「別府温泉は何歳か？――別府地熱系の年齢と熱水の起源」, 日本温泉科学会, 大沢信二編,『温泉科学の新展開』. ナカニシヤ出版, 149-172. Ohsawa S, Saito T, Yoshikawa S, Mawatari H, Yamada M, Amita K, Takamatsu N, Sudo Y, Kagiyama T. 2010. Color change of lake water at the active crater lake of Aso volcano, Yudamari, Japan: is it in response to change in water quality induced by volcanic activity? *Limnology* 11, 207-215.

◎ 大野照文　おおの・てるふみ　〈58〉

京都大学総合博物館 教授、Bonn大学（Dr. rer. nat.）
- 研究テーマ：無脊椎動物の生態、多細胞動物の爆発的進化の原因、博物館における生涯学習の動機付け
- 著作・論文ほか：大野照文. 2011.「多細胞動物への進化の道のり」. 川上紳一, 藤井直之編著,『現代地球科学』. 財団法人放送大学教育振興会, 111-131. Ohno T, Katoh T. and Yamasu T. 1995. The origin of algal-bivalve symbiosis. *Palaeontology*, 38, 1-21.

奥山隼一　おくやま・じゅんいち　〈146〉

米国海洋大気庁海洋漁業局南西海区水産科学研究所 ポストドクトラルフェロー、京都大学博士（情報学）
- 研究テーマ：小型電子機器をもちいたウミガメ類の行動と生態の研究
- 著作・論文ほか：奥山隼一ほか. 2009. 日本バイオロギング研究会編.『WAKUWAKUときめきサイエンス バイオロギング――最新科学で解明する動物生態学』. 京都通信社. Okuyama J, Nakajima K, Noda T, Kimura S, Kamihata H, Kobayashi M, Arai N, Kagawa S, Kawabata Y, Yamada H. 2013. Ethogram of immature green turtles: behavioral strategies for somatic growth in large marine herbivores. *PLoS ONE*, 8.

笠井亮秀　かさい・あきひで　〈181、184〉

京都大学フィールド科学教育研究センター海洋生態系部門 准教授、東京大学博士（農学）
- 研究テーマ：海洋や河川の環境と生物の相互作用について
- 著作・論文ほか：笠井亮秀. 2008.「安定同位体比を用いた餌料源の推定モデル」. 富永修・高井則之編,『安定同位体スコープで覗く海洋生物の生態――アサリからクジラまで』. 恒星社厚生閣, 46-57. Kasai A, Toyohara H, Nakata A, Miura T and Azuma N. 2006. Food sources for the bivalve *Corbicula japonica* in the foremost fishing lakes estimated from stable isotope analysis. *Fisheries Science*, 72, 105-114.

唐沢與希　からさわ・ともき ……………………………………………………………………〈62〉
京都大学大学院理学研究科地球惑星科学専攻 博士後期課程、京都大学修士（理学）
●研究テーマ：アンモナイトの化石化過程を解明し、その生態を復元する
●著作・論文ほか：京都大学『Fossilia 地球史の目撃者』2012年ポストカード（京都大学生活協同組合）の解説文執筆．

河上哲生　かわかみ・てつお ……………………………………………………………………〈30〉
京都大学大学院理学研究科地球惑星科学専攻 助教、京都大学博士（理学）
●研究テーマ：大陸衝突帯などに産する変成岩類を対象に、造山運動と地殻における物質移動をあきらかにする
●著作・論文ほか：Kawakami T, Yamaguchi I, Miyake A, Shibata T, Maki K, Yokoyama TD, Hirata T. 2013. Behavior of zircon in the upper-amphibolite to granulite facies schist/migmatite transition, Ryoke metamorphic belt, SW Japan: constraints from the melt inclusions in zircon. *Contributions to Mineralogy and Petrology* 165, 575-591. Kawakami T, Hokada T. 2010. Linking P-T path with development of discontinuous phosphorus zoning in garnet during high-temperature metamorphism—an example from Lützow-Holm Complex, East Antarctica. *Journal of Mineralogical and Petrological Sciences* 105, 175-186.

川本竜彦　かわもと・たつひこ ………………………………………………………………〈28〉
京都大学大学院理学研究科附属地球熱学研究施設 助教、京都大学博士（理学）
●研究テーマ：地球内部の水とマグマを直接目で見ることで、なにが起こっているのか理解する
●著作・論文ほか：Kawamoto T, Yoshikawa M, Kumagai Y, Mirabueno MHT, Okuno M, Kobayashi T. 2013. Mantle wedge infiltrated with saline fluids from dehydration and decarbonation of subducting slab. *Proceedings of the National Academy of Sciences of the United States of America*. 110, 9663-9668. Kawamoto T, Kanzaki M, Mibe K, Matsukage K. N. Ono S. 2012. Separation of supercritical slab-fluids to form aqueous fluid and melt components in subduction zone magmatism. *Proceedings of the National Academy of Sciences of the United States of America* 109, 18695–18700

岸田拓士　きしだ・たくし ……………………………………………………………………〈188〉
京都大学大学院理学研究科生物科学専攻 特定研究員、京都大学博士（理学）
●研究テーマ：とくにクジラとウミヘビを対象として、羊膜動物の進化と海洋環境適応について研究
●著作・論文ほか：Kishida T, Hayano A, Inoue-Murayama M, Hikida T. 2013. Pairwise comparison of the orthologous olfactory receptor genes between two sympatric sibling sea kraits of the genus Laticauda in Vanuatu. *Zoological Science* 30, 425-431. Kishida T, Thewissen JGM. 2012. Evolutionary changes of the importance of olfaction in cetaceans based on the olfactory marker protein gene. *Gene* 492, 349-353.

北田奈緒子　きただ・なおこ …………………………………………………………………〈214〉
一般財団法人地域地盤環境研究所研究開発部門地形地質グループ 部門長兼主席研究員、大阪市立大学博士（理学）
●研究テーマ：関西圏を中心とした都市地盤における堆積層序および堆積環境について
●著作・論文ほか：北田奈緒子ほか．2007．「地盤のなりたち」．KG-NET・関西圏地盤研究会編，『新関西地盤――大阪平野から大阪湾』．KG-NET・関西圏地盤研究会，第1編第2, 3章. Kitada N, Inoue N, Takemura K, Fukuda K Emura T. 2011. Subsurface structure model around Kansai Airport according to re-interpretation of borehole data based on result of KIX18-1 core. *Advances in Ground Technology and Geo-Information*, Phoon K-K, Goh S H, Shen R F, Zhu H (ed.) ,137-142.

木下こづえ　きのした・こづえ ………………………………………………………………〈185〉
京都大学野生動物研究センター 日本学術振興会特別研究員（PD），神戸大学博士（農学）
●研究テーマ：生殖学および分光学の視点から、希少種の繁殖効率向上をめざした応用研究
●著作・論文ほか：Kinoshita K, Inada S, Seki K, Sasaki A, Hama N, Kusunoki H. 2011. Long-term monitoring of fecal steroid hormones in female snow leopards (*Panthera uncia*) during pregnancy or pseudopregnancy. *PLoS ONE* e19314. Kinoshita K, Miyazaki M, Morita H, Vassileva M, Tang C, Li D, Ishikawa O, Kusunoki H, Tsenkova R. 2012. Spectral pattern of urinary water as a biomarker of estrus in the giant panda. *Scientific Reports* 2,srep00856.

小木曽哲　こぎそ・てつ ………………………………………………………………………〈20、22〉
京都大学大学院人間・環境学研究科相関環境学専攻 准教授、京都大学博士（理学）
●研究テーマ：岩石（とくにマグマを起源とする火成岩）から地球の進化を追究する
●著作・論文ほか：Kogiso T, Suzuki K, Suzuki T, Shinotsuka K, Uesugi K, Takeuchi A, Suzuki Y. 2008. Detecting micrometer-scale platinum-group minerals in mantle peridotite with microbeam synchrotron radiation X-ray fluorescence analysis. *Geochemistry, Geophysics, Geosystems* 9. Kogiso T, Omori S, Maruyama S. 2009. Magma genesis beneath Northeast Japan arc: A new perspective on subduction zone magmatism. *Gondwana Research* 16, 446-457.

執筆者の紹介 / 海は百面相

◎**根田昌典**　こんだ・まさのり ……………………………………………………………………〈72、75、81〉
京都大学大学院理学研究科地球惑星科学専攻 助教、京都大学博士（理学）
●研究テーマ：海洋物理学、とくにリモートセンシングや現場観測によって得られたデータをもちいて、大気と海洋が相互に作用して生じる現象について研究
●著作・論文ほか：根田昌典. 2005. 「大気と海洋の相互作用」. 宇宙航空研究開発機構地球観測利用推進センター編・発行. 『気候変動の解明に向けて——AMSR/AMSR-Eによる水惑星観測』. 第2章, 10-15. Konda M, Ichikawa H, Tomita H, Cronin MF. 2010. Surface heat flux variations across the Kuroshio Extension as observed by surface flux buoys. *Journal of Climate* 23, 5206-5221.

齊藤昭則　さいとう・あきのり ……………………………………………………………………〈132〉
京都大学大学院理学研究科地球惑星科学専攻 准教授、京都大学博士（理学）
●研究テーマ：超高層大気の変動の解明
●著作・論文ほか：Saito A, Tsugawa T, Otsuka Y, Nishioka M, Iyemori T, Matsumura M, Saito S, Chen CH, Goi Y and Choosakul N. 2011. Acoustic resonance and plasma depletion detected by GPS total electron content observation after the 2011 off the Pacific coast of Tohoku Earthquake. *Earth, Planets and Space* 63, 863-867. Tsugawa T, Saito A, Otsuka Y, Nishioka M Maruyama T Kato H, Nagatsuma T, and Murata KT. 2011. Ionospheric disturbances detected by GPS total electron content observation after the 2011 off the Pacific coast of Tohoku Earthquake, *Earth, Planets and Space* 63, 875-879.

酒井治孝　さかい・はるたか ……………………………………………………………………〈39〉
京都大学大学院理学研究科地球惑星科学専攻 教授、九州大学理学博士
●研究テーマ：ヒマラヤ山脈の形成プロセスとモンスーンの変遷史
●著作・論文ほか：酒井治孝. 2013. 『地球学入門——惑星地球と大気・海洋のシステム』. 第13刷. 東海大学出版会. Sakai H, Sawada M, Takigami Y, Orihashi Y, Danhara T, Iwano H, Kuwahara Y, Dong Q, Cai H, Li J. 2005. Geology of the summit limestone of Mount Qomolangma （Everest） and cooling history of the Yellow Band under the Qomolangma detachment. *Island Arc* 14, 297-310.

酒井麻衣　さかい・まい ……………………………………………………………………〈169、174〉
京都大学野生動物研究センター 日本学術振興会特別研究員（RPD）、東京工業大学博士（理学）
●研究テーマ：鯨類の社会行動（とくに身体的接触や同調行動）について
●著作・論文ほか：酒井麻衣. 2012. 「イルカの社会行動を研究する」. 村山司, 森阪匡通 編. 『ケトスの知恵——イルカとクジラのサイエンス』. 東海大学出版会, 129-147. Sakai M, Hishii T, Takeda S, Kohshima S. 2006. Laterality of flipper rubbing behaviour in wild bottlenose dolphins （*Tursiops aduncus*）: Caused by asymmetry of eye use? *Behavioural Brain Research* 170, 204-210.

佐藤活志　さとう・かつし ……………………………………………………………………〈48〉
京都大学大学院理学研究科地球惑星科学専攻 助教、京都大学博士（理学）
●研究テーマ：プレート沈み込み帯などの地殻応力史解明のための地質構造解析
●著作・論文ほか：Sato K, Yamaji A, Tonai S. 2013. Parametric and non-parametric statistical approaches to the determination of paleostress from dilatant fractures: Application to an Early Miocene dike swarm in central Japan. *Tectonophysics* 588, 69-81. Sato K. 2012. Physical meaning of stress difference for fault-slip analysis. *Mathematical Geosciences* 44, 635-644.

塩地潤一　しおち・じゅんいち ……………………………………………………………………〈209〉
大分市教育委員会文化財課歴史資料館（大分市埋蔵文化財保存活用センター） 専門員
●研究テーマ：縄文時代のムラの名産品の解明にむけた考古学的基礎研究
●著作・論文ほか：塩地潤一. 2010. 現代に受け継がれる大分の縄文. 遺跡学研究 第7号. 日本遺跡学会, 208-213.

下林典正　しもばやし・のりまさ ……………………………………………………………………〈34〉
京都大学国際高等教育院 教授（大学院理学研究科地球惑星科学専攻 併任）、京都大学理学博士
●研究テーマ：造岩鉱物の微細組織の観察・解析ならびに稀産鉱物の記載
●著作・論文ほか：Shimobayashi N, Ohnishi M, Tsuruta K. 2012. Secondary tungsten minerals in quartz veins in the Ishidera area, Wazuka, Kyoto Prefecture, Japan: anthoinite, mpororoite, and Fe-free hydrokenoelsmoreite. *Journal of Mineralogical and Petrological Sciences* 107, 33-38. 下林典正. 1991. 高温透過型電子顕微鏡によるCa-poor輝石の相転移のその場観察. 鉱物学雑誌 20, 141-146.

宗林由樹 そうりん・よしき ……………………………………………………………………〈79〉
京都大学化学研究所環境物質化学研究系水圏環境解析化学研究部門 教授、京都大学博士(理学)
●研究テーマ:水圏微量元素の分析法の開発とそれを利用する海洋学、陸水学
●著作・論文ほか:藤永太一郎監修, 宗林由樹, 一色健司編, 2005.『海と湖の化学――微量元素で探る』.京都大学学術出版会. Vu HTD, Sohrin Y. 2013. Diverse stoichiometry of dissolved trace metals in the Indian Ocean. *Scientific Rreports* 3.

高田秀樹 たかだ・ひでき ……………………………………………………………………〈196、197〉
能登町真脇遺跡縄文館 館長、奈良大学学士(考古学)
●研究テーマ:真脇遺跡の総合的研究
●著作・論文ほか:高田秀樹. 2012. 真脇遺跡の縄文時代晩期の建物跡について.石川考古学研究会会誌 第55号,15-22. 高田秀樹, 山田芳和著.2013.『新図説真脇遺跡』.能登町教育委員会.

田上高広 たがみ・たかひろ ……………………………………………………………………〈121〉
京都大学大学院理学研究科地球惑星科学専攻 教授、京都大学理学博士
●研究テーマ:岩石・地層の年代・同位体分析から造山運動・火山活動・気候変動等の歴史を探る
●著作・論文ほか:Tagami T, 2012. Thermochronological investigation of fault zones. *Tectonophysics* 538-540, 67-85. Ozawa A, Tagami T, Garcia MO, 2005. Unspiked K-Ar dating of the Honolulu rejuvenated and Ko'olau shield volcanism on O'ahu, Hawai'i. *Earth and Planetary Science Letters* 232, 1-11.

竹見哲也 たけみ・てつや ……………………………………………………………………〈113〉
京都大学防災研究所気象・水象災害研究部門 准教授、京都大学博士(理学)
●研究テーマ:台風や豪雨など中小規模の激しい気象現象のメカニズムを探る
●著作・論文ほか:Miyamoto Y, Takemi T. 2013. A transition mechanism for the spontaneous axisymmetric intensification of tropical cyclones. *Journal of the Atmospheric Sciences* 70, 112-129. Takemi T. 2010. Dependence of the precipitation intensity in mesoscale convective systems to temperature lapse rate. *Atmospheric Research* 96, 273-285.

◎ **竹村恵二** たけむら・けいじ ……………………………………………………………………
〈121、196、197、200、202、204、206、208、209、211、214、220〉
京都大学大学院理学研究科附属地球熱学研究施設 教授、京都大学理学博士
●研究テーマ:第四紀変動論:人間が生きた時代(第四紀)の堆積物を対象にして地殻変動・環境変動を解明
●著作・論文ほか:竹村恵二.2010.「第四紀テクトニクス、新生界」.日本地質学会編.『日本地方地質誌8 九州・沖縄地方』.朝倉書店. Nakagawa T, Okuda M, Yonenobu H, Miyoshi N, Fujiki T, Gotanda K, Tarasov PE, Morita Y, Takemura K,Horie S. 2008. Regulation of the monsoon climate by two different orbital rhythms and forcing mechanisms. *Geology*, 36, 491-494.

鎮西清高 ちんぜい・きよたか ……………………………………………………………………〈66〉
京都大学名誉教授、東京大学理学博士
●研究テーマ:①日本とその周辺の底生動物群の古生態と古生物地理、②固着性二枚貝類の古生態、機能形態と進化
●著作・論文ほか:鎮西清高. 2004.「顕生累代における動物界の変遷」 鎮西清高, 植村和彦編.『古生物の科学5 地球環境と生命史』. 朝倉書店, 151-161, 167-182. Chinzei,K. 2013. Adaptation of oysters to life on soft substrates. *Historical Biology* 25,223-231.

土山 明 つちやま・あきら ……………………………………………………………………〈12〉
京都大学大学院理学研究科地球惑星科学専攻 教授、東京大学理学博士
●研究テーマ:太陽系における始原物質の物質科学的研究。はやぶさサンプル分析にも参加
●著作・論文ほか:Tsuchiyama A, Uesugi M, Matsushima T, Michikami T, Kadono T, Nakamura T, Uesugi K, Nakano T, Sandford SA, Noguchi R, Matsumoto T, Matsuno J, Nagano T, Imai Y, Takeuchi A, Suzuki Y, Ogami T, Katagiri J, Ebihara M, Ireland TR, Kitajima F, Nagao K, Naraoka H, Noguchi T, Okazaki R, Yurimoto H, Zolensky ME, Mukai T, Abe M, Yada T, Fujimura A, Yoshikawa M, Kawaguchi J. 2011. Three-Dimensional Structure of Hayabusa Samples: Origin and Evolution of Itokawa Regolith. *Science* 333, 1125-1128. Tsuchiyama A, Nakamura T, Okazaki T, Uesugi K, Nakano T, Sakamoto K, Akaki T, Iida Y, Kadono T, Igoa K, and Suzuki Y. 2009. Three-dimensional structures and elemental distributions of Stardust impact tracks using synchrotron microtomography and X-ray fluorescence analysis. *Meteoritics and Planetary Science*, 44, 1203-1224.

堤 昭人　つつみ・あきと……………………………………………………………………………〈136〉
京都大学大学院理学研究科地球惑星科学専攻 助教、岡山大学学術博士
●研究テーマ：断層帯や沈み込み帯の構造発達過程と地震発生機構の解明
●著作・論文ほか：Tsutsumi A, Fabbri O, Karpoff AM, Ujiie K and Tsujimoto A, 2011. Friction velocity dependence of clay-rich fault material along a megasplay fault in the Nankai subduction zone at intermediate to high velocities. *Geophysical Research Letters* 38, L19301.

藤 浩明　とう・ひろあき……………………………………………………………………………〈130〉
京都大学大学院理学研究科地球惑星科学専攻〈地磁気世界資料解析センター〉 准教授、東京大学博士（理学）
●研究テーマ：電磁誘導現象やダイナモ作用から太陽系の天体の構造や動きを探る
●著作・論文ほか：Toh H., Satake K, Hamano Y, Fujii Y and Goto T. 2011. Tsunami signals from the 2006 and 2007 Kuril earthquakes detected at a seafloor geomagnetic observatory. *Journal of Geophysical Research: Solid Earth*, 116, B02104. Toh, H. and Hamano Y. The two seafloor geomagnetic observatories operating in the western Pacific. Favali, P., A. De Santis and L. Beranzoli （Eds.） 2013. *Seafloor Observatories - A New Vision of the Earth from the Abyss*, Springer.

成瀬 元　なるせ・はじめ………………………………………………………………………〈45、134〉
京都大学大学院理学研究科地球惑星科学専攻 准教授、京都大学博士（理学）
●研究テーマ：深海の密度流や津波などによる地層形成メカニズムの解明
●著作・論文ほか：Naruse H, Arai K, Matsumoto D, Takahashi H, Yamashita S, Tanaka G, Murayama M, 2012. Sedimentary features observed in the tsunami deposits at Rikuzentakata City. *Sedimentary Geology* 282, 199–215. Naruse H, Otsubo M, 2011. Internal stress fields of a large-scale submarine debris flow. *Submarine Mass Movements and Their Consequences* 31, 607-617.

西澤秀明　にしざわ・ひであき………………………………………………………………………〈161〉
京都大学大学院情報学研究科社会情報学専攻 博士後期課程・日本学術振興会特別研究員（DC1）、京都大学修士（情報学）
●研究テーマ：集団遺伝、機能形態、バイオロギングによるウミガメ類の行動解析
●著作・論文ほか：Nishizawa H, Abe O, Okuyama J, Kobayashi M, Arai N. 2011. Population genetic structure and implications for natal philopatry of nesting green turtles （*Chelonia mydas*） in the Yaeyama Islands, Japan. *Endangered Species Research* 14, 141-148.

西本絵梨子　にしもと・えりこ………………………………………………………………………〈115〉
京都大学大学院理学研究科地球惑星科学専攻 特定研究員、京都大学博士（理学）
●研究テーマ：おもに対流圏・成層圏結合過程に注目して気象現象と気候変動の関係を調査
●著作・論文ほか：Nishimoto E and Shiotani M. 2013. Intraseasonal variations in the tropical tropopause temperature revealed by cluster analysis of convective activity. *Journal of Geophysical Research: Atmospheres* 118, 3545–3556. Nishimoto E and Shiotani M. 2012. Seasonal and interannual variability in the temperature structure around the tropical tropopause and its relationship with convective activities. *Journal of Geophysical Research: Atmospheres* 117.

野田琢嗣　のだ・たくじ………………………………………………………………………〈149、153〉
京都大学大学院情報学研究科社会情報学専攻 研究員、京都大学博士（情報学）
●研究テーマ：動物装着型データロガーをもちいて動物の行動を詳細にモニタリングする手法開発と応用研究
●著作・論文ほか：Noda T, Okuyama J, Koizumi T, Arai N, Kobayashi M. 2012. Use of a gyroscope for monitoring the attitude and dynamic acceleration of free-moving aquatic animals with high precision and temporal resolution. *Aquatic Biology*. 16, 265-276. Broell F, Noda T, Wright S, Domenici P, Steffensen JF, Auclair JP, Taggart CT. 2013. Accelerometer tags: detecting and identifying activities in fish and the effect of sampling frequency. *The Journal of Experimental Biology*. 216. 1255-1164.

東野文子　ひがしの・ふみこ………………………………………………………………………〈30〉
京都大学大学院理学研究科地球惑星科学専攻 博士後期課程・日本学術振興会特別研究員（DC1）、京都大学修士（理学）
●研究テーマ：下部地殻で起こっている流体活動と、それにともなう物質移動メカニズムの解明
●著作・論文ほか：Higashino F, Kawakami T, Satish-Kumar M, Ishikawa M, Maki K, Tsuchiya N, Grantham G, Hirata T. 2013. Chlorine-rich fluid or melt activity during granulite facies metamorphism in the Late Proterozoic to Cambrian continental collision zone - an example from the Sør Rondane Mountains, East Antarctica. *Precambrian Research*

◎ 平島崇男　ひらじま・たかお……………………………………………………………………〈24〉
京都大学大学院理学研究科地球惑星科学専攻 教授、京都大学理学博士
●研究テーマ：プレート収斂域における高圧・超高圧変成岩の形成と流体活動の実態解明
●著作・論文ほか：Hirajima T, Ishiwatari A, Cong B, Zhang R, Banno S and Nozaka T. 1990. Coesite from Mengzhong eclogite at Donghai county, northeastern Jiangsu province, China. *Mineralogical Magazine* 54, 579-583. Hirajima T, Banno S, Hiroi Y and Ohta Y. 1988. Phase petrology of eclogites and related rocks from the Motalafjella high-pressure metamorphic complex in Spitsbergen (Arctic Ocean) and its significance. *Lithos* 22, 75-97.

平田岳史　ひらた・たかふみ……………………………………………………………………〈17〉
京都大学大学院理学研究科地球惑星科学専攻 教授、東京大学理学博士
●研究テーマ：超微量元素分析・同位体組成分析を用いた太陽系や地球の形成、生命の進化、地球表層環境進化、生体の金属代謝機能の解明
●著作・論文ほか：Nakagawa Y, Takano S, Firdaus ML, Norisue K, Hirata,T, Vance D Sohrin Y 2012 The molybdenum isotopic composition of the modern ocean *Geochemical Journal*, 46, 131-141. (GJ論文賞2012)

平原和朗　ひらはら・かずろう…………………………………………………………〈126、138〉
京都大学大学院理学研究科地球惑星科学専攻 教授、京都大学理学博士
●研究テーマ：プレート運動により繰り返し引き起こされる巨大地震の発生サイクルをコンピュータの上で再現し時間を進め、将来の地震発生予測に役立てようという研究をしている
●著作・論文ほか：平原和朗, 澁谷拓郎. 2012. 2011年東北地方太平洋沖地震Mw9.0：概要. 自然災害科学 31, 3-22. 平原和朗.2003. 名古屋大学災害対策室編、『東海地震がわかる本』.東京新聞出版局, 第4章.

福田洋一　ふくだ・よういち……………………………………………………………………〈81〉
京都大学大学院理学研究科地球惑星科学専攻 教授、東京大学理学博士
●研究テーマ：測地学、とくに地球重力場の時間的・空間的変化について
●著作・論文ほか：福田洋一.2010.「衛星・地上精密重力測定による地下水変動モニター」.谷口真人編.『アジアの地下環境──残された地球環境問題』.学報社.第5章,115-154. 福田洋一.2000.衛星アルティメトリィと衛星重力ミッション, 測地学会誌 46,53-67.

古村孝志　ふるむら・たかし……………………………………………………………〈126、138〉
東京大学大学院情報学環総合防災情報研究センター 教授／東京大学地震研究所巨大地震津波災害予測研究センター 教授、北海道大学博士（理学）
●研究テーマ：観測データの分析とコンピュータシミュレーションをもちいて、大地震の強い揺れと津波の発生メカニズムを研究
●著作・論文ほか：古村孝志. 2012. 「東海・東南海・南海地震像への備え──観測とシミュレーション融合による地震発生予測」.佐竹健治, 堀宗朗編『東日本大震災の科学』.東京大学出版会, 7章. NHK「サイエンスZERO」取材班, 古村孝志, 伊藤喜宏, 辻健編著. 2011.『東日本大震災を解き明かす』.NHK出版.

益田玲爾　ますだ・れいじ……………………………………………………………………〈171〉
京都大学フィールド科学教育研究センター里域生態系部門〈舞鶴水産実験所〉 准教授、東京大学博士（農学）
●研究テーマ：潜水観察と飼育実験をとおして、魚の群れ・学習・共生・回遊などの行動を調査
●著作・論文ほか：益田玲爾. 2006.『魚の心をさぐる──魚の心理と行動』.第1版. 成山堂書店. Masuda R. 2009. Behavioral ontogeny of marine pelagic fishes with the implications for the sustainable management of fisheries resources. *Aqua-Bioscience Monographs* 2, 1-56.

◎ 松岡廣繁　まつおか・ひろしげ…………………………………………………………〈54、62〉
京都大学大学院理学研究科地球惑星科学専攻 助教、京都大学博士（理学）
●研究テーマ：鳥類をはじめとする脊椎動物の古生物学。地史と生物の放散史
●著作・論文ほか：松岡廣繁. 2009.『鳥の骨探──ダチョウ・ペンギン・アホウドリ・ツル・タカ・ペリカンからフクロウ・カッコウ・カワセミ・スズメに至る日本産および外国産主要鳥類の全身骨格標本と頭骨・胸骨・翼の骨・足の骨等の分解骨カラー写真からみる骨格バードウォッチング』. NTS. Olson SL, Matsuoka H, 2005. New specimens of the early Eocene frigatebird *Limnofregata* (Pelecaniformes: Fregatidae), with the description of a new species. *Zootaxa*, 1046, 1-15.

◎ 丸山啓志　まるやま・さとし……………………………………………………………………〈64〉
京都大学大学院理学研究科地球惑星科学専攻 博士後期課程、京都大学修士（理学）
●研究テーマ：中新世のイルカ（おもにケントリオドン科）の分類・進化、鯨類遺骸の化石化過程
●著作・論文ほか：安井謙介, 加藤利依, 神戸敦, 今井尚彦, 丸山啓志, 河合真梨香, 木林理, 松岡廣繁. 2011. 愛知県田原市の表浜で確認されたアオウミガメの漂着死体について. 三河生物 2, 59-60.

◎ 三田村啓理　みたむら・ひろみち……………………………………………………〈156、158〉
京都大学大学院情報学研究科社会情報学専攻 助教、京都大学博士（情報学）
●研究テーマ：バイオテレメトリやバイオロギングの手法をもちいた魚類を中心とする行動学
●著作・論文ほか：Mitamura H, Thorstad EB, Uglem I, Bjorn PA, Okland F, Nasje TF, Dempster T, Arai N. 2012. Movements of lumpsucker females in a northern Norwegian fjord during the spawning season. *Environmental Biology of Fishes* 93, 475-481. Mitamura H, Uchida K, Miyamoto Y, Kakihara T, Miyagi A, Kawabata Y, Ichikawa K, Arai N. 2012. Short-range homing in a site-specific fish: search and directed movements. *The Journal of Experimental Biology* 215, 2751-2759.

三村 衛　みむら・まもる…………………………………………………………〈211、218、220、224〉
京都大学大学院工学研究科都市社会工学専攻 教授、京都大学博士（工学）
●研究テーマ：数値解析による軟弱地盤の変形と安定性評価、および地盤情報に基づく地下構造評価
●著作・論文ほか：Mimura M, Jeon B. G. 2011. Numerical assessment for the behavior of the Pleistocene marine foundations due to construction of the 1st phase island of Kansai International Airport, *Soils and Foundations* 51, 1115-1128. Mimura M, Jeon B. G. 2013. Interactive behavior of the Pleistocene marine foundations of the existing 1st phase island due to construction of the 2nd phase island of Kansai International Airport, *Soils and Foundations* 53, 375-394.

三宅 亮　みやけ・あきら……………………………………………………………〈38〉
京都大学大学院理学研究科地球惑星科学専攻 准教授、京都大学博士（理学）
●研究テーマ：おもに電子顕微鏡や計算機をもちいた鉱物の研究
●著作・論文ほか：Miyake A. Hokada T. 2013. First find of ferropseudobrookite in quartz from Napier Complex, East Antarctica. *Eurpean Journal of Mineralogy* 25, 33-38. Miyake A. Shimobayashi N. Kitamura M. 2004. Isosymmetric structural phase transition of orthoenstatite: molecular dynamics simulation. *American Mineralogist* 89, 1667-1672.

宮崎真一　みやざき・しんいち…………………………………………………………〈128〉
京都大学大学院理学研究科地球惑星科学専攻 准教授、東北大学博士（理学）
●研究テーマ：宇宙測地データをもちいた地殻変動のモデリング
●著作・論文ほか：Miyazaki S, Segall P, Fukuda J, Kato T, 2004. Space time distribution of afterslip following the 2003 Tokachi-oki earthquake: Implications for variations in fault zone frictional properties. *Geophysical Research Letters* 31. Miyazaki S, Segall P, McGuire JJ, Kato T, Hatanaka Y. 2006. Spatial and temporal evolution of stress and slip rate during the 2000 Tokai slow earthquake. *Journal of Geophysical Research* 111.

向川 均　むこうがわ・ひとし……………………………………………………………〈117〉
京都大学防災研究所気象・水象災害研究部門 教授、京都大学理学博士
●研究テーマ：異常気象のメカニズムと予測可能性の解明
●著作・論文ほか：Mukougawa H, Sakai H, Hirooka T. 2005. High sensitivity to the initial condition for the prediction of stratospheric sudden warming. *Geophysical Research Letters* 32, L17806. Mukougawa H, Hirooka T, Kuroda Y. 2009. Influence of stratospheric circulation on the predictability of the tropospheric Northern Annular Mode. *Geophysical Research Letters* 36, L09914.

村山美穂　むらやま・みほ……………………………………………………………〈190〉
京都大学野生動物研究センター 教授、京都大学博士（理学）
●研究テーマ：社会性をもつ多様な動物種の行動の遺伝的背景
●著作・論文ほか：村山美穂,渡邊邦夫,竹中晃子編,2006,『遺伝子の窓から見た動物たち──フィールドと実験室をつないで』．京都大学学術出版会. Inoue-Murayama M, Kawamura S, Weiss A（Eds.） 2011. *From Genes to Animal Behavior*, Springer.

◎ 森阪匡通　もりさか・ただみち……………………………………………………〈169、177〉
京都大学野生動物研究センター 特定助教、京都大学博士（理学）
●研究テーマ：イルカやクジラを対象とした動物行動学的研究（とくに音声コミュニケーションに関して）
●著作・論文ほか：佐藤克文, 森阪匡通. 2013. 『サボり上手な動物たち──海の中から新発見！』. 岩波書店. Morisaka T. Connor RC. 2007. Predation by killer whales (*Orcinus orca*) and the evolution of whistle loss and narrow-band high frequency clicks in odontocetes. *Journal of Evolutionary Biology* 20, 1439–1458.

MORI, James Jiro　モリ・ジェームズ・ジロウ 〈136〉
京都大学防災研究所地震防災研究部門 教授、米国コロンビア大学 (Ph.D)
●研究テーマ：大地震の震源物理過程。大破壊が起こるときの応力や摩擦の大きさに興味がある
●著作・論文ほか：Mori J. 2007. Fault characteristics, energy estimates, and earthquake reccurence: what one seismologist wants from fault drilling. *Scientific Drilling, Special Issue* 1, 18-19. Mori J, Mooney WD, Afnimar, Kurniawan S, Anaya AI, Widiyantoro S. 2007. The 17 July 2006 tsunami earthquake in West Java, Indonesia. *Seismological Research Letters* 78, 201-207.

山路 敦　やまじ・あつし 〈42〉
京都大学大学院理学研究科地球惑星科学専攻 教授、東北大学博士（理学）
●研究テーマ：地球および月の百万年スケールの長期的地殻変動
●著作・論文ほか：山路 敦.2000.『理論テクトニクス入門──構造地質学からのアプローチ』, 朝倉書店, Yamaji A, Yoshida T. 1998. Multiple tectonic events in the Miocene Japan arc: The Heike microplate hypothesis. *Journal of Mineralogy, Petrology and Economic Geology* 93, 389–408.

吉川 裕　よしかわ・ゆたか 〈84〉
京都大学大学院理学研究科地球惑星科学専攻 准教授、京都大学博士（理学）
●研究テーマ：海流変動の仕組み（力学）、大気海洋相互作用の素過程力学
●著作・論文ほか：Yoshikawa Y, Matsuno T, Marubayashi K, Fukudome K. 2007. A Surface Velocity Spiral Observed With ADCP and HF Radar in the Tsushima Strait. *Journal of Geophysical Research* 112. Yoshikawa Y, Masuda A, Marubayashi K, Ishibasi M. 2010. Seasonal Variations of the Surface Currents in the Tsushima Strait. *Journal of Oceanography* 66, 223-232.

吉田健太　よしだ・けんた 〈24〉
京都大学大学院理学研究科地球惑星科学専攻 博士後期課程・日本学術振興会特別研究員（DC2）、京都大学修士（理学）
●研究テーマ：高圧変成岩と流体包有物をもちいて地下深部でどのような流体が活動しているのかを探る
●著作・論文ほか：Yoshida K and Hirajima T. 2012. Annular fluid inclusions from a quartz vein intercalated with metapelites from the Besshi area of the Sanbagawa belt, SW Japan. *Journal of Mineralogical and Petrological Sciences* 107, 50-55. Yoshida K, Sengen Y, Tsuchiya S, Minagawa K, Kobayashi T, Mishima T, Ohsawa S and Hirajima T. 2011. Fluid inclusions with high Li/B ratio in a quartz vein from the Besshi area of the Sambagawa metamorphic belt: implications for deep geofluid evolution. *Journal of Mineralogical and Petrological Sciences* 106, 164-168.

◎ **余田成男**　よでん・しげお 〈119〉
京都大学大学院理学研究科地球惑星科学専攻 教授、京都大学理学博士
●研究テーマ：気象力学、とくに中層大気のグローバルな変動過程の非線型力学
●著作・論文ほか：余田成男, 1996, 「気候および気候変動の数理モデル」. 住 明正, 平 朝彦, 鳥海光弘, 松井孝典編, 『岩波講座 地球惑星科学 11 気候変動論』, 岩波書店, 221-266. Yoden S, Taguchi M, Naito Y. 2002. Numerical studies on time variations of the troposphere-stratosphere coupled system. *Journal of the Meteorological Society of Japan* 80, 811-830.

渡邊裕美子　わたなべ・ゆみこ 〈121〉
京都大学大学院理学研究科地球惑星科学専攻 助教、東京大学博士（理学）
●研究テーマ：鍾乳石や樹木年輪などの地質学的試料から過去の地球表層環境を復元する
●著作・論文ほか：Watanabe Y, Tagami T, Ohsawa S, Takemura K, Yoden S. 2012. Hydroclimate reconstruction in Indonesia over the last centuries by stalagmite isotopic analyses. *PAGES News* 20, 74-75.

索引

*頻出の用語は、各項の初出ページのみを掲載しています。キャプションはのぞいています。

【欧字】

ADCP（ドップラー流速計） ……… 75, 86
CTD …………………………………… 77
DNA ……………… 142, 155, 161, 184, 189
　　DNA塩基配列 …………………… 161
ENSO ………………………………… 115
GOCE ………………………………… 83
GPS … 125, 128, 132, 145, 157, 167, 213
GPU …………………………………… 227
GRACE ………………………………… 83
NASA ………………………………… 16
MSP …………………………………… 77

【あ】

アーサー・ホームズ ………………… 19
アイスコア …………………………… 123
アカホヤ火山灰 …………… 202, 209, 220
アクティブセンサ …………………… 81
アスペリティ ………………………… 138
圧密 ………………………… 25, 216, 218, 220
亜熱帯 ………… 66, 89, 94, 98, 109, 121,
　　146, 161, 165
アノーサイト ………………………… 25
アルゴフロート ……………………… 77
アンモナイト …………………… 39, 63
イシダイ ……………………………… 172
遺伝子 ……………… 58, 163, 180, 188, 190
　　性格遺伝子 ……………………… 191
　　ドーパミン受容体D₄遺伝子 …… 191
　　ニオイ遺伝子 …………………… 188
イルカ ……… 65, 142, 144, 169, 174, 177,
　　194, 195, 196, 197
イルカ層 ………………………… 196, 197
イルカの骨（イルカ骨）…… 194, 195,
　　196, 197
隕石 …………………… 14, 18, 63, 126
ウィルソンサイクル ………………… 40
ヴェルヌアニマルクラ ……………… 59
宇宙塵 ………………………………… 14
ウミガメ（アオウミガメ） … 142, 144, 146,
　　151, 155, 161, 166

ウミヘビ …………………… 64, 142, 188
栄養塩分 ……………………………… 106
液状化現象 …………………………… 25
エクマン・メルツ流速計 ………… 74, 75
エクマン螺旋 ………………………… 86
エコーロケーション …………… 170, 178
エストロゲン ………………………… 185
エディアカラ化石生物群 ………… 58, 62
エディアカラ紀 ……………………… 58
エベレスト …………………………… 39
エルニーニョ ……… 74, 104, 106, 108, 115
塩分 ……………… 18, 32, 71, 77, 94, 100,
　　106, 156, 178, 200
オサイリス・レックス計画 ………… 15
オゾン層 ………………………… 63, 117
オパール ……………………………… 37
親潮 ………………… 88, 94, 101, 106, 112
温泉 …………………………… 27, 29, 32

【か】

海岸線 …… 127, 128, 135, 174, 194, 195,
　　196, 197, 200, 206, 210
かいこう ……………………………… 137
海水温 …………… 74, 112, 116, 120, 200
海草藻場 ……………………………… 148
海底火山 ………………………… 126, 202
海底谷 ………………………………… 45
海底地盤 ……………… 212, 215, 218, 220, 224
　　海底地盤モデル ………………… 220
海底扇状地 …………………………… 45
海底チャネル ………………………… 47
回転運動 ………………………… 145, 149
海浜砂 …………………………… 194, 202
壊変現象 ……………………………… 19
海（水）面上昇 ……… 83, 194, 206, 209
海面水温（海面温度）…… 74, 81, 89, 101,
　　104, 106, 109, 113, 115
海洋学 ………………… 72, 78, 81, 84, 106
海洋観測 …………… 70, 71, 72, 75, 87
海洋深層 ………………… 95, 105, 108
海洋レーダ ……………………… 70, 84

核 …………………………… 55,130,181	魚類 ……64,142,152,156,168,169, 171,181,188,190
角閃岩 ……………………………………54	キンベレラ ………………………………59
花崗岩 ………………… 10,24,48,50,54	空隙 ……………………… 15,25,218
花崗閃緑岩 …………………………… 214	掘削 ………… 49,70,122,125,136,214
火山 …… 18,23,28,41,42,48,121,126, 203,208,209	グリンバーグ粒子 ………………………12
火山灰 ………………… 202,209,214,220	クリックス音 ……………………… 145,178
火山フロント ……………………………42	黒雲母 ………………………………30,34
ガスハイドレート ………………………47	黒潮（日本海流） ……… 71,81,88,92,94, 98,100,106,111,157,194,195,200, 203,204
火成岩 …………………………… 24,34,54	
化石　10,14,18,32,39,43,49,50,56,58, 62,64,66,117,125,134,180,189,206, 214,220	黒潮の大蛇行……………………………89
	クロマグロ ……………………… 153,157
化石海水型 ………………………………32	ケイ酸塩 ……………… 12,25,34,38,54
加速度センサ …………………………… 149	ケイ質泥岩 ………………………………50
カットオフ周波数 …………………… 151	ケイ素……………………… 12,34,38
カマイルカ ……………………………… 197	系統地理 ……………………………… 161
軽石………………………………195,203	結晶構造 ……………………… 22,25,35
漂流軽石 …………………… 201,203	ゲノム ……………………………188,192
カルノーサイクル ……………………… 114	原核生物 …………………………………60
カワハギ ……………………………… 171	原子カラム ………………………………38
環境パフォーマンスデータ ………… 227	原始大気 …………………………………20
間隙水 ………………………… 24,218,222	原始太陽 ……………………………13,20
間隙水圧計 ……………………… 223	現実海洋 ……………………………… 103
関西国際空港 ………194,207,210,211, 212,214,218,220,225,226	原始惑星 …………………………………13
	顕生代 ……………………………………62
1期島 ……………… 212,218,220,225	玄武岩 …………………… 15,24,48,50
ターミナルビル …… 211,212,224	行動観察 … 164,168,169,176,187,191
2期島 … 211,212,214,218,220,224	氷 ………… 12,21,29,30,72,113,207
含水鉱物 …………… 11,14,22,25,34,55	古海水 ……………………………………32
岩石圏 ……………………………………34	黒曜石 ……………………… 194,195,208,209
間氷期 ……… 63,108,116,122,194,206	コシャチイルカ ……………………… 179
カンブリア紀 ………………………58,62,64	古生代 ……………………………50,58,62
カンブリアの大爆発（カンブリア大爆発、カンブリア紀の生命大爆発） ……… 59,62,64	個体識別 …………………… 169,174,192
	コミュニケーション …… 170,174,178
カンラン岩 ………………………… 23,35	コリオリカ（効果） …………………… 96,111
カンラン石 ………………………… 25,34	混合層（海洋） ……………………… 76,110
鰭脚類 …………………………… 65,185	混濁流 …………………………… 45,135
気候変動 ……… 63,66,70,90,104,108, 116,121,161,206,215	コンドライト ……………………… 14,18,55
	コンパス室 …………………………………75
輝石 ………………………………… 25,34	コンベヤーベルト ………………… 87,91,95
キネマティック解析 ………………… 128	
魚眼石 ……………………………………37	
棘 ……………………………………… 171	
極偏東風 …………………………………94	

239

【さ】

採水 ……………………………… 77, 79
砂岩 ……………………… 48, 51, 202
砂丘砂 ………………… 194, 201, 202
ザクロ石 …………………………… 30
サケジラミ ……………………… 158
砂層 ……………… 46, 202, 214, 220
砂漠のバラ ………………………… 36
サラサカジカ …………………… 171
砂礫層 …………………… 202, 218
サンゴ礁 ……………… 48, 146, 201, 202
3次元運動 ……………………… 149
三畳紀 ………………… 52, 63, 188
酸素 …… 12, 19, 21, 27, 32, 34, 38, 39, 52, 53, 55, 60, 63, 80, 124, 181, 207
サンドドレーン ………… 212, 219
サンドパイプ …………………… 202
三葉虫 …………………… 39, 60, 62
産卵地 …………………………… 161
シアノバクテリア ………………… 56
ジオスライサー調査 …………… 198
地震 …… 11, 23, 26, 29, 33, 40, 45, 48, 70, 122, 125, 126, 128, 130, 132, 134, 136, 138
地震サイクル ……………… 125, 138
始新世 …………………… 65, 189
姿勢角 …………………………… 150
次世代シークエンサー ………… 192
質量数 …………… 12, 18, 33, 80, 181
質量分別 …………………………… 16
地盤沈下 ………………… 128, 218
シマアジ ………………………… 173
縞状鉄鉱層 ………………………… 56
ジャイロスコープ ……………… 145
シャチ …………………………… 179
斜長石 ……………………………… 25
ジャッキアップシステム … 211, 224
蛇紋岩 ……………………………… 23
蛇紋石 ……………………………… 25
周波数 …………… 76, 84, 151, 177
重力加速度 ……………………… 150
重力探査 ………………………… 215
収斂 ………………………………… 65
ジュゴン ………… 65, 142, 155, 164
ジュラ紀 ……………… 40, 50, 63, 188

縄文時代 …………… 68, 194, 195, 196, 197, 200, 204, 206, 208, 209
食事 ……………………………… 146
ジルコン ……………………… 18, 54
シルル紀 …………………………… 62
白雲母 ……………………………… 34
真核細胞 …………………………… 60
人工衛星 …………… 70, 71, 74, 79, 81, 99, 101, 105, 108
人骨 ………………… 195, 201, 204
真正後生動物 ……………………… 58
新生代 ………………… 62, 66, 189
深部岩石 …………………………… 26
水月湖 …………………………… 122
水酸基 …………………… 14, 25, 34, 38
水蒸気 …… 14, 20, 24, 55, 70, 81, 108, 109, 113, 116, 120
彗星 ………………………… 14, 21, 55
水素 …………… 12, 19, 20, 27, 32, 34, 56
水中グライダー ……………… 70, 71, 78
数値モデル ……… 90, 99, 100, 103, 106, 114, 139
　数値モデル実験 …………… 99, 100
スズキ …………………………… 182
スターダスト計画 ………………… 15
ストーム・トラック …………… 112
ストロマトライト ………………… 56
砂杭 ……………………………… 212
すべり域 ………………………… 138
スマトラ沖地震 ………………… 135
生息域外保全 …………………… 185
セイウチ ………………………… 185
製塩土器 ………… 195, 201, 204
製塩炉 …………………………… 204
西岸強化 …………………………… 98
性ステロイドホルモン ………… 185
成層圏 …………… 63, 108, 116, 117
ゼオライト ………………………… 35
石英 …………… 10, 26, 34, 55, 218
脊索動物 …………………………… 64
石炭紀 ………………… 50, 63, 64, 188
脊椎動物 ………………… 60, 64, 188
赤道（銀河） …………………… 13, 61
赤道（地球） …… 91, 94, 104, 107, 111, 115, 118, 124, 161

積乱雲	111,113
石灰岩	18,39,48,50
雪玉地球	58
石膏	11,34
摂餌	152,181
節足動物	60,63
瀬戸遺跡	194,195,200,202,204
瀬戸内海	24,88,194,195,206,208
瀬戸臨海	194,200,202,204
潜熱	109,113,116
騒音	210,211,226
続成作用	25

【た】

大酸化事件	57
タイセイヨウサケ	158
堆積岩	11,25,32,49,50,56,208
台風	96,108,112,113,174,200,225
太陽系	12,18,53,61
大陸衝突帯	30
対流(極海域の)	102
対流圏	54,108,116,118
多細胞動物	50
ダンゴウオ	155,158
炭素	12,63,92,108,124,135,181,202
地殻	19,23,24,34,40,42,54,79,83,125,128
地殻変動	23,40,42,125,128
ちきゅう	136
地球一周	72
地球型惑星	11,13,53
地衡流	96
地磁気	76,130,145,150,214
腟細胞診	185
チャート	48,50
チャープ	164
中生代	50,62
中沸石	37
超音波	75,86,143,145,155,156,159,179
長石	34
潮汐、潮流	18,85,88,93
超臨界流体	20,28
沈下計(沈下板)	222

対馬海流	88,101,111
津波	46,70,125,126,128,130,132,134,137,138
津波堆積物	125,126,134,139,209
津波ダイナモ効果	125,130
泥岩	30,48,50
砥石型頁岩	50
テイラー柱	97
データセット	74,103,118
データ同化	101,103,106
データベースモデル	221
データロガー	142,143,144,149,153,155,156,179
GPSデータロガー	145
加速度データロガー	144,150
ジャイロデータロガー	145,149
マイクロデータロガー	143,144,155,156
適応進化	68,142,188
テッポウエビ	178
デボン紀	62,64,188
転倒温度計	74
電離	70,125,132
同位体	16,18,27,32,55,80,121,142,180,181,207
安定同位体	16,55,142,180,181
酸素同位体	16,27,33,207
同位体年代測定法	18
同位体比(安定同位体比)	16,32,55,80,124,142,180,181,207
同位体分析(安定同位体比分析)	32,124,142,180,181
東北地方太平洋沖地震	125,126,128,130,132,134,136,138
ドコサヘキサエン酸(DHA)	142,172
ドップラー効果(法則)	76,84
虎目石	37
トリル	164

【な】

ナウマンゾウ	207
鳴き声	145,164
南海トラフ	28,46,48,127
南極周極流	91
ナンノプランクトン	215
南方振動	108,115

二酸化炭素 …………… 20,53,55,63,117	
日本海 ……………… 42,48,85,89,108,	
111,173,194,195,196	
日本海溝 …………… 28,83,135,137,138	
二枚貝 …………………………… 58,63,66,182	
熱塩循環……………………………………94	
熱帯 ………… 66,74,108,109,113,115,	
120,146,161,165	
粘性率 ………………………………………22	
粘土層 …… 198,212,215,218,220,224	
海成粘土層 …………………………214	
更新統粘土層 ………………………219	
洪積粘土層 ………………………212,224	
沖積粘土層 …… 212,219,220,224	
脳 …………… 64,142,170,172,175,190	

【は】

バイオテレメトリ …… 142,143,155,156	
バイオロギング ……… 142,143,144,150,	
155,167	
ハイコウイクチス ……………………………60	
排水 ………………… 212,218,220,225,226	
排水ポンプ …………………………225	
排卵 ……………………………………………185	
白亜紀 ……………………………………63,64,161	
薄片 ……………………………………23,30,51	
パッシブセンサ ……………………………81	
発情行動 ………………………………………185	
はばたき周波数 ………………………………151	
ハプロタイプ ………………………………162	
はやぶさ ……………………………………15,19	
反射法地震探査 ………………… 122,214,220	
ビカリア ……………………………………66	
皮質 ……………………………………………173	
ビッグバン …………………………………12	
ピナツボ火山 ………………………………29	
ヒマラヤ山脈 ………………………………39	
姫島 ………………… 194,195,207,208,209	
ヒューマイト族 …………………………35,38	
氷河時代 …………………………………63,66	
氷期（氷河期）………… 58,63,108,116,	
122,161,194,206	
最終氷期 …… 194,195,196,199,200,	
202,206,209	
蛭石 ……………………………………………36	

微惑星 ……………………………… 13,20,55	
琵琶湖 ………………………………………122	
フィヨルド ……………………………155,158	
風成循環 ……………………………………93	
フォッサマグナ ……………………………43	
付加体 ……………………………………49,51	
不同沈下 …………………………… 211,212,224	
ブニアユ洞窟 ………………………………124	
プラズマ ……………………………… 125,132	
フラックス ………………………………104,113	
ブラッグの法則 ……………………………84	
フラム号 ……………………………………72	
プランクトン …… 47,48,68,79,88,	
104,142,182,207,215	
動物プランクトン ……………… 104,182	
植物プランクトン ………………79,182	
ブリ ……………………………………………173	
フリチョフ・ナンセン ………………… 72,86	
プレート	
海洋プレート　　11,24,28,33,42,48,50	
海洋プレート層序 …………………50	
太平洋プレート ………… 28,43,49,138	
大陸プレート …… 24,28,44,48,51	
フィリピン海プレート ………………28,44	
プレート運動 … 11,23,42,48,51,139	
プレート脱水流体 …………………33	
プレートテクトニクス … 18,22,24,28,39	
平家プレート ………………………43	
ユーラシアプレート ………………29	
プロゲステロン ……………………………186	
分子雲 ………………………………………12	
並進運動 ……………………………………149	
ベータ効果 ……………………………… 98,99	
ペルム紀 ……………………………………51,63	
ペンギン ……………………… 64,144,152,169	
変成岩 ……………………………25,30,33,50,54	
偏西風 ……………………………… 94,98,108	
ホイッスル音 ………………………………177	
方位角 ………………………………………150	
貿易風 ………………………………………98	
放射性同位体 ……………………………181	
ボーリング …………… 108,135,198,200,	
202,214,220	
哺乳類 …………………… 63,64,142,164,	
185,189,190	

ホルモン（ホルモン分析） ……… 142,180,
　185,191

【ま】

マイクロアナライザー ……………30
マイクロ波 ……………………………81
マガレイ ……………………… 182
マグニチュード ……………126,130
マグネシウム ……………… 12,38,56
マグマ ……… 20,26,28,33,41,43,54
マグマオーシャン ……………… 20,54
マサバ ……………………… 173
マダイ ……………………… 182
真脇遺跡 ………… 194,195,196,197
マントル …… 11,19,22,24,28,35,42,55
密度流 ……………………………94
ミトコンドリア ……………… 161
ミナミハンドウイルカ 169,176,177,191
ミノカサゴ ……………… 171
無水鉱物 ……………… 14,25,35
胸びれ ……………………… 65,174
群れ ………… 153,157,169,173,174,
　177,192,198
冥王代 ……………………………54
メガネウラ ……………………………63
モース硬度 …………………………18
木星型惑星 …………………………14
モニタリング ………… 156,159,187
モンスーン ……… 39,70,108,110,122

【や】

八重山諸島 ……………… 146,155,161
ヤリガレイ ……………………… 173
有羊膜類 …………………………64
羊膜動物 ……………………… 188
横尾貝塚 ……………… 194,195,209

【ら】

ラニーニャ ……………………… 115
ラバー、ラビー ……………………… 175
ラビング ……………………… 170,174
リマン海流 ……………88,101,112
リモートセンシング ……… 71,81,84
流速計 ……………………… 74,75,86
流体包有物 ……………… 15,24,29

両棲類 ……………………… 63,188
緑閃石 ……………………………37
緑簾石 ……………………………26
レーダ ……………… 70,71,82,84
ローソン石 …………………………25
ローパスフィルタ ……………… 151
ローブ ……………………………47

あとがき

　2012年末に大野照文総合博物館館長から「海」に関する企画展の構想を伺って以来、2013年7月末の展示開始、そして本書の出版と、たくさんの初めての経験をすることになりました。本書および企画展の基本コンセプトは、本学における海に関連する研究の多様性の総覧です。64名もの多くの研究者に執筆をお願いし、さまざまな研究成果を紹介していただきました。まさに「海は百面相」。多様な視点からの記述に共通するのは、観測、観察、分析、解析、数値実験などの技術革新によって、海に関する知見と理解とがいままさに刷新されつつあるという認識でした。

　日ごろは研究者を対象に、先端の研究と論文執筆に取り組まれている研究者のみなさんですが、中学生や高校生をおもな対象として最新研究成果のわかりやすい解説・紹介記事を執筆していただきました。慣れない作業を短時間のあいだに終えていただいたことに心から感謝申しあげます。若い読者に自然科学の面白さ、魅力を伝えたいという一人ひとりの情熱がなした業だと思います。同時に、自分たちもまた先輩たちからそうした刺激をうけて成長してきたことを次の世代に伝えたい、という気持ちがあったように感じました。

　本書は、基本的に執筆者の所属組織で括って4部構成としたのですが、この多種多様な内容をどう括りまとめるか、答えは一つではありません。企画展は、展示内容のつながりで括り直して、「海のはじまり」、「海をはかる」、「海をしる」、「海にいきる」、「海といきる」の5部構成となりました。昨今、本学では組織改革の議論が喧しいですが、私自身、本書の編集や展示企画の作業をとおして研究という営みの多重性・多様性についてあらためて考え、組織のあり方にまで思いを馳せる機会となりました。

　このたびの企画展を通じて、書籍出版、博物館展示、動画作成と、異分野・異業種の専門家のみなさんとの共同作業を経験しました。異分野間の意思疎通は慣れないところもありましたが、各分野の多才な人たちと内容表現について相談し、力をあわせて具体的な形にする作業の楽しさを知りました。出版に関しては京都通信社、展示に関しては株式会社ゴードーと大向デザイン事務所、展示物・内容に関しては独立行政法人海洋研究開発機構、京都大学学術情報メディアセンターコンテンツ作成室、京都大学総合博物館のみなさんとの共同作業でした。ここに記して感謝します。

　いまは、マラソンに初出場してなんとか完走し終えたような気分です。地球惑星科学には「海」があれば「陸」や「空」もあります。今回ご縁ができた各分野のプロフェッショナルなみなさんと、また新たな挑戦ができればと思っています。

編者を代表して　余田成男

京都通信社の本

WAKUWAKUときめきサイエンス シリーズ

❶ バイオギング 最新科学で解明する動物生態学
日本バイオロギング研究会 編

動物の体にセンサやカメラを取りつけたら――
動物研究の分野に革命を起こしたバイオロギング
新しい発見が続々と……

■収録内容　母ガメは浜と餌場を700kmも大移動／クルクルまわって、こまめに方向修正／子ガメの未来は測れるか／飼育ガメは「野性」を取り戻せるか？／ウミガメだって日光浴で体温調整／アザラシは教育ママ／バイカル湖でアザラシのメタボ検診／アザラシは真っ暗な海中でも迷わない／眠る？マッコウクジラ」と眠れぬ私／イルカは先をお見通し／ジュゴンはいつ鳴く？／マンボウには翼があった／放流されたシロクラベラの行動は？／魚の王様・マダイの「絶食ダイエット」／ペンギンたちの未来を左右するもの／逃げる魚を追うカワウ、そのスピードは？ など

A5判 224ページ　1,905円（税別）

❷ 景観の生態史観 攪乱が再生する豊かな大地
森本幸裕 編

科学も技術も経済も発展しているのに
なぜ、生物多様性の危機を救えないのか――
総体として自然をとらえる景観生態学のまなざしに学ぶ

■収録内容　あなたは自然にいくら払いますか／「田んぼ」は、ほんものの自然じゃない？／ダルマガエルの棲む水田／勢力を拡大するツルヨシは劣化する河川環境の象徴か？／豪雪地帯に暮らす里山の知恵／屋敷林という景観に秘められた先人の知恵／都市にうまく棲みついた鳥たち／竹を侵略者にしてしまった日本人の後悔／多様性保全の方向を示唆するシダ植物と微地形の相性／階段を上るオオサンショウウオ／都市緑化技術の新しき展開に夢を託す／都市公園でトリュフを見つけた！／震災復興の二つの道、「要塞型」と「柳に風型」／復興へのシンボルとなる被災地の社叢 など

A5判 224ページ　2,000円（税別）

❸ 日本のサル学のあした
霊長類研究という「人間学」の可能性
中川尚史＋友永雅己＋山極寿一 編

個性とは、家族とは、集団とは、文化とは――
「似ている」からこそ「違い」がわかることがある。
霊長類に学ぶことで「人間とはなにか」という本質を考える

■収録内容　匂いを感知する遺伝子からヒトの嗅覚の特異性を探る／霊長類の豊かな色覚を進化の視点から探る／ニホンザルの個性はなにから生まれるのか／ウガンダの森に「混群」を観にいこう／猿害群に対峙する「サルのねーちゃん」／雪深い人工林で暮らすニホンザルの秘密／役割を分担し、協力する霊長類の自我と意思疎通／ボノボとチンパンジーに協力社会の起源を探る／ゲノムから探る野生チンパンジーの世界／震央にいちばん近い陸で巨大地震に遭遇したサルと私／チンパンジーに「絵」を教わる など

A5判 240ページ　2,000円（税別）

京都通信社の本　シリーズ 人と風と景と

1

「百人百景」京都市岡崎
村松 伸＋京都・岡崎「百人百景」実行委員会 編

136人のカメラが見つめた
「2012年3月4日」の京都市岡崎

■収録内容 「百人百景」の実施概要／古都のまち環境をカメラで切り取る（村松 伸）／京都の「近代」を詰め込んだ岡崎（中川 理）／岡崎マップ／岡崎のおもな構造物／私が見つめた岡崎（土田ヒロミ、淺川 敏）／表彰作品 土田賞、淺川賞、地球研賞／136人が見つめた「2012年3月4日」の岡崎／岡崎百人百景と「まち環境リテラシイ」（村松 伸）／座談会「百人百景」を振り返る――寡黙で雄弁な27枚の写真たち（鞍田 崇＋林 憲吾＋松隈 章＋村松 伸）
B5変形判、96ページ　1,600円（税別）

2

吉村元男の景といのちの詩
吉村 元男 著

「風景造園家」が提唱する「中くらいの自然」

中くらいの自然は、生きものたちの暮らしの場だ。
その暮らしの場と人間の暮らしの場とが、
日常の世界で共生できる。
この「中自然」を、いまこそ呼び起こしたいと願う。

■収録内容 森に囲まれた平坦で広い空地／いのちを育み、つなぐ水辺と水面／奇跡の沼が、いのちをつなぐ／天と地をつなぐ垂直の庭園／超高層建築の下の、新しい伝説／つながり、むすびあい、溶け込む風景／白鳥庭園／大阪国際会議場屋上庭園／新梅田シティ中自然の森／日本万博記念公園自然文化園／設計資料・データ
B5変形判、84ページ　1,400円（税別）

改訂 水中音響学
Robert J. Urick 著
三好章夫 翻訳
新家富雄 監修

■収録内容
- 第1章　ソーナーの特徴
- 第2章　ソーナー方程式
- 第3章　送受波器アレイの特性 指向性利
- 第4章　水中における音波の発生 送波音源レベル
- 第5章　海洋における音波伝搬伝搬損失Ⅰ
- 第6章　海洋における音波伝搬伝搬損失Ⅱ
- 第7章　海洋における背景雑音 周囲雑音レベル
- 第8章　海洋における散乱 残響レベル
- 第9章　ソーナーターゲットによる反射と散乱 ターゲットストレングス
- 第10章　船舶、潜水艦および魚雷の放射雑音 放射雑音レベル
- 第11章　水上艦船、潜水艦および魚雷の自己雑音 自己雑音レベル
- 第12章　雑音ならびに残響中の信号検出 検出閾値
- 第13章　ソーナーシステムの設計と予測

B5判、248ページ　6,000円（税別）

シリーズ 文明学の挑戦

1 地球時代の文明学

梅棹忠夫 監修
比較文明学会関西支部 編集
中牧弘允 責任編集

全地球人の共同体のあり方をかんがえ
地球人として行動する時代を
あなたはどう生きますか

■収録内容
- 監修のことば　梅棹忠夫
- 第一部　環太平洋の文明
- 第二部　文明史観の新展開
- 第三部　現代文明論の新機軸
- コラム
- 評論

A5判、224ページ　2,381円（税別）

2 地球時代の文明学2

梅棹忠夫 監修
比較文明学会関西支部 編集
中牧弘允 責任編集

「梅棹文明学」を継承する研究者たちが示す
地球時代に生きる読者にむけた
新たな知見

■収録内容
- 監修のことば　梅棹忠夫
- 第一部　文明史観へのアプローチ
- 第二部　地域文明へのアプローチ
- 評論
- コラム

A5判、236ページ　2,381円（税別）

人間科学としての地球環境学

人とつながる自然・自然とつながる人
立本成文 編著

■収録内容
- 序（立本成文）
- 第一章　環境問題と主体性（鞍田崇）
- 第二章　価値を問う──「関係価値」試論（阿部健一）
- 第三章　風土とレンマの論理（オギュスタン・ベルク）
- 第四章　地域と地球（立本成文）
- 第五章　地球環境問題と地域圏（立本成文）
- 第六章　東アジア圏論の構図
- 第七章　海洋アジア文明交流圏（立本成文）
- 第八章　統合知（方法論）（半藤逸樹、大西健夫）
- 第九章　地球システムと未来可能性（半藤逸樹）
- 跋（立本成文）

A5判、298ページ　2,600円（税別）

シリーズの趣旨

〈WAKUWAKUときめきサイエンス〉のシリーズは、シリーズ名が示すように本書をとおして「心ときめく体験」をしてほしいという願いを込めています。ある碩学が、次のような意味の言葉を述べられたことがあります。「1本の新聞記事は10本の論文よりも有益である。1冊の教科書を書くことは100本の論文に価する」。学問の成果を社会に還元する、あるいは次代を担う人たちに継承することの重要性を説いた言葉です。このシリーズは、新聞記事ほど多くの読者の眼にふれることはないし、教科書ほど精査した内容を体系だててまとめたものでもありません。それでも、大きな主題のもとに多くの執筆者が多彩な視点で自らの経験にもとづいて、科学することの楽しさを伝えようと努めています。知的な刺激に心を震わせながらページをめくり、ひいては学問・研究を志した著者自らが、その感動を次代の若い人たちに受け渡そうとしています。それぞれの生命体がそなえる神秘ともいえる力への感銘、未知の世界に心を解放する喜び、ものを見る・考える新たな視点を、この時代をともに生きる仲間として共有したいものだと願ってのことです。

京都通信社を代表して　中村基衞

WAKUWAKUときめきサイエンス シリーズ 4

海は百面相

2013年9月20日発行

京都大学総合博物館企画展「海」実行委員会 編

発行所　京都通信社
　　　　京都市中京区室町通御池上る御池之町309　〒604-0022
　　　　電話 075-211-2340　http://www.kyoto-info.com/

発行人　中村基衞
制作担当　井田典子

装丁　　高木美穂
製版　　豊和写真製版株式会社
印刷　　土山印刷株式会社
製本　　株式会社吉田三誠堂製本所

Ⓒ 2013 京都通信社
Printed in Japan ISBN978-4-903473-53-6